职业教育规划教材

植物生长环境

米志鹃　陈　刚　张秀花　主　编
庄倩倩　张清丽　李本鑫　副主编
马贵民　主　审

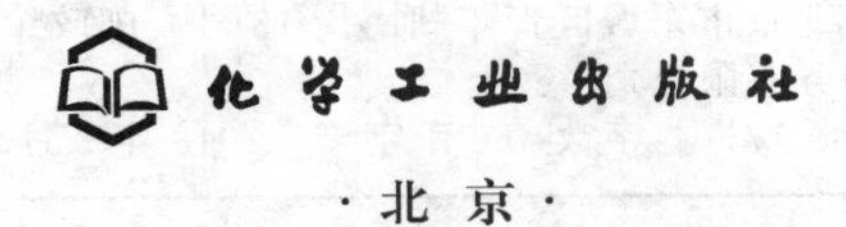

·北京·

本教材内容包括：植物生长环境概述；植物生长环境认知；植物生长生态环境认知；植物生长物质循环认知；植物生长土壤环境调控；植物生长水环境调控；植物生长温度环境调控；植物生长光环境调控；植物生长营养环境调控；植物生长气候环境调控，共十个项目。学习者可以在完成每一具体任务时领会知识、学习技能，以项目教学突出应用性、实用性与操作性，以技能培养为主，体现当前高职教育的特点。

本教材的编写贯彻了以职业岗位能力培养为中心，根据工学结合的目标和要求，以项目引领，以典型工作过程为导向，将相关知识的学习贯穿在完成工作任务的过程中，通过具体的实施步骤完成预定的工作任务。体现工学结合的课程改革思路，突出实用性、针对性，使技能训练与生产实际“零距离”结合。

本教材为高职高专院校园林、园艺、林学、观光农业、农学等专业学生的教材，也可作为园林草坪工作者的参考用书。

图书在版编目（CIP）数据

植物生长环境/米志鹃，陈刚，张秀花主编. —北京：化学工业出版社，2018.2

职业教育规划教材

ISBN 978-7-122-31043-9

Ⅰ.①植… Ⅱ.①米… ②陈… ③张… Ⅲ.①植物生长-环境生态学-职业教育-教材 Ⅳ.①Q945.3

中国版本图书馆 CIP 数据核字（2017）第 285331 号

责任编辑：王文峡　　文字编辑：陈　雨

责任校对：王素芹　　装帧设计：史利平

出版发行：化学工业出版社（北京市东城区青年湖南街 13 号　邮政编码 100011）

印　　装：高教社（天津）印务有限公司

787mm×1092mm　1/16　印张 17¼　字数 450 千字　　2018 年 2 月北京第 1 版第 1 次印刷

购书咨询：010-64518888（传真：010-64519686）　售后服务：010-64518899

网　　址：http://www.cip.com.cn

凡购买本书，如有缺损质量问题，本社销售中心负责调换。

定　　价：49.80 元

本书的编写旨在为植物生产类、园林技术类、园艺技术类等专业学生了解与掌握植物生长环境的基础知识、基本理论、基本技术提供合适的教材或参考书籍；教材在编写中，改变以前的土壤肥料、农业气象作为两门课程，将其融为一体，以基础知识“必需”、基本理论“够用”、基本技术“会用”为原则，删去有关陈旧、烦琐复杂的内容，并将植物生态学与环境有关内容有机融合进来，同时将当前植物生长环境出现的实际问题、新技术、新成果反映出来。

本书是为适应高校教学工作而编写的专业课教材。教材是根据教育部高职高专教育培养人才的目标和教材建设要求，在课程教学大纲和课程教材编写大纲审定的基础上编写的。在编写过程中注重贯彻能力本位原则、岗位群导向原则、与时俱进原则、适用性原则和启发性原则，尤其是结合了编者多年从事教学工作和实践所积累的经验，较好地突显了植物在生长过程中环境因素的作用，更具有针对性和实用性，突出了学生职业综合能力、专业技术能力的培养和发展需求。本教材是高职高专园林、园艺、草业、林学、农学类专业教材，并可作为相关层次人员的培训、自学及参考书。

本教材由米志鹃、陈刚、张秀花担任主编，并制定编写大纲和完成全书的统稿工作。具体编写分工如下：黑龙江生物科技职业学院米志鹃编写项目二、项目四；吉林农业科技学院植物科学学院陈刚编写项目八~项目十；辽宁职业学院张秀花编写项目三；吉林农业科技学院植物科学学院庄倩倩编写项目一、项目六；黑龙江生物科技职业学院张清丽编写项目七；黑龙江生物科技职业学院李本鑫编写项目五；全书由黑龙江生物科技职业学院马贵民审阅，并提出了许多修改建议。在编写过程中，得到了许多高校同行的大力支持，并提出了许多宝贵建议。在此一并致谢！

本教材在编写过程中，尽管有着明确的目标和良好的追求，但由于水平有限，离既定目标和编写要求还有差距，疏漏也在所难免，恳请读者批评指正。

编　者

2017 年 11 月

目录
CONTENTS

项目一
植物生长环境概述

项目目标

◆ 了解：植物生长的环境特点。
◆ 理解：植物生长发育基本规律、植物生产作用与特点。
◆ 掌握：植物生长发育的有关概念。
◆ 学会：植物生长环境的调控技术。

项目说明

广泛的环境概念是指以某一事物为中心的周围各种条件的总和。据此概念，环境条件随中心事物的变化而变化。植物的环境就是指植物生命活动的外界空间、物质与能量的总和，它不仅包括对其有影响的自然环境条件，而且还包括动物、植物、微生物等生物有机体的影响和作用。

狭义的人工环境是指环境条件主要或部分为人为控制的环境，如人工气候温室等。这些环境可以进行人为的调控，如根据热带植物生长特点对人工气候室的光照、温度、水分等进行调整。人工环境对农林畜牧业生产和植物保护具有重要意义，大多数农林牧产品都直接或间接来自于人工环境，人们可以通过对农田的投入提高粮食产出，可以通过调节温室环境获得反季节蔬菜、瓜果、鲜花。

任务一　植物生长概述

学习重点

◆ 了解：植物生长环境课程的学习方法。

◆ 理解：环境条件对植物生长的重要性。

◆ 掌握：植物生长在农业生产中的重要地位和作用；植物生长的特点。

学习难点

◆ 植物生长在我国农业及国民经济中的地位和作用。

◆ 环境条件对植物生长的影响要素。

一、植物生产在我国农业及国民经济中的地位和作用

1. 人民生活资料的重要来源

人们生活消耗的粮食、水果、蔬菜几乎全部来自于植物生产；服装原料80%来自于植物生产。

2. 工业原料的重要来源

植物生产为工业生产提供原料。我国40%的工业原料、70%的轻工业原料来源于植物生产。

3. 农业的基础产业

畜牧业、渔业、林业等很大程度上依赖于植物生产。

4. 农业现代化的组成部门

植物生产是农业的基础，没有现代化的植物生产就没有现代化的农业。

二、植物生产的特点

植物生产是以植物为对象，以自然环境条件为基础，以人工调控为手段，以社会经济效益为目标的社会性产业。与其他社会物质生产相比，具有以下几个鲜明的特点。

1. 系统的复杂性

植物生产是一个有序列、有结构的系统，受自然和人为的多种因素的影响和制约。它是由各个生产环节所组成的一个统一的整体。

2. 技术的实用性

植物生产是把生命科学、农业科学的基础理论转化为实际的生产技术和生产力。主要研究解决植物生产中的实际问题，其技术必须具有适用性和可操作性，力争做到简便易行、省时省工、经济安全。

3. 生产的连续性

植物生产的每个周期内，各个环节之间相互联系，互不分离；前者是后者的基础，后者是前者的延续，是一个不断循环的周年性产业。

4. 植物生长的个体生命周期性

植物生长发育过程形成了显著的季节性、有序性和周期性。

5. 明显的季节性

植物生产依赖于大自然的周期变化，不可避免地受到季节的强烈影响。

6. 严格的地域性

地区不同，其纬度、地形、地貌、气候、土壤、水利等自然条件不同，其社会经济、生产条件、技术水平等也有差异，从而构成了植物生产的地域性。

三、环境条件对植物生产的重要性

1. 光对植物生产的重要性

光在植物生产中的重要性体现在：直接作用是影响植物形态器官的形成；间接作用是植物利用光提供的能量进行光合作用，合成有机物质，为植物生长发育提供物质基础。

2. 温度对植物生产的重要性

植物生长发育要求一定的温度。在植物生产中，温度的昼夜和季节性变化影响植物的干物质积累甚至产品的质量，而且也影响植物正常的生长发育；植物的正常生长发育及其过程必须在一定的温度范围内才能完成。

3. 水分对植物生产的重要性

水是生命起源的先决条件，没有水就没有生命。植物的一切正常生命活动都必须在细胞含有水分的状况下才能发生。植物对水分的依赖性往往超过了任何其他因素。

4. 土壤对植物生产的重要性

一个良好的土壤应该使植物能“吃得饱（养料供应充足）”“喝得足（水分充足供应）”“住得好（空气流通、温度适宜）”“站得稳（根系伸展开、机械支撑牢固）”。

5. 肥料对植物生产的重要性

肥料是植物的粮食，在植物生产中起着重要作用。主要可以改良土壤，提高土壤肥力；肥料不仅可以促进植物整株生长，也可促进植株某一部位生长；肥料还在改善植物的商业品质、营养品质和观赏品质等方面有着重要意义。

四、植物生长环境课程的学习方法

作为一门综合性较强的种植专业通用的必修课程新教材，在学习过程中应当注意以下几个方面的问题：整体地把握教材内容；注意坚持理论与实践的紧密结合；从实际出发，因地制宜，灵活运用；在学习过程中，一定要结合本地区的实际情况，灵活运用教材内容；加强实践性教学环节和基本技能的培养，植物生长环境课程是一门理论性较强的课程，但学习理论的目的在于指导实践。因此，对本课程的学习一定要注意将所学的理论与农业生产的实践紧密结合。

复习思考题

1. 简述植物生长在我国农业及国民经济中的地位和作用。
2. 与其他物质生长相比，植物生长的特点有哪些？
3. 简述环境条件对植物生长的重要性。
4. 如何才能学好植物生长与环境课程？

任务二　植物的生长发育与环境

学习重点

◆ 了解：生长与发育的概念及相互关系。

◆ 理解：植物生长的相关性及在农业生产中的应用。

◆ 掌握：种子萌发的过程及影响条件；植物激素的特点与应用。

学习难点

◆ 控制植物生长发育的途径。

◆ 温度与光照对开花的影响及其在农业生产中的应用。

植物生长发育是十分重要的生理过程，包括生长、分化和发育三个既有区别又有联系的生命现象。

生长是指由于原生质的增加而引起植物体的体积或重量的不可逆增加，是量的变化，通过细胞数目的增多和细胞体积的扩大来实现。例如根、茎、叶、花、果实和种子体积扩大或重量的增加。分化是指植物体各部分形成特异性结构的过程，即指分生细胞转变为具有专化的稳定结构和功能成熟细胞的过程，在细胞水平、组织水平和器官水平上表现出来。例如由一个受精卵细胞转变为胚的过程，由生长点细胞转变为叶原基、花原基的过程，由形成层细胞转变为输导组织、机械组织、保护组织的过程都是分化现象。发育是指个体生命周期中植物体的构造和机能从简单到复杂的质变过程，是植物体各部分、各器官相互作用的结果，只能在整体上表现出来。

一、植物的生长发育

（一）生长和发育的概念

在植物的一生中有两种基本生命现象，即生长和发育。生长是指植物在体积和重量上的增加，是一个不可逆的量变过程。生长是通过细胞分裂、伸长来体现的。发育是指植物的形态、结构和机能上发生的质的变化过程。发育表现为细胞、组织和器官的分化形成。

（二）生长和发育的关系

1. 区别

生长是植物生命过程的量变过程；而发育是植物生命过程的质变过程。

2. 联系

在植物生活周期中，生长和发育是交织在一起的，二者互相依存不可分割，具有密切的“互为基础”关系。

（三）植物的营养生长和生殖生长

1. 概念

植物的生长发育又可分为营养生长和生殖生长，一般以花芽分化为界限。

(1) 营养生长：植物的营养器官根、茎、叶等的生长称为营养生长，它是指以分化、形成营养器官为主的生长。

(2) 生殖生长：植物的生殖器官花、果实、种子等的生长称为生殖生长，它是指以分化、形成生殖器官为主的生长。

2. 营养生长和生殖生长的关系

营养生长和生殖生长具有密切关系。营养生长是植物转向生殖生长的必要准备。二者也存在矛盾，即如果营养生长过旺，必然影响生殖生长，造成植物生长不协调；反之，营养生长不良也会影响生殖生长。只有营养生长和生殖生长协调，植物生长发育才最理想。

（四）植物生长的细胞学基础

1. 植物生长的细胞学基础概述

植物的生长是以细胞的生长为基础的，细胞的生长分为以下三个时期。

（1）分裂期　原生质迅速增加，达到不协调、影响内部生理生化变化时，细胞即开始分裂（有丝分裂）。

（2）伸长期　细胞停止分裂，体积增大，细胞大量吸水，同时构成细胞核、质、壁的结构物质含量提高，代谢旺盛。

（3）分化期　细胞伸长停止，形态发生变化，形成各种各样的细胞，细胞在形态和机能上的变化称为分化。

2. 细胞分化的影响因素

主要受遗传基因、极性、营养元素、激素、细胞群体等因素的影响。

极性是细胞两端表现的生理上的差异。极性使细胞发生不均等分裂，从而形成不同的结果，植物体只有在细胞建立极性的前提下，进行有组织的细胞分裂、伸长和分化，才能形成一个严密有序的形态结构，否则只能形成一堆愈伤组织。

3. 组织培养

组织培养就是在含有营养物质和植物生长物质的培养基上培养离体植物组织（器官和细胞）的技术，是研究植物形态发生的重要手段。

二、种子的萌发与环境

植物学中的种子是指由胚珠受精后发育而成的有性生殖器官。作物生产中所说的种子则泛指用来繁殖下一代作物的播种材料，通常包括：由胚珠发育而成的种子；由子房发育而成的果实；进行无性繁殖的根或茎等营养器官。

（一）种子的休眠

1. 种子休眠及其意义

绝大多数种子成熟后，遇到适宜的条件就可萌发，但有些种子即使条件适合也不萌发，必须经过一段时间后才能发芽。这种生长暂时停顿的现象称为休眠（或生理性休眠、熟休眠）。对因萌发条件不具备而不能萌发的现象，从广义上讲也可称为休眠，这是被迫处于静止状态，故称之为强迫休眠或外因性休眠。

2. 种子休眠的原因

主要受种皮透性不良、胚未成熟、抑制物质存在、休眠的调控等因素影响。打破休眠是根据引起休眠的不同原因采取不同的措施。种皮坚实引起的休眠，可采取机械破坏、硫酸腐蚀、脂溶等手段破坏其种皮。

（二）种子萌发的过程

1. 吸胀

种子吸水后逐渐变为溶胶状态，种子便慢慢膨胀。

2. 萌动

种子胚乳和子叶中储藏的养料分解转化，用于构成新细胞，使胚生长，出现萌动。当胚根突破种皮露出白嫩的根尖时，即称萌动（露白）。

3. 发芽

种子萌动后，胚根伸长扎入土中形成根，胚轴伸长生长将胚芽推出地面，当根与种子等长、胚芽等于种子一半时，称发芽。

（三）种子萌发的条件

1. 种子萌发的内部条件

内部条件是具有生活力的种子或具有完整而健康的胚的种子。

2. 种子萌发的环境条件

种子萌发所需要的外界条件是：适当的水分、适宜的温度和足够的氧气。

三、植物营养生长与环境

（一）植物生长的周期性

1. 植物生长大周期

植物的生长不论寿命的长短，生长速度都具有一共同规律，即开始时生长慢，而后逐渐加快到最高点，然后又减慢，最后停止生长。生长速度上表现“慢-快-慢”的规律称植物生长大周期。

植物生长大周期的产生比较复杂，与一生中光合面积和生命活动的变化有关。生长初期，生命活动虽强，但光合面积小，根系不甚发达，合成有机物较少，限制了生长速度。生长中期，光合面积的扩大和根系扩展，生命活动加强，合成有机物增多，各器官生长加快。进入生长后期，植株趋向衰老，一部分器官生命活动已减弱，根系停止生长，光合面积又趋减小，除生殖结实器官外，已无器官生长，故生长转慢。

了解植物生长大周期在生产上具有重要的实践意义：植物生长是不可逆的，一切促进或抑制生长的措施必须在生长最快速度到来之前采取行动。

2. 周期性

植物生长在一定时间内表现快慢的节奏性。根据周期性与环境间的关系可分为昼夜周期性和季节周期性。

植物的生长随昼夜变化而表现快慢节奏的现象称昼夜周期性。季节周期性是指植物生长随季节变化而表现的快慢节奏。

3. 无限性

植物生长与动物生长有本质的不同，动物的生长只是各种器官的生长增大，不再形成新的器官，并且生长有一定的限度；植物由于存在始终保持胚胎状态的顶端分生组织和侧生分生组织，一生中不但能不断长高增粗，还能不断产生新的器官。植物的无限性表明了植物的可塑性，也给生产提供了可控性。

（二）植物生长的影响因素

植物生长决定于植物内部的营养状况、激素水平和外界的环境因素。

1. 营养状况

营养是植物生长发育的物质和能量基础。营养物质是植物体的建筑材料，植物生命活动过程中所需能量靠营养物质提供，只有拥有良好的营养状况，植物才能正常生长。

2. 植物激素

植物激素是植物体内正常生理活动产生的生理活性物质，植物除需营养物质满足供应外，还要在各种激素的调节（IAA、GA、CTK 促进生长，ABA 和乙烯抑制生长）下，才能以适宜的速度生长发育。

3. 影响植物生长的环境条件

影响植物生长的环境条件主要有温度、光照、水分等。

（三）植物运动

高等植物虽不能做整体运动，但植物体的局部因受到各种因素的刺激也可发生小范围的移动，高等植物的运动根据对刺激源的感受反应不同可分为向性运动和感性运动两大类。

（四）植物的衰老

1. 概念

衰老是指一个器官或整个植株生理功能逐渐恶化，最终自然死亡的过程，是生长界的一个普遍规律。

2. 特征

对整株植物来说，衰老首先表现在叶片和根系上，然后逐渐在全株上表现出来。

3. 影响因素

植物衰老受内在因素的影响。除了遗传原因之外，许多试验证明植株体内脱落酸和乙烯含量的增多可促使叶片衰老。另外，环境因素如高温、干旱、缺少氮肥、短日照等都能促进衰老。尤其是短日照，它是引起自然衰老的主要因素。

（五）植物生长的相关性

植物的各部分既有一定的独立性，又是一个统一的整体，植物体各个部分的生长不是孤立的，而是密切联系的，既相互促进，又相互制约，植物各部分间相互促进与制约的现象称为植物生长相关性。

1. 地上部分与地下部分的相关性

地上部分与地下部分相互交流。地上部分与地下部分重量保持一定的比例，植物才能正常生长，即根冠比。环境条件、栽培技术对地下部分与地上部分都有影响。

2. 主茎与侧枝的相关性（顶端优势）

顶端优势是指由于植物的顶端生长占优势而抑制侧芽生长的现象。主根和侧根也存在顶端优势现象。

3. 营养生长和生殖生长的相关性

营养生长是生殖生长的基础，一般营养生长适度，生殖生长才较好。营养生长和生殖生长并进阶段两者矛盾大，要促使其协调发展。若营养生长过旺，则生殖生长不良；营养生长不良则会影响生殖生长。在生殖生长期，营养生长仍在进行，要注意控制营养生长，促进作物高产。

（六）植物的极性与再生

1. 极性现象

是指植物某一器官的上下两端在形态和生理上有明显差异，通常是上端生芽下端生根的现象。一株植物总是形态学上端长芽，下端长根，就是颠倒过来，原来的形态学上端还是长芽，下端还是长根，植物体的一部分也是如此。生产上进行扦插、嫁接时必须注意极性，不能颠倒，否则将影响其成活。

2. 再生现象

是指植物失去某一部分后，在适宜环境条件下，能逐渐恢复所失去的部分，再形成一个完整的新个体的现象。植物体的离体部分在适宜的环境条件下能恢复缺损的部分，重新形成完整植株。这是生产上采用的扦插、压条繁殖的生理基础。

（七）环境因素对植物营养生长的影响

影响植物营养生长的环境条件主要有温度（三基点温度）、光、水分、矿质营养等。

四、植物的生殖生长与环境

（一）春化作用

许多秋播植物在其营养生长期必须经过一段低温诱导才能转为生殖生长（开花结实）的现象称为春化作用。根据其对低温范围和时间要求不同，可将其分为冬性类型、半冬性类型和春性类型三种。

（二）光周期现象

许多植物在开花之前的一段时间要求每天有一定的昼夜相对长度的交替影响才能开花的现象称为光周期相现象。根据对光周期反应的不同，可将植物分成三种类型，即短日照植物、长日照植物、日中性植物。

（三）植物成花原理在农业生产上的应用

1. 引种

短日照植物南种北引时，生育期延长；北种南引时，生育期会缩短。长日照植物则相反。因此，对于长日照植物，如果要南种北引，应引种中、晚熟品种；北种南引时，应引早熟品种。对于短日照植物则相反。

2. 育种

通过人工光周期诱导，可以加速良种繁育、缩短育种年限。还可通过人工控制温度和光照时间，促进或延迟植物开花，使花期相遇，进行杂交。

3. 控制花期

利用低温处理促进植物开花；利用解除春化控制某些植物开花。也可利用人工控制光周期的办法来提前或推迟花卉植物开花。

复习思考题

1. 种子萌发的过程包括哪三个阶段？影响种子萌发的环境条件有哪些？
2. 植物生长的相关性包括哪些内容？如何利用植物相关性原理来指导农业生产实践？
3. 如何运用植物的极性与再生现象来指导农业生产实践？

任务三　植物的逆境生理

学习重点

◆ 理解：果实的成熟生理和植物的逆境生理的影响。

◆ 掌握：植物的抗寒性、抗旱性、抗涝性、抗盐性等知识。

学习难点

◆ 植物的逆境生理在农业生产上的地位和作用。

◆ 植物的逆境生理的特点。

一、植物的逆境生理概述

凡是对植物生存与生长不利的环境因子总称为逆境。也就是在自然界中，植物所需要的某种物理的、化学的或生物的环境因子发生亏缺或过剩（超越植物所需的正常水平），并对植物的生长发育产生伤害效应的环境因子，都称为逆境。

植物对逆境的抵抗主要有两种方式：一是避逆性，二是耐逆性。不良的环境条件对植物的生理过程和生长发育可造成各种危害，轻则生育不良，重则死亡。

二、植物的抗旱性

水分过度亏缺的现象称为干旱，它是全球性农业生产中的重大灾害。

（一）干旱的类型

主要有大气干旱、土壤干旱、生理干旱三种。

（二）干旱对植物的危害

植物蒸腾失水超过根系吸水时，水分平衡失调，细胞失去紧张度，叶片和茎的幼嫩部分下垂，这种现象称萎蔫。萎蔫分为暂时萎蔫和永久萎蔫两种。

干旱对植物的危害有以下几个方面：引起原生质胶体发生变化、体内各部位间水分重新分配、破坏了正常的物质代谢过程、呼吸作用增强等方面。

（三）提高植物抗旱性的途径

1. 作物的抗旱性

植物抗旱的特点有下列几个方面的表现。

（1）抗旱植物的形态特征　一般抗旱性较强的作物根系发达、根冠比较大。叶片的细胞体积小，可以减少细胞膨缩时产生的细胞损伤。叶片上的气孔多，蒸腾的加强有利于吸水。叶脉较密，即输导组织较发达；茸毛多、角质化程度高或蜡质厚，这样的结构有利于对水分的储藏与供应，同时，水分通过表皮损失的阻力也较大。

（2）生理特征　主要因为原生质有较大的弹性与黏性、生理机能与抗旱等。

2. 提高作物抗旱性的生理措施

主要有干旱锻炼、补充矿质营养等。

（四）干热风的危害及防治

干热风是一种高温、低湿并伴有一定风力的农业气象灾害性天气。

1. 干热风对作物的影响

干热风对作物的影响，首先是作物体内的水分迅速丧失而引起缺水，从而使一系列代谢失调，致使产量明显下降。表现在对植物水分代谢的影响、对根系生理活动的影响、对呼吸作用的影响、对光合作用的影响、对物质代谢的影响。

2. 提高植物抵抗干热风能力的途径

主要有干热风前灌水、药剂处理增强抗干热风能力、选用抗干热风良种、营造防护林带、防护林网，改造农田小气候等途径。

三、植物的抗寒性

低温对植物的危害，按低温程度和受害情况可分为冻害（零下低温）和冷害（零上低温）两种。

（一）冻害与抗冻性

1. 冻害的类型

冰点以下低温引起植物体内结冰，而使植物受伤或死亡的现象叫冻害。表现在细胞间结冰和细胞内结冰。

2. 提高植物抗冻性的途径

（1）抗冻锻炼　当冬季严寒来临之前，随气温降低，植物体内会发生一系列适应低温的生理生化变化，从而提高植物的抗冻能力，这种逐步形成抗冻能力的过程叫“抗冻锻炼”。其生理生化变化主要表现在：呼吸作用减弱、植株含水量下降、保护物质增多。

（2）农业措施　防止冻害发生的具体措施如下：及时播种、培土、控肥、通气，促进幼苗健壮生长；防止徒长、提高幼苗质量以提高抗冻能力；寒流霜冻来临前实行冬灌、熏烟、盖草，以抵御强寒流袭击；实行合理施肥、厩肥与绿肥压青能提高越冬或早春作物抗御严寒的能力，是行之有效的措施；提高钾肥比例也有提高抗冻的效益；早春育秧，采用薄膜苗床或地膜覆盖，对防止冻害都有明显的效果；选育抗冻性强的优良品种。

（二）冷害与抗冷性

原产于热带和亚热带的喜温植物，在生长发育中遇到0～10℃低温即受到伤害。这种零度以上低温对植物的危害称冷害。植物对零度以上低温的适应能力称抗冷性。

1. 冷害机理

冷害的机理是多方面的，而且是互相联系的。据近代研究所知，主要原因有膜上脂类固化相变，膜上酶与膜分离；膜透性破坏，原生质体破损；光合作用降低。

2. 提高植物抗冷性的途径

主要有低温锻炼和化学药剂处理两方面。

四、植物的盐害及抗盐性

土壤中盐分过多而危害植物正常生长称为盐害。

（一）土壤盐分过多对作物的危害

土壤盐分过多对植物的危害有以下几个方面：盐分过多，使作物吸水困难；盐分过高的不良反应；生理代谢紊乱。

（二）植物抗盐性的生理基础

植物在系统发育中产生了对盐碱的适应，形成各种抗盐类型的植物。根据植物抗盐碱的能力，可分为以下几种。

1. 聚盐植物

这些植物细胞内具有特殊原生质，能将根吸收的盐排入液泡，并抑制外出。这一方面可减轻毒害；另一方面由于液泡内积累了大量盐分，提高了细胞浓度，降低了细胞水势，促进了细胞吸水。因此能在盐碱土上生长，如盐角草、碱蓬等。

2. 泌盐植物

这些植物的茎、叶表面有盐腺，能将根吸收的盐通过盐腺分泌到体外，可被风吹落或雨淋洗，因此不易受害，如梭柳、匙叶草等。

3. 稀盐植物

生长在盐渍土壤上的这类植物，代谢旺盛、生长快，根系吸水也快。植物组织含水量

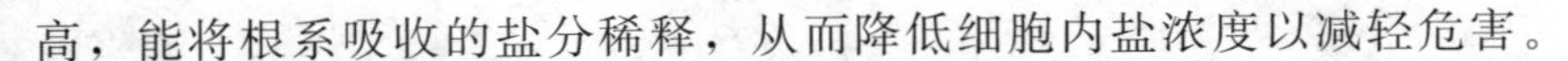

高，能将根系吸收的盐分稀释，从而降低细胞内盐浓度以减轻危害。

4. 拒盐植物

这些植物的细胞原生质选择透性强，“拒绝”一部分离子进入细胞；能稳定地保持对离子的选择吸收。

（三）提高植物抗盐性的途径

提高植物的抗盐能力，主要从以下几个方面着手：水利改良、生物脱盐法、采取有效的栽培措施、提高作物抗盐性、培育抗盐性高的作物品种。

五、植物的涝害及抗涝性

土壤积水或土壤过湿对植物的伤害称为涝害。植物对积水或土壤过湿的适应或抵抗能力叫植物的抗涝性。

水分过多对植物之所以有害，并不在于水分本身，而是由于水分过多引起缺氧，从而产生一系列的危害。

（一）水涝对植物的危害

1. 湿害

一般大田作物在土壤水分饱和的情况下，就发生湿害。湿害常常使作物生长发育不良，根系生长受抑，甚至腐烂死亡；地上部分叶片萎蔫。严重时整个植株死亡。其原因有以下几个方面。

（1）土壤中缺乏氧气，使土壤中好气性细菌（如氨化细菌）的正常活动受阻，影响矿质营养的供应。

（2）由于土壤全部空隙充满了水，造成了缺氧环境，使根系有氧呼吸受到了抑制而进行无氧呼吸，从而阻碍了根系吸水和吸肥。

（3）在土壤中氧气含量显著减少的同时，厌氧微生物的活动加强；如下激细菌活跃，增大了土壤的酸度，影响根系代谢。

（4）由于缺氧导致土壤氧化还原电位下降，使土壤产生还原型有毒物质，如硫化氢、氧化亚铁等就会抑制根系的呼吸作用。

2. 涝害

陆生植物的地上部分如果全部或局部被水淹没，即发生涝害。涝害使作物生长发育不良，甚至导致死亡。其主要原因是：由于淹水而缺氧，抑制有氧呼吸，致使无氧呼吸代替有氧呼吸，使储藏物质大量消耗，并同时积累酒精；无氧呼吸使根系缺乏能量，从而降低根系对水分和矿质的吸收，使正常新陈代谢不能进行。

（二）植物的抗涝性

从生理特点看，抗涝植物在淹水时不发生酒精发酵，而是通过其他呼吸途径，如形成苹果酸、草酸，从而避免根细胞中毒。

六、环境污染对植物的影响

（一）空气污染与农业

1. 有害气体对农作物的危害方式

农作物受空气污染的危害，可分为急性危害、慢性危害和隐性危害三种。

2. 有害气体种类

主要有二氧化硫、氯气、氟化氢、臭氧、过氧乙酰硝酸酯、煤烟粉尘等。

3. 大气污染的防治

防治大气污染是改善和保护城市与农业环境的重要环节，主要采取如下措施：加强对企业的科技管理；绿化环境，提高农业环境质量；监测大气污染；种植防污染植物。

（二）灌溉水污染与防治

1. 污水灌田的危害物

主要有酚类化合物、氰化物、三氯乙醛、甲醛、含病菌污水等。

2. 控制水体污染的基本措施

(1) 减少污染源排放的工业废水量，并降低其废水浓度，妥善处理废水。

(2) 加强对水体污染源监测和科学管理，是防治水体污染工作不可缺少的一环。

（三）土壤污染及其防治

1. 土壤污染的主要来源

土壤的外来污染源主要是工业的“三废”，即废气、废水和废渣以及化肥、农药等。

2. 土壤污染的治理

主要有控制和消除土壤污染源；合理施用化肥；改种和利用生物吸收土壤污染物质，可通过生物降解和植物吸收来净化土壤；客土深翻等方法。

复习思考题

1. 简述植物的逆境生理在农业生产上的地位和作用。
2. 简述植物的逆境生理的特点。

任务四 植物生长发育控制

学习重点

◆ 植物生长发育人工环境的因素特点。
◆ 植物生长发育内环境的控制方法。

学习难点

◆ 植物生长发育人工环境的控制。
◆ 控制植物生长发育内环境的途径。

一、合理利用环境资源

1. 选择适宜的生态区

植物的生长发育规律是长期在一定的光、温、水、肥、土等生态条件下形成的，因此，必须选择适宜的生态区进行种植才能使其正常发育，获得最好的产品。

2. 选择适宜的土壤

不同植物对土壤的质地、酸碱度、肥力水平等要求不同。

3. 选择适宜的生长季节

在种植时应考虑到植物对温、光、水等生态因素的要求，并根据栽培目的选择适宜的生长季节，使植物的生长发育符合人们的愿望。

4. 合理间作、套种和轮作

将不同种类的作物，根据其生育特点和对营养需求的差异，进行合理的间作、套种和轮作，可以更充分地利用土壤肥力和光能。

二、人工控制环境条件

（一）改善植物的光照条件

植物的光照条件主要是指光照度、光照时间、光照质量和光的分布四个方面。改善植物的光照条件主要包括三方面内容：一是增强和完善光照条件；二是遮光；三是人工补光。

1. 增强和完善光照条件

栽培植物的合理密植，确定栽培植物适宜的行向、行距，改进栽培管理措施；采用地膜覆盖；选择合适的棚址。

2. 遮光

利用间套作物荫蔽；林下栽培；覆盖各种遮阳物。

3. 人工补光

人工补光的光源主要有白炽灯、荧光灯、金属卤化物灯等。

（二）温度条件的调控

温度条件调控的原则是：春季提高温度，以利适时播种或促苗早发；夏季适当降温，防止干旱和热害；秋冬季节保温和增温，使植物及时成熟或安全越冬。具体措施如下。

（1）升温措施　有排水、增施有机肥料、覆盖、向阳作垄、中耕松土等。

（2）降温措施　有灌水、覆盖、中耕松土、通风换气等。

（3）保温措施　有灌水、增施保温肥、营造防护林带、设置人工屏障，留茬播种、熏烟、盖草等措施也有保温作用。

（三）土壤水分的调控

土壤水分的调节控制主要包括三方面的内容：一是土壤水分的保持；二是增加土壤水分（增湿）；三是降低土壤水分（降湿）。

1. 土壤水分的保持

改良土壤，增强土壤的保水能力；合理的土壤耕作：耙地、耢地、镇压、中耕（锄地、耪地）；地表覆盖。

2. 增加土壤水分

主要依靠降雨和人工灌溉补充水分。

3. 降低土壤水分

主要是搞好农田基本建设，完善农田灌水、排水系统，一旦田间发生积水（特别是雨季），及时排出。

（四）气体条件的调控

1. 二氧化碳的调控

加强栽培管理，如合理做畦、合理密植、合理搭架、合理进行植株调整，改善栽培植物群体内部的二氧化碳供应状况；进行二氧化碳施肥是最根本的方法；施用有机肥料也可增加田间的二氧化碳浓度。

2. 氧气的调控

选择地势较高、疏松、透气性良好的地块；增施有机肥料，改善土壤透气状况；合理灌溉，忌大水漫灌，防止地面积水；雨季注意田间排水；灌水（雨）后墒情适宜时及时中耕松土，防止土壤板结；采用地膜覆盖，避免践踏，保持土壤疏松等等。

三、调整植株

1. 整枝修剪

整枝修剪可调节植物体内营养分配，保证生殖器官的生长发育；提高植物的光合作用效率，有利于合理密植、提高产量。

2. 摘心打杈

棉花栽培中，到生育中期通常要摘心、打杈，保证部分果枝蕾铃正常成熟；有些玉米品种常发生分蘖，与主茎争夺营养，也需及时打杈。

3. 摘蕾摘叶

根茎类作物及时摘去花蕾，以提高产量和改善品质；而对一些如番茄、茄子、菜豆等植物，通过摘除下部的病叶、老叶，可减少养分消耗，通风透光，促使上部茎叶良好发育。

4. 支架压蔓

对于蔓生或不能直立的植物如黄瓜、番茄等可采用支架栽培以增加栽植密度，充分利用空间，增加产量；一些匍匐生长的植物如西瓜、南瓜等可采用压蔓来调节植株生长和促生不定根。

5. 疏花疏果

果树上通过疏花疏果，减少养分消耗，培育大果优果，提高果实商品价值。疏花疏果对培育优质种子具有重要作用。

四、植物激素及应用

（一）植物激素

目前已发现的有五大类激素：生长素、赤霉素、细胞分裂素、脱落酸和乙烯等。

（1）生长素　促进生长；促进插条生根；对养分的调运作用；生长素可促进菠萝开花，诱导雌花分化。

（2）赤霉素　促进生长；诱导开花；打破休眠，促进发芽；促进雄花分化；防止果实脱落。

（3）细胞分裂素　促进细胞分裂和扩大；促进芽的分化；促进侧芽发育，消除顶端优势；打破种子休眠；延缓叶片衰老。

（4）脱落酸　促进休眠；促进气孔关闭；抑制生长；促进脱落。

（5）乙烯　改变生长习性；促进成熟；促进脱落；促进开花和雌花分化；诱导插枝不定根的形成；打破种子和芽的休眠，诱导次生物质的分泌等。

（二）植物生长调节剂的类别

植物生长调节剂根据对生长的效应可分为三类：一是生长促进剂，如吲哚丙酸、吲哚丁酸、萘乙酸、激动素、6-苄基腺嘌呤、二苯基脲等；二是生长抑制剂，如三碘苯甲酸、青鲜素、水杨酸、整形素等；三是生长延缓剂，如矮壮素、多效唑、比久、烯效唑等。另外还有2,4-*D*、乙烯利等。

复习思考题

1. 控制植物生长发育的主要途径有哪些？

2. 目前已发现的植物激素有哪五大类？各有何主要生理作用？

任务五　种子生命力的快速测定

一、任务目标

学会快速测定种子发芽率的方法。

二、仪器与用具

1. 仪器、药品及用具：刀片、镊子、培养皿、放大镜、5%的红墨水。

2. 材料：小麦、水稻、棉花、大豆、玉米等种子均可。这里以大豆种子为例。

三、任务实施

1. 首先将大豆种子放在30～35℃的水中浸泡5小时左右，使种子吸水而胀，以增强种子的呼吸强度，便于染色。

2. 取已吸涨的大豆种子150粒，沿胚中线纵向平均切成两半，取其中的一半置于培养皿中，加5%的红墨水浸泡10分钟染色。

3. 染色后的种子用清水冲洗至洗液无红色为止。

4. 计算种胚不着色的种子个数，计算种子发芽率。

发芽率＝发芽种子粒数÷用作发芽种子的总数×100%

四、任务报告

实验结束后，按以上公式计算大豆种子的发芽率。

五、任务小结

总结实验情况，指出实验应重点注意的地方，增强实验动手能力。

项目二

植物生长环境认知

项目目标

◆ 了解：植物细胞的形状和大小；根、茎、叶的功能与变态。

◆ 理解：生物膜的结构和功能，减数分裂的特点。

◆ 掌握：植物细胞和组织、器官的概念、类型、构造以及细胞有丝分裂的特点，根、茎、叶的形态、构造与功能。

◆ 学会：显微镜的正确使用方法；简易装片的制作方法及步骤；会用显微镜对植物细胞、器官进行观察。

项目说明

适宜的环境是植物生存的必要条件。本项目着重介绍了植物细胞、组织、器官等结构因子和气候、土壤、生物、地形等环境因子的相互影响，以便能选择或创造适宜的环境条件，科学合理地选择、栽植或改造植物。植物环境是指植物生存地点周围一切空间因素的总和，是植物生存的基本条件。

任务一　植物细胞的认知

学习重点

◆ 植物细胞的基本结构及功能；细胞膜的组成、结构和功能。

◆ 细胞有丝分裂的特点及意义；减数分裂的概念及意义。

学习难点

◆ 细胞有丝分裂各时期的特点。

◆ 植物细胞的功能。

一、植物细胞的概念

自然界的生物有机体，除了病毒和类病毒外，都是由细胞构成的。细胞是植物体结构和执行功能的基本单位。1665 年英国科学家胡克发现细胞。德国人施莱登和施旺共同创立了细胞学说。

细胞可分为两大类型：原核细胞和真核细胞。原核细胞有细胞结构，但没有典型的细胞核；真核细胞具有被膜包围的细胞核和多种细胞器。

二、植物细胞的形状和大小

1. 植物细胞的形状

植物细胞的形状是多种多样的，有球形或近球形、长筒状、长纺锤形、长柱形、星形等不规则形状。细胞形状的多样性，反映了细胞形态与其功能相适应的规律。

2. 植物细胞的大小

植物细胞的大小差异悬殊。最小的支原体细胞直径为 $0.1\mu m$，绝大多数的细胞体积都很小。

三、细胞生命活动的物质基础

构成细胞的生活物质称为原生质，它是细胞结构和生命活动的物质基础。

组成原生质的化学元素主要是碳、氢、氧、氮 4 种，约占全重的 90%；其次有少量硫、磷、钠、钙、钾、氯、镁、铁等，约占全重的 9%；此外还有极微量的元素，如钡、硅、矾、锰、钴、铜、锌、钼等。

组成原生质的化合物可分为无机物和有机物两类。无机物主要是水，此外还有 CO_2 和 O_2 等气体、无机盐以及许多离子态的元素等。有机物主要有蛋白质、核酸、脂类、糖类和极微量的生理活性物质等。

四、植物细胞的基本构造

植物细胞包括细胞壁、细胞膜、细胞质和细胞核等部分，其中细胞膜、细胞质和细胞核总称为原生质体。

（一）细胞壁

1. 细胞壁的结构

细胞壁是植物细胞所特有的结构。细胞壁结构大体分为三层：胞间层、初生壁和次生壁。

2. 细胞壁的变化

次生壁常因有其他物质填入，使细胞壁的性质发生角质化、木栓化、木质化、矿质化，以适应一定的生理机能。

3. 细胞壁的特殊结构

纹孔和胞间连丝。由于纹孔和胞间连丝的存在，细胞之间可以更好地进行物质交换，从而将各个细胞连接成为一个整体。

4. 细胞壁的功能

保护原生质体，减少蒸腾，防止微生物入侵和机械损伤等；支持和巩固细胞的形状；参与植物组织的吸收、运输和分泌等方面的生理活动；在细胞生长调控、细胞识别等重要生理活动中也有一定作用。

（二）细胞膜（质膜）

1. 组成与结构

质膜主要由脂类物质和蛋白质组成，此外还有少量的糖类以及微量的核酸、金属离子和水。质膜厚7.5～10nm，是由横断面上呈现“暗—明—暗”三条平行带组成的单位膜。

2. 流动镶嵌模型

即脂质双分子层构成膜的骨架，蛋白质分子结合在脂质双分子层的内外表面、嵌入脂质双分子层或者贯穿整个双分子层。膜及其组成物质是高度动态的、易变的。

3. 生物膜

构成细胞的膜种类很多，除质膜外，还包括细胞内膜，如核膜和各种细胞器的膜，这些膜统称为生物膜。

4. 功能

质膜起着屏障作用，维持稳定的细胞内环境，可调节和选择物质的通过，有选择地使物质通过或排出废物；质膜具有胞饮作用、吞噬作用和胞吐作用。

（三）细胞质

细胞膜以内、细胞核以外的原生质统称为细胞质。细胞质包括胞基质和细胞器。

1. 胞基质

（1）概念　又称基质、透明质等，是在电子显微镜下也看不出有特殊结构的细胞质部分。

（2）组成　胞基质的化学成分含有水、无机盐、溶于水中的气体、糖类、氨基酸、核苷酸等小分子物质，也含有蛋白质、核糖核酸等一些生物大分子。

（3）功能　是细胞器之间物质运输和信息传递的介质；是细胞代谢的重要场所；不断为各类细胞器行使功能提供必需的营养和原料，并使各种细胞器及细胞核之间保持着密切关系。

2. 细胞器

（1）概念　细胞质的基质内具有一定形态、结构和功能的小单位称为细胞器。

（2）类型　如表2-1所示。

表2-1　植物细胞内的细胞器

膜类型	细胞器	组成结构	功　能
双层膜结构	质体	白色体、叶绿体和有色体	植物进行光合作用的场所
	线粒体	囊状细胞器	进行呼吸作用

续表

膜类型	细胞器	组成结构	功能
单层膜结构	液胞	液胞膜和细胞液	与细胞吸水有关，储藏各种养料和生命活动产物参加新陈代谢中的降解活动
	内质网	网状管道系统	合成、包装、运输、储藏代谢产物，许多细胞器来源，与细胞壁分化有关、分隔作用
	高尔基体	扁囊	物质集运，生物大分子的装配，参与细胞壁的形成，分泌物质，参与溶酶体与液泡的形成
	溶酶体	泡状结构	消化作用，消化分解细胞器，更新细胞结构
	圆球体	球形小体	合成脂肪，储藏油脂
	微体	过氧化物酶体、乙醛酸酶体	与光呼吸、脂肪代谢关系密切
无膜结构	核糖核蛋白体	亚单位小颗粒	合成蛋白质的场所
	微管	中空长管状纤维	保持细胞形态，细胞质运动方向，提供运输动力，染色体的转移，细胞壁建成时控制纤维素微纤丝的排列方向

（四）细胞核

（1）类型　细胞核是细胞的重要组成部分，是细胞的控制中心。分为间期细胞核和分裂期细胞核两种。

（2）结构　细胞核多为卵圆形或球形，埋藏在细胞质中，细胞核的结构可分为核膜、核仁和核质三部分。

（3）功能　储存和复制 DNA，合成和向细胞转运 RNA；形成细胞质的核糖体亚单位；控制植物体的遗传性状，通过指导和控制蛋白质的合成而调节控制细胞的发育。

五、植物细胞的繁殖

（一）无丝分裂

无丝分裂也称直接分裂。分裂时，核仁先分裂为两部分，接着细胞核拉长，中间凹陷，最后缢断为两个新核，同时细胞质也分裂为两部分，并在中间产生新的细胞器，形成两个新细胞。

（二）有丝分裂

1. 概念

也称间接分裂，是植物营养细胞最普遍的一种分裂方式，由于分裂过程中有纺锤丝出现，故称有丝分裂。

2. 过程

有丝分裂过程比较复杂，是一个连续的过程，划分为下述五个时期。

（1）间期　细胞核变大，染色质呈染色丝，出现 RNA 的合成和 DNA 的复制，同时蓄积细胞分裂所必需的原料和能量。

（2）前期　染色丝变成染色体，核膜、核仁逐渐消失，出现纺锤丝。

（3）中期　染色体的着丝点有规律地排列在细胞中部的赤道板上，形成纺锤体。

（4）后期　染色单体从着丝点处断开，纺锤丝收缩，将染色单体分别拉向细胞两极。

（5）末期　染色体变成染色丝，核膜、核仁重新出现，细胞质一分为二，纺锤丝收缩集结于赤道板上并形成细胞板，接着产生初生壁，形成两个新细胞。

3. 意义

通过有丝分裂形成的子细胞的染色体数目与母细胞相同，由于染色体是遗传物质的载体，因此，每一子细胞就有着和母细胞同样的遗传性，从而使母代和亲代之间保持了遗传的稳定性。

（三）减数分裂

减数分裂的过程与有丝分裂基本相似。所不同的是，减数分裂包括了连续两次的分裂，但染色体只复制一次，这样，一个母细胞经过减数分裂可以形成四个子细胞，每个子细胞染色体数目只有母细胞的一半，因此，这种分裂称减数分裂。

复习思考题

1. 简述植物细胞的基本构造和特殊构造。
2. 简述细胞膜的组成、结构及功能。
3. 简述植物细胞有丝分裂各时期的特点及其重要意义。
4. 有丝分裂与减数分裂相比有哪些主要区别？
5. 什么叫减数分裂？有何重要意义？

任务二　植物的组织认知

学习重点

◆ 分生组织的基本结构及功能。
◆ 成熟组织的基本结构及功能。

学习难点

◆ 复合组织与组织系统。

细胞分化导致植物体中形成多种类型的细胞，这也就是细胞分化导致了组织的形成。人们一般把在个体发育中，具有相同来源的（即由同一个或同一群分生细胞生长、分化而来的）同一类型或不同类型的细胞群组成的结构和功能单位，称为组织。由一种类型细胞构成的组织，称简单组织。由多种类型细胞构成的组织，称复合组织。

植物每一类器官都包含有一定种类的组织，其中每一种组织具有一定的分布规律和行使一种主要的生理功能，但是这些组织的功能又是必须相互依赖和相互配合的，例如叶是植物进行光合作用的器官，其中主要分化为大量的同化组织进行光合作用，但在它的周围覆盖着保护组织，以防止同化组织丢失水分和机械损伤，此外，输导组织贯穿于同化组织中，保证水分的供应和把同化产物运输出去，这样，三种组织相互配合，保证了叶的光合作用正常进行。由此可见，组成器官的不同组织，表现为整体条件下的分工协作，共同保证器官功能的完成。

一、植物组织的类型

植物组织分成分生组织和成熟组织两大类。

（一）分生组织

1. 分生组织的概念

种子植物中具分裂能力的细胞限制在植物体的某些部位，这些部位的细胞在植物体的一生中持续地保持强烈的分裂能力，一方面不断增加新细胞到植物体中，另一方面自己继续“永存”下去，这种具持续分裂能力的细胞群称为分生组织。

2. 分生组织的类型

（1）按在植物体上的位置分　根据在植物体上的位置，可以把分生组织区分为顶端分生组织、侧生分生组织和居间分生组织。

① 顶端分生组织　顶端分生组织位于茎与根主轴和侧枝的顶端。它们的分裂活动可以使根和茎不断伸长，并在茎上形成侧枝和叶，使植物体扩大营养面积。茎的顶端分生组织最后还将产生生殖器官。

② 侧生分生组织　侧生分生组织位于根和茎侧方的周围部分，靠近器官的边缘。它包括形成层和木栓形成层。形成层的活动能使根和茎不断增粗，以适应植物营养面积的扩大。木栓形成层的活动是使长粗的根、茎表面或受伤的器官表面形成新的保护组织。

③ 居间分生组织　居间分生组织是夹在多少已经分化了的组织区域之间的分生组织，它是顶端分生组织在某些器官中局部区域的保留。

（2）按来源的性质分　分生组织也可根据组织来源的性质划分为原生分生组织、初生分生组织和次生分生组织。

① 原生分生组织　原生分生组织是直接由胚细胞保留下来的，一般具有持久而强烈的分裂能力，位于根端和茎端较前的部分。

② 初生分生组织　初生分生组织是由原分生组织刚衍生的细胞组成，这些细胞在形态上已出现了最初的分化，但细胞仍具有很强的分裂能力，因此，它是一种边分裂、边分化的组织，也可看作是由分生组织向成熟组织过渡的组织。

③ 次生分生组织　次生分生组织是由成熟组织的细胞，经历生理和形态上的变化，脱离原来的成熟状态（即反分化），重新转变而成的分生组织。

（二）成熟组织

1. 成熟组织的概念

分生组织衍生的大部分细胞，逐渐丧失分裂的能力，进一步生长和分化，形成的其他各种组织，称为成熟组织，有时也称为永久组织。

各种成熟组织可以具有不同的分化程度，有些组织的细胞与分生组织的差异极小，具有一般的代谢活动，并且也能进行分裂。而另一些组织的细胞则有很大的形态改变，功能专一，并且完全丧失分裂能力。因此，组织的“成熟”或“永久”程度是相对的。而且成熟组织也不是一成不变的，尤其是分化程度较浅的组织，有时能随着植物的发育，进一步分化为另一类组织；相反，有时在一定的条件下，又可以反分化成分生组织。

2. 成熟组织的类型

成熟组织可以按照功能分为保护组织、薄壁组织、机械组织、输导组织和分泌结构。

（1）保护组织　保护组织是覆盖于植物体表起保护作用的组织，它的作用是减少体内水分的蒸腾，控制植物与环境的气体交换，防止病虫害侵袭和机械损伤等。保护组织包括表皮和周皮。

① 表皮　表皮又称表皮层，是幼嫩的根和茎、叶、花、果实等的表面层细胞。它是植物体与外界环境的直接接触层，因此，它的特点与这一特殊位置和生理功能密切有关。

② 周皮　周皮是取代表皮的次生保护组织，存在于有加粗生长的根和茎的表面。它由侧生分生组织——木栓形成层形成。木栓形成层平周地分裂，形成径向成行的细胞行列，这些细胞向外分化成木栓，向内分化成栓内层。木栓、木栓形成层和栓内层合称周皮。

（2）薄壁组织　薄壁组织是进行各种代谢活动的主要组织，光合作用、呼吸作用、储藏作用及各类代谢物的合成和转化都主要由它进行。薄壁组织占植物体体积的大部分，如茎和根的皮层及髓部、叶肉细胞、花的各部，许多果实和种子中，全部或主要是薄壁组织，其他多种组织，如机械组织和输导组织等，常包埋于其中。因此，从某种意义讲，薄壁组织是植物体组成的基础，也就是基本组织的主要组成部分。此外，基本组织通常还包括厚角组织和厚壁组织。

（3）机械组织　机械组织是对植物起主要支持作用的组织。它有很强的抗压、抗张和抗曲挠的能力，植物能有一定的硬度，枝干能挺立，树叶能平展，能经受狂风暴雨及其他外力的侵袭，都与这种组织的存在有关。

（4）输导组织　输导组织是植物体中担负物质长途运输的主要组织。根从土壤中吸收的水分和无机盐，由它们运送到地上部分。叶光合作用的产物，由它们运送到根、茎、花、果实中去。植物体各部分之间经常进行的物质的重新分配和转移，也要通过输导组织来进行。

在植物中，水分的运输和有机物的运输，分别由两类输导组织来承担。一类为木质部，主要运输水分和溶解于其中的无机盐；另一类为韧皮部，主要运输有机营养物质。

（5）分泌结构　某些植物细胞能合成一些特殊的有机物或无机物，并把它们排出体外、细胞外或积累于细胞内，这种现象称为分泌现象。植物分泌物的种类繁多，有糖类、挥发油、有机酸、生物碱、单宁、树脂、油类、蛋白质、酶、杀菌素、生长素、维生素及多种无机盐等，这些分泌物在植物的生活中起着多种作用。例如，根的细胞分泌有机酸、生长素、酶等到土壤中，使难溶性的盐类转化成可溶性的物质，能被植物吸收利用，同时，又能吸引一定的微生物，构成特殊的根际微生物群，为植物健壮生长创造更好的条件；植物分泌蜜汁和芳香油，能引诱昆虫前来采蜜，帮助传粉。某些植物分泌物能抑制或杀死病菌及其他植物，或能对动物和人造成不良反应，有利于保护自身。另一些分泌物能促进其他植物的生长，形成有益的相互依存关系等。也有些分泌物是植物的排泄物或储藏物。许多植物的分泌物具有重要的经济价值，例如橡胶、生漆、芳香油、蜜汁等。

二、组织系统

植物的每一器官都由一定种类的组织构成。具有不同功能的器官中，组织的类型不同，排列方式不同。然而，植物体是一个有机的整体，各个器官除了具有功能上的相互联系外，同时在它们的内部结构上也必然具有连续性和统一性，在植物学上为了强调这一观点，采用了组织系统这一概念。一个植物整体上，或一个器官上的一种组织，或几种组织在结构和功能上组成一个单位，称为组织系统。

维管植物的主要组织可归并成三种组织系统，即皮组织系统、维管组织系统和基本组织系统，分别简称为皮系统、维管系统和基本系统。皮系统包括表皮和周皮，它们覆盖于植物各器官的表面，形成一个包裹整个植物体的连续的保护层。维管系统包括输导有机养料的韧皮部和输导水分的木质部，它们连续地贯穿于整个植物体内，把生长区、发育区与有机养料制造区和储藏区连接起来。基本系统主要包括各类薄壁组织、厚角组织和厚壁组织，它们是植物体各部分的基本组成。植物整体的结构表现为维管系统包埋于基本系统之中，而外面又覆盖着皮系统。各个器官结构上的变化，除表皮或周皮是始终包被在最外层外，主要表现在维管组织和基本组织相对分布上的差异。

复习思考题

1. 简述分生组织的结构和功能。
2. 简述成熟组织的结构和功能。
3. 列举几种复合组织和组织系统。

任务三　植物根的认知

学习重点

◆ 掌握植物根的形态结构；植物根和根系的类型。

◆ 掌握根的生理功能和经济利用。

学习难点

◆ 根的解剖结构和生理功能在植物生产上的应用。

一般，种子植物的种子完全成熟后，经过休眠，在适合的环境下就能萌发成幼苗，以后继续生长发育，成为具枝系和根系的成年植物。植物特别是成年植物的植物体上由多种组织组成、在外形上具有显著形态特征和特定功能、易于区分的部分，称为器官。大多数成年植物在营养生长时期，整个植株可显著地分为根、茎、叶三种器官，这些担负着植物体营养生长的一类器官统称为营养器官。

根，除少数气生者外，一般是植物体生长在地面下的营养器官，土壤内的水和矿质通过根进入植株的各个部分。它的顶端能无限地向下生长，并能发生侧向的支根（侧根），形成庞大的根系，有利于植物体的固着、吸收等作用，这也使植物体的地上部分能完善地生长，从而使植物枝叶繁茂、花果累累。根系能控制泥沙的移动，因此，植物的根具有固定流沙、保护堤岸和防止水土流失的作用。

一、根的生理功能和经济利用

（一）根的生理功能

根是植物适应陆上生活在进化中逐渐形成的器官，它具有吸收、固着、输导、合成、储藏和繁殖等功能。

1. 吸收作用

它吸收土壤中的水、二氧化碳和无机盐类。植物体内所需要的物质，除一部分由叶和幼嫩的茎自空气中吸收外，大部分都是由根自土壤中取得。水为植物所必需，因为它是原生质组成的成分之一，是制造有机物的原料，是细胞膨压的维持者，是植物体内一切生理活动所必需的物质。周围环境中水的情况，影响着植物的形态、结构和分布。二氧化碳是光合作用的原料，除去叶从空气中吸收二氧化碳外，根也从土壤中吸收溶解状态的二氧化碳或碳酸盐，以供植物光合作用的需要。无机盐类是植物生活所不可缺的，例如硫酸盐、硝酸盐、磷酸盐以及钾、钙、镁等离子，它们溶于水，随水分一起被根吸收。

2. 固着和支持作用

可以想象，植物庞大的地上部分，如果遇上风、雨、冰、雪的侵袭，高大的树木却能巍然屹立，这就是由于植物体具有反复分枝、深入土壤的庞大根系，以及根内牢固的机械组织和维管组织的共同作用。

3. 输导作用

由根毛、表皮吸收的水分和无机盐，通过根的维管组织输送到枝，而叶所制造的有机养料经过茎输送到根，再经根的维管组织输送到根的各部分，以维持根的生长和生活。

4. 合成的功能

据研究，在根中能合成蛋白质所必需的多种氨基酸，合成后，能很快地运至生长的部分，用来构成蛋白质，作为形成新细胞的材料。科学研究中，也证明根能形成生长激素和植物碱，这些生长激素和植物碱对植物地上部分的生长、发育有着较大的影响。

5. 储藏和繁殖的功能

根内的薄壁组织一般较发达，常为物质储藏之所。不少植物的根能产生不定芽，有些植物的根，在伤口处更易形成不定芽，在营养繁殖中的根扦插和造林中的森林更新，常加以利用。

（二）根的用途

根有多种用途，它可以供食用、药用和作为工业原料。甘薯、木薯、胡萝卜、萝卜、甜菜等皆可食用，部分也可作饲料。人参、大黄、当归、甘草、乌头、龙胆、吐根等可供药用。甜菜可作制糖原料，甘薯可制淀粉和酒精。某些乔木或藤本植物的老根，如枣、杜鹃、苹果、葡萄、青风藤等的根，可雕制成或扭曲加工成树根造型的工艺美术品。在自然界中，根有保护坡地、堤岸和防止水土流失的作用。

二、根和根系的类型

（一）主根、侧根和不定根

1. 主根

种子萌发时，最先是胚根突破种皮，向下生长，这个由胚根细胞的分裂和伸长所形成的向下垂直生长的根，是植物体上最早出现的根，称为主根，有时也称直根或初生根。

2. 侧根

主根生长达到一定长度，在一定部位上侧向地从内部生出许多支根，称为侧根。侧根和主根往往形成一定角度，侧根达到一定长度时，又能生出新的侧根。因此，从主根上生出的侧根，可称为一级侧根（或支根），或次生根；一级侧根上生出的侧根，为二级侧根或三生根，以此类推。

3. 不定根

在主根和主根所产生的侧根以外的部分，如茎、叶、老根或胚轴上生出的根，统称不定根，它和起源于胚根、发生在一定部位的主根（定根）不同。不定根也能不断地产生分枝，即侧根。农、林、园艺工作上，利用枝条、叶、地下茎等能产生不定根的习性，可进行大量的扦插、压条等营养繁殖。农业上常把胚根所形成的主根和胚轴上生出的不定根（如禾本科作物）统称种子根，也称初生根，而将茎基部节上的不定根也称为次生根，与植物学上常用名词有别，应加注意。植物因功能上、适应上的变化而形成肥大的根或地上部分的气生根。

（二）直根系和须根系

一株植物地下部分的根的总和，称为根系。在双子叶植物和裸子植物中，根系是由主根和它分枝的各级侧根组成的；在单子叶植物中，根系主要是由不定根和它分枝的各级侧根组成的。根系有两种基本类型，即直根系和须根系。有明显的主根和侧根区别的根系，称为直根系，如松、柏、棉、油菜、蒲公英等植物的根系。无明显的主根和侧根区分的根系，或根系全部由不定根和它的分枝组成，粗细相近，无主次之分，而呈须状的根系，称为须根系，如禾本科的稻、麦以及鳞茎植物葱、韭、蒜、百合等单子叶植物的根系和某些双子叶植物的根系，如车前草。

根系在土壤中分布的深度和广度，因植物的种类、生长发育的情况、土壤条件和人为的影响等因素而不同。根在土壤中分布的状况，一般可分为深根系和浅根系两类。深根系是主根发达，向下垂直生长，深入土层，可达3～5m，甚至10m以上，如大豆、蓖麻、马尾松等。浅根系是侧根或不定根较主根发达，并向四周扩展，因此，根系多分布在土壤表层，如车前草、悬铃木、玉米、水稻等。上面所说的直根系多为深根系，须根系多为浅根系，但不是所有的直根系都属深根系。根的深度在植物的不同生长发育期也是不同的，如马尾松的一年生苗，主根仅深20cm，但成长后可深达5m以上。根系也因土层厚薄、土壤水肥的多少、土壤微生物的种类和活动情况以及土壤种类的不同而深度不同。一般讲，地下水位较低、通气良好、土壤肥沃，根系分布较深，反之较浅。干旱地区的根系较深，潮湿地区的根系较浅。此外，人为的影响也能改变根系的深度。例如植物幼苗期的表面灌溉及苗木的移植、压条和扦插，易于形成浅根；种子繁殖、深耕多肥，易于形成深根。因此，农、林、园艺工作中，都应掌握各种植物根系的特性，并为根系的发育创造良好环境，促使根系健全发育，为地上部分的繁茂（稳产、高产）打下良好基础。

三、根的发育

（一）顶端分生组织

种子萌发后，胚根顶端分生组织中的细胞经过分裂、生长、分化，形成了主根。主根生长时，顶端分生组织具有一定的组成，但这个组成在不同类群的植物中是不同的。要了解根的一些组织系统的起源和联系演化，就得研究顶端分生组织结构在不同类群植物中的差异。侧根和不定根中顶端分生组织中细胞的排列与主根相似。

种子植物中，根的顶端分生组织在结构上有两种主要类型：第一种类型是成熟根中的各区，如维管柱、皮层和根冠，都可追溯到顶端分生组织中的各自独立的三个细胞层，也就是说，维管柱、皮层和根冠都有各自的原始细胞，而表皮却是从皮层的最外层分化出来的，或者表皮和根冠的细胞有着共同的起源，也就是起源于同一群原始细胞；第二种类型是所有各区或者至少是皮层和根冠，都是集中在一群横向排列的细胞中，和第一种类型具三个原始细胞层不同，它们是具有共同的原始细胞，这种类型在系统发育上较为原始。什么是原始细胞？它们是组成分生组织中的某些细胞，通过分裂，不断地产生一些细胞，加入到植物体中成为新的体细胞，同时又不断地产生另一些细胞，仍保留在分生组织中。这些经过不断更新始终保留在分生组织中具分生能力的细胞，就称为原始细胞。所以组成根的其他所有细胞都是由原始细胞产生的。

（二）根尖的结构和发展

根尖是指根的顶端到着生根毛部分的这一段。不论主根、侧根或不定根都具有根尖，它是根中生命活动最旺盛、最重要的部分。根的伸长、根对水分和养料的吸收以及根内组织的形成，主要是根尖进行的。因此，根尖的损伤会直接影响到根的继续生长和吸收作用的进行。根尖可以分为四个部分：根冠、分生区、伸长区和成熟区。

1. 根冠

根冠位于根的先端，是根特有的一种组织，一般成圆锥形，由许多排列不规则的薄壁细胞组成，它像一顶帽子（即冠）套在分生区的外方，所以称为根冠。

2. 分生区

分生区是位于根冠内方的顶端分生组织。分生区不断地进行细胞分裂增生细胞，除一部分向前方发展，形成根冠细胞，以补偿根冠因受损伤而脱落的细胞外，大部分向后方发展，经过细胞的生长、分化，逐渐形成根的各种结构。由于原始细胞的存在，所以分生区始终保持它原有的体积和作用。

3. 伸长区

伸长区位于分生区稍后方的部分，细胞分裂已逐渐停止，体积扩大，细胞显著地沿根的长轴方向延伸，因此，称为伸长区。根的长度生长是分生区细胞的分裂、增大和伸长区细胞的延伸共同活动的结果，特别是伸长区细胞的延伸，使根显著地伸长，因而在土壤中继续向前推进，有利于根不断转移到新的环境，吸取更多的矿质营养。伸长区一般长 2～5mm。短而粗的伸长区，在坚实的土壤层中，对于根的向前推进是比较有利的。

4. 成熟区

成熟区内根的各种细胞已停止伸长，并且多已分化成熟，因此，称为成熟区。成熟区紧接伸长区，表皮常产生根毛，因此，也称为根毛区。根毛是由表皮细胞外壁延伸而成，是根的特有结构，一般呈管状，角质层极薄，不分枝，长 0.08～1.5mm，数目多少不等，因植物种类而异。

四、根的初生结构

由根尖的顶端分生组织，经过分裂、生长、分化而形成成熟的根，这种植物体的生长，直接来自顶端分生组织的衍生细胞的增生和成熟，整个生长过程，称为初生生长。初生生长过程中产生的各种成熟组织属于初生组织，它们共同组成根的结构，也就是根的初生结构。因此，在根尖的成熟区做一横切面，就能看到根的全部初生结构，由外至内为表皮、皮层和维管柱三个部分。

1. 表皮

根的成熟区的最外面具有表皮，是由原表皮发育而成，一般由一层表皮细胞组成，表皮细胞近似长方柱形，延长的面和根的纵轴平行，排列整齐紧密，和植物体其他部分一般的表皮组织相似。但根的表皮细胞壁薄，角质层薄，不具气孔，部分表皮细胞的外壁向外凸起，延伸成根毛。成熟的根毛直径 5～17μm，长 80～1500μm，因种而异。

2. 皮层

皮层是由基本分生组织发育而成，它在表皮的内方占着相当大的部分，由多层薄壁细胞组成，细胞排列疏松，有着显著的胞间隙。皮层最外的一层细胞，即紧接表皮的一层细胞，往往排列紧密，无间隙，成为连续的一层，称为外皮层。当根毛枯死、表皮破坏后，外皮层的细胞壁增厚并栓化，能代替表皮起保护作用。有些植物的根如鸢尾，外皮层由多层细胞组成。

3. 维管柱

维管柱是内皮层以内的部分，结构比较复杂，包括中柱鞘和初生维管组织，有些植物的根还具有髓，由薄壁组织或厚壁组织组成。

中柱鞘是维管柱的外层组织，向外紧贴着内皮层。它是由原形成层的细胞发育而成，保持着潜在的分生能力，通常由一层薄壁细胞组成，也有由两层或多层细胞组成的，有时也可能含有厚壁细胞。维管形成层（部分的）、木栓形成层、不定芽、侧根和不定根，都可能由中柱鞘的细胞产生。

根的维管柱中的初生维管组织，包括初生木质部和初生韧皮部，不并列成束，而是相间排列，各自成束。由于根的初生木质部在分化过程中，是由外方开始向内方逐渐发育成熟，这种方式称为外始式，这是根发育上的一个特点。因此，初生木质部的外方，也就是近中柱鞘的部位，是最初成熟的部分，称为原生木质部，它由管腔较小的环纹导管或螺纹导管组成。渐近中部，成熟较迟的部分，称为后生木质部，它由管腔较大的梯纹、网纹或孔纹等导管组成。由于初生木质部的发育是外始式，因此，外方的导管最先形成，这就缩短了皮层和初生木质部间的距离，从而加速了由根毛所吸收的物质向地上部分运输。在根的横切面上，初生木质部整个轮廓呈辐射状，而原生木质部构成辐射状的棱角，即木质部脊。不同植物的根中，木质部脊数是相对稳定的，例如烟草、油菜、萝卜、胡萝卜、芥菜、甜菜等是2束；紫云英、豌豆等是3束；蚕豆、花生、棉、向日葵、毛茛、蓖麻等是4束，有时5束；茶、马铃薯是5束；葱是6束；多于6束的，如葡萄、菖蒲、高粱、棕榈、鸢尾、玉米、水稻、小麦等。

五、侧根的形成

主根、侧根或不定根所产生的支根统称为侧根。侧根重复的分枝连同原来的母根，共同形成根系。种子植物的侧根，不论它们是发生在主根、侧根还是不定根上，通常总是起源于中柱鞘，而内皮层可能以不同程度参加到新的根原基形成的过程中，当侧根开始发生时，中柱鞘的某些细胞开始分裂。最初的几次分裂是平周分裂，结果使细胞层数增加，因而新生的组织就产生向外的凸起。以后的分裂，包括平周分裂和垂周分裂是多方向的，这就使原有的凸起继续生长，形成侧根的根原基，这是侧根最早的分化阶段，以后根原基的分裂、生长、逐渐分化出生长点和根冠。生长点的细胞继续分裂、增大和分化，并以根冠为先导向前推进。由于侧根不断生长所产生的机械压力和根冠所分泌的物质能溶解皮层和表皮细胞，这样，就能使侧根较顺利无阻地依次穿越内皮层、皮层和表皮，从而露出母根以外，进入土壤。由于侧根起源于母根的中柱鞘，也就是发生于根的内部组织，因此，它的起源被称为内起源。侧根可以因生长激素或其他生长调节物质的刺激而形成，也可因内源抑制物质的抑制而使母根内侧根的分布和数量受到控制。

六、根的次生生长和次生结构

一年生双子叶植物和大多数单子叶植物的根，都由初生生长完成了它们的一生，可是，大多数双子叶植物和裸子植物的根，却经过次生生长，形成次生结构。就根的次生生长而言，在初生生长结束后，也就是初生结构成熟后，在初生木质部和初生韧皮部之间，有一种侧生分生组织即维管形成层（简称形成层）发生并开始切向分裂的活动，活动的过程中，经过分裂、生长、分化从而使根的维管组织数量增加，这种由维管形成层的活动结果使根加粗的生长过程，称为次生生长。由于根的加粗，使表皮撑破，因此，又有另外一种侧生分生组织，即木栓形成层发生，它形成新的保护组织——周皮，以代替表皮，这也被认为是次生生长的一部分。次生生长过程中产生的次生维管组织和周皮，共同组成根的次生结构。

七、根瘤和菌根

种子植物的根和土壤内的微生物有着密切的关系。微生物不但存在于土壤内，影响着植物的生存，有些微生物甚至进入植物根内，与植物共同生活。这些微生物从根的组织内取得可供它们生活的营养物质，而植物也由于微生物的作用，获得它所需要的物质。这种植物和微生物双方间互利的关系，称为共生。共生关系是两个生物间相互有利的共居关系，彼此间有直接的营养物质交流，一种生物对另一种生物的生长有促进作用。在种子植物和微生物间的共生关系现象一般有两种类型，即根瘤和菌根。

1. 根瘤的形成及意义

豆科植物的根上常常生有各种形状的瘤状凸起，称为根瘤。根瘤的产生是由于土壤内的一种细菌，即根瘤菌，由根毛侵入根的皮层内，一方面根瘤菌在皮层细胞内迅速分裂繁殖；另一方面，受根瘤菌侵入的皮层细胞，因根瘤菌分泌物的刺激也迅速分裂，产生大量新细胞，使皮层部分的体积膨大和凸出，形成根瘤。根瘤菌最大的特点，就是具有固氮作用，它能把大气中的游离氮转变为氨。这些氨除满足根瘤菌本身的需要外，还可为宿主（豆科等植物）提供生长发育可以利用的含氮化合物。

近年来，我国农业生产上开始对根瘤菌菌肥进行研究和推广。大豆、花生的生产上施用根瘤菌菌肥，不仅能提高蛋白质含量，而且增产效果显著。

2. 菌根的形成、类型及意义

除根瘤菌外，种子植物的根也和真菌有共生的关系。这些和真菌共生的根，称为菌根。菌根主要有两种类型，即外生菌根和内生菌根。外生菌根是真菌的菌丝包被在植物幼根的外面，有时也侵入根的皮层细胞间隙中，但不侵入细胞内。在这样的情况下，根的根毛不发达，甚至完全消失，菌丝就代替了根毛，增加了根系的吸收面积。松、云杉、榛、山毛榉、鹅耳枥等树的根上，都有外生菌根。内生菌根是真菌的菌丝通过细胞壁侵入到细胞内，在显微镜下，可以看到表皮细胞和皮层细胞内散布着菌丝，例如胡桃、桑、葡萄、李、杜鹃及兰科植物等的根内都有内生菌根。此外，还有一种内外生菌根，即在根表面、细胞间隙和细胞内都有菌丝，如草莓的根。

很多具菌根的植物，在没有相应的真菌存在时，就不能正常地生长或种子不能萌发，如松树在没有与它共生的真菌的土壤里，养分吸收很少，以致生长缓慢，甚至死亡。同样，某些真菌如不与一定植物的根系共生，也将不能存活。在林业上，根据造林的树种，预先在土壤内接种需要的真菌，或事先让种子感染真菌，以保证树种良好的生长发育，这在荒地或草原造林上有着重要的意义。

复习思考题

1. 简述双子叶植物根初生结构与单子叶植物根结构的主要区别。
2. 根瘤的形成及意义有哪些？

任务四　植物茎的认知

学习重点

◆ 掌握植物茎的形态结构；掌握植物茎的类型。

◆ 掌握茎的生理功能和经济利用。

学习难点

◆ 营养器官茎的解剖结构在不同类型植物上的表现和差异。

种子植物的茎起源于种子内幼胚的胚芽，有时还加上部分下胚轴，茎的侧枝起源于叶腋的芽。茎是联系根、叶，输送水、无机盐和有机养料的轴状结构。茎除少数生于地下者外，一般是植物体生长在地上的营养器官。多数茎的顶端能无限地向上生长，连同着生的叶形成庞大的枝系。

种子植物中无茎的植物是极罕见的。无茎草属植物是重寄生植物，它寄生在寄生植物属寄生科植物的枝干上，茎完全退化，直接从寄主的组织内生出花序。蒲公英、车前草的茎节非常短缩，被称为莲座状植物，并非无茎植物。

一、茎的生理功能和经济利用

茎是植物的营养器官之一，一般是组成地上部分的枝干，主要功能是输导和支持。

1. 茎的输导作用

茎的输导作用是和它的结构紧密联系的。茎的维管组织中的木质部和韧皮部就担负着这种输导作用。被子植物茎的木质部中的导管和管胞，把根尖上由幼嫩的表皮和根毛从土壤中吸收的水分和无机盐，通过根的木质部，特别是茎的木质部运送到植物体的各部分。而大多数的裸子植物中，管胞却是唯一输导水分和无机盐的结构。茎的韧皮部的筛管或筛胞（裸子植物），将叶的光合作用产物也运送到植物体的各个部分。

水分、无机盐和有机营养物质是植物正常生活中不可缺少的条件，它们的运输是非常复杂的生理过程，和植物的光合作用、蒸腾作用、呼吸作用等有着紧密的联系。

2. 茎的支持作用

茎的支持作用也和茎的结构有着密切关系。茎内的机械组织，特别是纤维和石细胞，分布在基本组织和维管组织中，以及木质部中的导管、管胞，它们都像建筑物中的钢筋混凝土，在构成植物体坚固有力的结构中起着巨大的支持作用。不难想象，庞大的枝叶和大量的花、果，加上自然界中的强风、暴雨和冰雪的侵袭，没有茎的坚强支持和抵御是无法在空间展布的，另外，枝、叶、花的合理安排则有利于植物的光合作用以及开花、传粉和果实种子的发育、成熟和传播。

茎除去输导和支持作用外，还有储藏和繁殖作用。茎的基本组织中的薄壁组织细胞，往往储存大量物质，而变态茎中，如地下茎中的根状茎（藕）、球茎（慈姑）、块茎（马铃薯）等的储藏物质尤为丰富，可作食品和工业原料。不少植物的茎有形成不定根和不定芽的习性，可作营养繁殖。农、林和园艺工作中用扦插、压条来繁殖苗木，便是利用茎的这种习性。

茎在经济利用上是多方面的，包括食用、药用、工业原料、木材、竹材等，为工农业以及其他方面提供了极为丰富的原材料。甘蔗、马铃薯、芋、莴苣、茭白、藕、慈姑以及姜、桂皮等都是常用的食品。杜仲、合欢皮、桂枝、半夏、天麻、黄精等都是著名的药材，奎宁是金鸡纳树树皮中含的生物碱，为著名的抗疟药。其他如纤维、橡胶、生漆、软木、木材、竹材以及木材干馏制成的化工原料等，更是用途极广的工业原料。随着科学的发展，对茎的利用特别是综合利用将会日益广泛。

二、茎的形态

（一）茎的形态特征

茎的外形，多数呈圆柱形。可是，有些植物的茎却呈三角形（如莎草）、方柱形（如蚕豆、薄荷）或扁平柱形（如昙花、仙人掌）。茎的内部散布着机械组织和维管组织，从力学上看，茎的外形和结构都具有支持和抗御的能力。

茎上着生叶的部位，称为节。两个节之间的部分，称为节间。茎和根在外形上的主要区别是，茎有节和节间，在节上着生叶，在叶腋和茎的顶端具有芽。着生叶和芽的茎，称为枝或枝条，因此，茎就是枝上除去叶和芽所留下的轴状部分。

（二）芽的概念和芽的类型

1. 芽的概念

芽是处于幼态而未伸展的枝、花或花序，也就是枝、花或花序尚未发育前的雏体。以后发展成枝的芽称为枝芽，通常不正确地称它为叶芽；发展成花或花序的芽称为花芽。

2. 芽的类型

从各种不同角度如芽在枝上的位置、芽鳞的有无、将形成的器官性质和它的生理活动状态等特点，可把芽划分为以下几种类型。

（1）按芽在枝上的位置分芽可分为定芽和不定芽。定芽又可分为顶芽和腋芽两种。顶芽是生在主干或侧枝顶端的芽，腋芽是生在枝侧面叶腋内的芽，也称侧芽。芽不是生在枝顶或叶腋内的，称为不定芽。如甘薯、蒲公英、榆、刺槐等生在根上的芽，落地生根和秋海棠叶上的芽，桑、柳等老茎或创伤切口上产生的芽，都属不定芽。不定芽在植物的营养繁殖上常加以利用，在农、林、园艺工作上有重要意义。

（2）按芽鳞的有无分芽可分为裸芽和被芽。多数多年生木本植物的越冬芽，不论是枝芽还是花芽，外面有鳞片（也称芽鳞）包被，称为被芽，也称为鳞芽。鳞片是叶的变态，有厚的角质层，有时还覆被着毛茸或分泌的树脂黏液，借以减少蒸腾和防止干旱、冻害，保护幼嫩的芽。它对生长在温带地区的多年生木本植物，如悬铃木、杨、桑、玉兰、枇杷等的越冬起很大的保护作用。所有一年生植物、多数两年生植物和少数多年生木本植物的芽，外面没有芽鳞，只被幼叶包着，称为裸芽，如常见的黄瓜、棉、蓖麻、油菜、枫杨等的芽。

（3）按芽将形成的器官性质分芽可分为枝芽、花芽和混合芽。枝芽包括顶端分生组织和外围的附属物，如叶原基、腋芽原基和幼叶。花芽是产生花或花序的雏体，由一些花部原基或一丛花原基（花序原基）组成，没有叶原基和腋芽原基。花芽的顶端分生组织不能无限生长，当花或花序的各部分形成后，顶端就停止生长。花芽的结构比较复杂，变化也较大。因含有枝芽和花芽的组成部分而可以同时发育成枝和花的芽称为混合芽，如梨、苹果、石楠、白丁香、海棠、荞麦等的芽。

（4）按芽的生理活动状态分芽可分为活动芽和休眠芽。活动芽是在生长季节活动的芽，也就是能在当年生长季节形成新枝、花或花序的芽。一般，一年生草本植物当年由种子萌发生出的幼苗，逐渐成长至开花结果，植株上多数芽都是活动芽。温带的多年生木本植物，许多枝上往往只有顶芽和近上端的一些腋芽活动，大部分的腋芽在生长季节不生长、不发展，保持休眠状态，称为休眠芽或潜伏芽。休眠芽的存在能使植物体内的养料有大量的储备，既可提供活动芽的利用，也可备未来需要时的应用。

（三）茎的生长习性

不同植物的茎在长期的进化过程中有各自的生长习性，以适应外界环境，使叶在空间上合理分布，尽可能地充分接受日光照射，制造自己生活需要的营养物质，并完成繁殖后代的生理功能，产生了以下四种主要的生长方式：直立茎、缠绕茎、攀援茎和匍匐茎。

1. 直立茎

茎背地面而生，直立。大多数植物的茎是这样的，如蓖麻、向日葵、杨等。

2. 缠绕茎

茎幼时较柔软，不能直立，以茎本身缠绕于其他支柱上升。

3. 攀援茎

茎幼时较柔软，不能直立，以特有的结构攀援他物上升。按它们攀援结构的性质又可分成以下五种。

（1）以卷须攀援的，如丝瓜、豌豆、黄瓜、葡萄、乌蔹莓、南瓜等的茎。

（2）以气生根攀援的，如常春藤、络石、薜荔等的茎。

（3）以叶柄攀援的，如旱金莲、铁线莲等的茎。

（4）以钩刺攀援的，如白藤、猪殃殃等的茎。

(5) 以吸盘攀援的，如爬山虎（地锦）的茎。

有缠绕茎和攀援茎的植物，统称藤本植物。缠绕茎和攀援茎都有草本和木本之分，因此，藤本植物也分为草本和木本，前者如菜豆、南瓜、旱金莲等，后者如葡萄、紫藤、忍冬等。藤本植物在热带森林和湿润的亚热带森林里，由于条件优越，生长特别茂盛，形成森林内的特有景观。

不少有经济价值的藤本植物，如葡萄、豆类和一部分瓜类，在栽培技术上，必须根据它们的生长习性，及时和适当地搭好棚架，使枝叶得以合理展开，获得充分光照，以提高产量和质量。

4. 匍匐茎

茎细长柔弱，沿着地面蔓延生长，如草莓、甘薯（山芋）、虎耳草等的茎。匍匐茎一般节间较长，节上能生不定根，芽会生长成新株。栽培甘薯和草莓就利用它们这一特性进行繁殖。草莓产生的新株，成为独立的个体后，相连的细茎节间即行死去，根据这一特点，有时将草莓自匍匐茎中分出，另立一类，称为纤匍枝。

(四) 分枝的类型

分枝是植物生长时普遍存在的现象。主干的伸长、侧枝的形成是顶芽和腋芽分别发育的结果。侧枝和主干一样，也有顶芽和腋芽，因此，侧枝上还可以继续产生侧枝，以此类推，可以产生大量分枝，形成枝系。各种植物上，由于芽的性质和活动情况不同，所产生的枝的组成和外部形态也不同，因而分枝的方式各异，但分枝却是有规律性的。种子植物的分枝方式一般有单轴分枝、合轴分枝和假二叉分枝三种类型。

1. 单轴分枝

单轴分枝主干也就是主轴，总是由顶芽不断地向上伸展而成，这种分枝形式，称为单轴分枝，也称为总状分枝。单轴分枝的主干上能产生各级分枝，主干的伸长和加粗比侧枝强得多。一部分被子植物如杨、山毛榉等，多数裸子植物如松、杉、柏科等的落叶松、水杉、桧等，都属于单轴分枝。单轴分枝的木材高大挺直，适于建筑、造船等用。

2. 合轴分枝

合轴分枝主干的顶芽在生长季节中生长迟缓或死亡，或顶芽为花芽，就由紧接着顶芽下面的腋芽伸展，代替原有的顶芽，每年同样地交替进行，使主干继续生长，这种主干是由许多腋芽发育而成的侧枝联合组成，所以称为合轴。合轴分枝所产生的各级分枝也是如此。这种分枝在幼嫩时呈显著曲折的形状，在老枝上由于加粗生长，不易分辨。合轴分枝植株的上部或树冠呈开展状态，既提高了支持和承受能力，又使枝、叶繁茂，通风透光，有效地扩大光合作用面积，是先进的分枝方式。大多数被子植物有这种分枝方式，如马铃薯、番茄、无花果、梧桐、桑、菩提树、桃、苹果等。

3. 假二叉分枝

假二叉分枝是具对生叶的植物，在顶芽停止生长后，或顶芽是花芽，在花芽开花后，由顶芽下的两侧腋芽同时发育成二叉状分枝。所以假二叉分枝，实际上是一种合轴分枝方式的变化，它和顶端的分生组织本身分为两个从而形成真正的二叉分枝不同。真正的二叉分枝多见于低等植物，在部分高等植物中，如苔藓植物的苔类和蕨类植物的石松、卷柏等也存在。具假二叉分枝的被子植物如丁香、茉莉、接骨木、石竹、繁缕等。

(五) 禾本科植物的分蘖

禾本科植物，如水稻、小麦等的分枝和上面所说的不同，它们是由地面下和近地面的分蘖节（根状茎节）上产生腋芽，以后腋芽形成具不定根的分枝，这种方式的分枝称为分蘖。

分蘖上又可继续形成分蘖，依次形成一级分蘖、二级分蘖，以此类推。

农业生产上常采用合理密植、巧施肥料、控制水肥、调整播种期、选取适合的作物种类和品种等措施，来促进有效分蘖的生长发育，控制无效分蘖的发生。

三、茎的发育

（一）顶端分生组织

茎的顶端分生组织和根端的相似。经过顶端分生组织的活动产生了茎的有关结构，包括茎的节和节间、叶、腋芽以及以后转变成生殖（繁殖）结构。茎的顶端分生组织中夹杂着分化程度不一的组织，这点也和根的相似。在细胞和组织的发育过程中，从分生组织状态过渡到成熟组织状态，是经过由不分化逐渐变为分化的，因而，顶端分生组织的最先端部分，包括原始细胞和它紧接着所形成的衍生细胞，可以看作是未分化或最小分化的部分，称原分生组织。在原分生组织下面，随着不同分化程度的细胞出现，逐渐开始分化出未来的表皮、皮层和维管柱的分生组织，也就是它们的前身，可分别称为原表皮、基本分生组织和原形成层，总称初生分生组织。初生分生组织的活动和分化的结果，就形成成熟组织，组成初生植物体。总之，茎的顶端分生组织可以说是由原分生组织和初生分生组织组成的。

（二）叶和芽的起源

1. 叶的起源

叶是由叶原基逐步发育而成的。裸子植物和双子叶植物中，发生叶原基的细胞分裂，一般是在顶端分生组织表面的第二层或第三层出现。平周分裂增生细胞的结果，就促进了叶原基的侧面凸起。凸起的表面出现垂周分裂，以后这种分裂在较深入的各层中和平周分裂同时进行。单子叶植物叶原基的发生，常由表层中的平周分裂开始。

2. 芽的起源

顶芽发生在茎端（枝端），包括主枝和侧枝上的顶端分生组织，而腋芽起源于腋芽原基。大多数被子植物的腋芽原基发生在叶原基的叶腋处。腋芽原基的发生，一般比包在它们外面的叶原基要晚。腋芽的起源很像叶，在叶腋的一些细胞上经过平周分裂和垂周分裂而形成凸起，细胞排列与茎端的相似，并且本身也可能开始形成叶原基。不过，在腋芽形成过程中，当它们离开茎端一定距离以前，一般并不形成很多叶原基。

四、茎的初生结构

茎的顶端分生组织中的初生分生组织所衍生的细胞，经过分裂、生长、分化而形成的组织，称为初生组织，由这种组织组成了茎的初生结构。

（一）双子叶植物茎和裸子植物茎的初生结构

1. 双子叶植物茎的初生结构

双子叶植物茎的初生结构包括表皮、皮层和维管柱三个部分。

（1）表皮　表皮通常由单层的活细胞组成，是由原表皮发育而成，一般不具叶绿体，分布在整个茎的最外面，起着保护内部组织的作用，因而是茎的初生保护组织。

表皮除表皮细胞外，往往有气孔，它是水气和气体出入的通道。此外，表皮上有时还分化出各种形式的毛状体，包括分泌挥发油、黏液等的腺毛。毛状体中较密的茸毛可以反射强光、降低蒸腾，坚硬的毛可以防止动物为害，而具钩的毛可以使茎具攀援作用。

（2）皮层　皮层位于表皮内方，是表皮和维管柱之间的部分，为多层细胞所组成，是由基本分生组织分化而成。在皮层中包含多种组织，但薄壁组织是主要的组成部分。薄壁组织细胞是活细胞，细胞壁薄，具胞间隙，横切面上细胞一般呈等径形。幼嫩茎中近表皮部分的薄壁组织，细胞具叶绿体，能进行光合作用。通常细胞内还储藏有营养物质。水生植物茎皮层的薄壁组织，具发达的胞间隙，构成通气组织。

（3）维管柱 维管柱是皮层以内的部分，多数双子叶植物茎的维管柱包括维管束、髓和髓射线等部分。维管柱过去称为中柱。多数的茎和根不同，无显著的内皮层，也不存在中柱鞘，维管束是指由初生木质部和初生韧皮部共同组成的束状结构，由原形成层分化而成。维管束在多数植物的茎的节间排成一圈，由束间薄壁组织隔离而彼此分开，但也有些植物的茎中，维管束却似乎是连续的，但如仔细地观察，也还能看出它们之间多少存在着分离，只不过是距离较近而已。

（4）髓和髓射线 茎的初生结构中，由薄壁组织构成的中心部分称为髓，是由基本分生组织产生的。有些植物（如樟）的茎，髓部有石细胞。有些植物（如椴）的髓，它的外方有小型壁厚的细胞，围绕着内部大型的细胞，二者界线分明，这个外围区称为环髓带。伞形科、葫芦科的植物，茎内髓部成熟较早，当茎继续生长时，节间部分的髓被拉破形成空腔即髓腔。有些植物（如胡桃、枫杨）的茎，在节间还可看到存留着一些片状的髓组织。

髓射线是维管束间的薄壁组织，也称初生射线，是由基本分生组织产生的。髓射线位于皮层和髓之间，在横切面上呈放射形，与髓和皮层相通，有横向运输的作用。同时髓射线和髓也像皮层的薄壁组织，是茎内储藏营养物质的组织。

2. 裸子植物茎的初生结构

裸子植物茎的初生结构也和双子叶植物的茎一样，包括表皮、皮层和维管柱。以松为例，表皮由一层排列紧密的等径细胞所组成。皮层由多层薄壁组织细胞组成，细胞一般呈圆形，高度液泡化，并含叶绿体，细胞间具胞间隙。松茎的皮层中有树脂道。皮层和维管柱间无显著的分界。维管柱由维管束、髓和髓射线组成。维管束由初生韧皮部及初生木质部组成，在木质部与韧皮部之间也存在形成层，以后能产生次生结构，使茎增粗。维管束间有髓射线。维管柱的中央为髓，由薄壁的和形状不规则的细胞组成。就初生结构大体来讲，多数裸子植物的茎和木本双子叶植物的茎没有很大的区别，主要区别是大多数裸子植物的茎在木质部和韧皮部的组成成分上有着特点，它的木质部是由管胞组成的，其中初生木质部中的原生木质部是由环纹或单螺纹的管胞组成的，而后生木质部是由复螺纹或梯纹管胞组成的。韧皮部是由筛胞组成的。裸子植物中没有草质茎，而只有木质茎，因此，裸子植物的茎经过短暂的初生结构阶段以后，都进入次生结构，与双子叶植物中有草质茎和木质茎两种类型的情况不同。也就是说，裸子植物的茎没有双子叶植物茎中的那种一生只停留在初生结构的草质茎类型。

（二）单子叶植物茎的初生结构

单子叶植物的茎和双子叶植物的茎在结构上有许多不同。大多数单子叶植物的茎只有初生结构，所以结构比较简单。少数虽有次生结构，但也和双子叶植物的茎不同。现以禾本科植物的茎作为代表，说明单子叶植物茎初生结构的最显著特点。绝大多数单子叶植物的维管束由木质部和韧皮部组成，不具形成层（束中形成层）。维管束彼此很清楚地分开，一般有两种排列方式：一种是维管束全部没有规则地分散在整个基本组织内，越向外越多，越向中心越少，皮层和髓很难分辨，如玉米、高粱、甘蔗等的维管束，它们不像双子叶植物茎的初生结构内，维管束形成一环，显著地把皮层和髓部分开。另一种是维管束排列较规则，一般成两圈，中央为髓。有些植物的茎，长大时，髓部破裂形成髓腔，如水稻、小麦等。维管束虽然有不同的排列方式，但维管束的结构却是相似的，都是外韧维管束，同时也是有限维管束。

五、茎的次生生长和次生结构

茎的顶端分生组织的活动使茎伸长，这个过程称为初生生长，初生生长中所形成的初生组织组成初生结构。初生生长中，也有增粗，一般是少量的，各种植物间存在着差异。以后茎的侧生分生组织的细胞分裂、生长和分化的活动使茎加粗，这个过程称为次生生长，次生生长所形成的次生组织组成了次生结构。所谓侧生分生组织，包括维管形成层和木栓形成层。多年生的裸子植物和双子叶木本植物，不断地增粗和增高，必然需要更多的水分和营养，同时，也更需要大的机械支持力，这也就必须相应地增粗即增加次生结构。次生结构的形成和不断发展，能满足多年生木本植物在生长和发育上的这些要求，这些也正是植物长期生活过程中产生的一种适应性。少数单子叶植物的茎也有次生结构，但性质与双子叶植物的茎不同，加粗也是有限的。

复习思考题

1. 简述双子叶植物茎与单子叶植物茎的结构的主要区别。
2. 简述茎的初生结构与根的初生结构的区别有哪些。
3. 简述双子叶植物茎的初生结构与禾本科植物茎的结构有何主要区别。

任务五　植物叶的认知

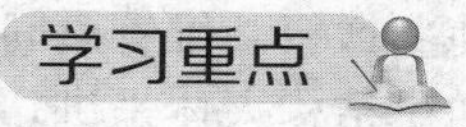

学习重点

◆ 掌握植物叶的形态结构和类型。
◆ 掌握植物叶的生理功能。

学习难点

◆ 营养器官叶的经济利用。

叶是种子植物制造有机养料的重要器官，也就是光合作用进行的主要场所。光合作用的进行和叶绿体的存在以及整个叶的结构有着紧密联系。因此，要理解叶的功能，首先就要充分认识叶的结构。

一、叶的生理功能和经济利用

（一）叶的主要生理功能

叶的主要生理功能就是光合作用和蒸腾作用，它们在植物的生活中有着重大的意义。

1. 光合作用

绿色植物（主要是在叶内）吸收日光能量，利用二氧化碳和水合成有机物质并释放氧的过程，称为光合作用。光合作用合成的有机物主要是碳水化合物，储藏的能量则存在于所形成的有机物中，人类吃粮食、烧炭柴，就是利用它们所储藏的能量。光合作用的产物不仅供植物自身生命活动用，而且所有其他生物包括人类在内，都是以植物的光合作用产物为食物的最终来源，直接或间接作为人类或全部动物界的食物，也可作为某些工业的原料。可以说，今天人类的食物和某些工业原料都直接或间接来自光合作用。

叶片是植物最主要的光合作用器官，可以说它是一个高效的合成有机物的绿色工厂，它由进行光合作用的组织（栅栏组织和海绵组织）组成，最外面被保护层（表皮）所包被，有运输原料（水和无机盐等）和光合作用产物的输导组织组成的叶脉。

农业生产中，争取单位面积上的优质高产，都直接和光合作用有关。在生产上只有提高光合作用强度，采用合理密植、间作套种以及选择光合强度高的品种，才能获得高产、稳产。

2. 蒸腾作用

水分以气体状态从体内通过生活的植物体的表面，散失到大气中的过程，称为蒸腾作用。植物的主要蒸腾器官是叶，所以蒸腾作用也是叶的一个重要生理功能。

蒸腾作用对植物的生命活动有重大意义。第一，蒸腾作用是根系吸水的动力之一；第二，根系吸收的矿物质，主要是随蒸腾液流上升的，所以蒸腾作用对矿质元素在植物体内的运转有利；第三，蒸腾作用可以降低叶的表面温度，使叶在强烈的日光下，不致因温度过分升高而受损害。

叶除了具有光合作用和蒸腾作用外，还有吸收的能力。例如根外施肥，向叶面上喷洒一定浓度的肥料，叶片表面就能吸收；又如喷施农药时（如有机磷杀虫剂），也是通过叶表面吸收进入植物体内的。少数植物的叶还具有繁殖能力，如落地生根，在叶边缘上生有许多不定芽或小植株，脱落后掉在土壤中，就可以长成一新个体。

（二）叶的经济价值

叶有多种经济价值，可作食用、药用以及其他用途。青菜、卷心菜、菠菜、芹菜、韭菜等，都是以食叶为主的蔬菜。近年来发现的甜叶菊，可以从叶中提取较蔗糖甜度高300倍的糖苷。毛地黄叶含强心苷，为著名的强心药。颠茄叶含莨菪碱和东莨菪碱等生物碱，为著名的抗胆碱药，用以解除平滑肌痉挛等。其他如薄荷、桑等的叶，皆可供药用。香叶天竺葵和留兰香的叶，皆可提取香精。剑麻叶的纤维可制船缆和造纸，叶粕可制酒精、农药或作肥料、饲料。其他如茶叶可作饮料，烟草叶可制卷烟、雪茄和烟丝，桑、蓖麻、麻栎（俗称柞树）等植物的叶可以饲蚕，箬竹、麻竹、棕叶芦等植物的叶可以裹粽或作糕饼衬托，蒲葵叶可制扇、笠和蓑衣，棕榈叶鞘所形成的棕衣可制绳索、毛刷、地毡、床垫等。

二、叶的形态

（一）叶的组成

植物的叶，一般由叶片、叶柄和托叶三部分组成。叶片是叶的主要部分，多数为绿色的扁平体。叶柄是叶的细长柄状部分，上端（即远端）与叶片相接，下端（即近端）与茎相连。托叶是柄基两侧所生的小叶状物。不同植物上的叶片、叶柄和托叶的形状是多种多样的。

具叶片、叶柄和托叶三部分的叶，称为完全叶，例如梨、桃、豌豆、月季等植物的叶。有些叶只具一个或两个部分，称为不完全叶。其中无托叶的最为普遍，例如茶、白菜、丁香等植物的叶。有些植物的叶具托叶，但早脱落，应加注意。不完全叶中，同时无托叶和叶柄的，如莴苣、苦苣菜、荠菜等植物的叶，也称无柄叶。叶片是叶的主要组成部分，植物中缺叶片的叶较少见，如我国台湾地区的相思树，除幼苗时期外，全树的叶不具叶片，都是由叶柄扩展而成。这种扩展成扁平片状的叶柄，称为叶状柄。

（二）叶片的形态

各种植物叶片的形态多种多样，大小不同，形状各异。但就一种植物来讲，叶片的形态还是比较稳定的，可作为识别植物和分类的依据。

叶片的大小，差别极大。例如柏的叶细小，呈鳞片状，长仅几毫米；芭蕉的叶片长达一二米；王莲的叶片直径可达1.8～2.5m，叶面能荷重40～70kg，小孩坐在上面像乘小船一样；而亚马逊酒椰的叶片长可达22m，宽达12m。

1. 叶片形状

就叶片的形状来讲，一般指整个单叶叶片的形状，但有时也可指叶尖、叶基或叶缘的形状。叶片的形状，变化极大，这主要是由于叶片发育的情况、以后的生长方向（纵向的或横向的）、长阔的比例以及较阔部分的位置等存在差异。

（1）针形　叶细长，前端尖锐，称为针叶，如松、云杉和针叶哈克木的叶。

（2）线形　叶片狭长，全部的宽度约相等，两侧叶缘近平行，称为线形叶，也称带形或条形叶。如稻、麦、韭菜、水仙和冷杉的叶。

（3）披针形　叶片较线形叶宽，由下部至前端渐次狭尖，称为披针形叶。如柳、桃的叶。

（4）椭圆形　叶片中部宽而两端较狭，两侧叶缘呈弧形，称为椭圆形叶。如芫花、樟的叶。

（5）卵形　叶片下部圆阔，上部稍狭，称为卵形叶。如向日葵、苎麻的叶。

（6）菱形　叶片成等边斜方形，称菱形叶。如菱、乌桕的叶。

（7）心形　与卵形相似，但叶片下部更为广阔，基部凹入呈尖形，似心形，称为心形叶。如紫荆的叶。

（8）肾形　叶片基部凹入呈钝形，前端钝圆，横向较宽，似肾形，称为肾形叶。如积雪草、冬葵的叶。

上面是叶片的几种基本形状。在叙述叶形时，也常用“长”“广”“倒”等字眼冠在前面。譬如，椭圆形叶而较长的，称长椭圆形叶；卵形叶而较宽的，称为广卵形叶；卵形叶而前端圆阔与基部稍狭，仿佛卵形倒置的，称为倒卵形叶；同样地，有倒披针形叶、倒心形叶、长卵形叶、倒长卵形叶、广椭圆形叶、广披针形叶等。除上面几种基本形状外，其他的形状还有如圆形叶（莲）、扇形叶（银杏）、三角形叶（扛板归）、剑形叶（鸢尾）等。凡叶柄着生在叶片背面的中央或边缘内，不论叶形如何，均称为盾形叶，如莲、蓖麻的叶。盾形叶的叶片表面有平有凹。

叶片的形状主要是以叶片长阔的比例（即长阔比）和最阔处的位置来决定的。就长阔比而言，圆形为1∶1，广椭圆形为1.5∶1，长椭圆形为3∶1，线形为10∶1，带形或剑形为6∶1。以上长阔比皆为大概数字，因具体植物的叶片可略有上下。

除上述的整个叶片形状外，叶尖、叶基和叶缘的形状也有其特点。

2. 叶尖

就叶尖而言，有以下一些主要形状。

（1）渐尖　叶尖较长，或逐渐尖锐，如菩提树的叶。

（2）急尖　叶尖较短而尖锐，如荞麦的叶。

（3）钝形　叶尖钝而不尖，或近圆形，如厚朴的叶。

（4）截形　叶尖如横切成平边状，如鹅掌楸、蚕豆的叶。

（5）具短尖　叶尖具有突然生出的小尖，如树锦鸡儿、锥花小檗的叶。

（6）具骤尖　叶尖尖而硬，如虎杖、吴茱萸的叶。

（7）微缺　叶尖具浅凹缺，如苋、苜蓿的叶。

（8）倒心形　叶尖具较深的尖形凹缺，而叶两侧稍内缩，如酢浆草的叶。

3. 叶基

就叶基而言，主要的形状有渐尖、急尖、钝形、心形、截形等，与叶尖的形状相似，只是在叶基部分出现。此外，还有耳形、箭形、戟形、匙形、偏斜形等。

4. 叶缘

就叶缘来说，有下面一些情况。

（1）全缘　整的，如女贞、玉兰、樟、紫荆、海桐等植物的叶。

（2）波状　显凸凹而呈波纹状的，如胡颓子的叶。

（3）皱缩状　状曲折较波状更大，如羽衣甘蓝的叶。

（4）齿状　叶片边缘凹凸不齐，裂成细齿状的，称为齿状缘，其中又有锯齿、牙齿、重锯齿、圆齿各种情况。

（5）缺刻　边缘凹凸不齐，凹入和凸出的程度较齿状缘大而深的，称为缺刻。缺刻的形式和深浅又有多种。

禾本科植物的叶是单叶，分叶片和叶鞘两部分。叶片扁平狭长呈线形或狭带形，具纵列的平行脉序。叶的基部扩大成叶鞘，围裹着茎秆，起保护幼芽、居间生长以及加强茎的支持作用。叶片和叶鞘相接处的外侧有色泽稍淡的带状结构，称为叶环。

（三）脉序

叶脉是贯穿在叶肉内的维管束和其他有关组织组成的，是叶内的输导和支持结构，叶脉通过叶柄与茎内的维管组织相连。叶脉在叶片上呈现出各种有规律的脉纹的分布称为脉序，脉序主要有平行脉、网状脉和叉状脉三种类型。

（四）单叶和复叶

一个叶柄上所生叶片的数目，各种植物也是不同的，一般有两种情况：一种是一个叶柄上只生一片叶，称为单叶；另一种是一个叶柄上生许多小叶，称为复叶。复叶的叶柄称为叶轴或总叶柄，叶轴上所生的许多叶称为小叶，小叶的叶柄称为小叶柄。

复叶依小叶排列的不同状态而分为羽状复叶、掌状复叶和三出复叶。羽状复叶是指小叶排列在叶轴的左右两侧，类似羽毛状，如紫藤、月季、槐等。掌状复叶是指小叶都生在叶轴的顶端，排列如掌状，如牡荆、七叶树等。三出复叶是指每个叶轴上生三个小叶，如果三个小叶柄是等长的，称为三出掌状复叶，如橡胶树；如果顶端小叶柄较长，就称为三出羽状复叶，如苜蓿。

羽状复叶依小叶数目的不同，又有奇数羽状复叶和偶数羽状复叶之分。奇数羽状复叶是指一个复叶上的小叶总数为单数，如月季、蚕豆、刺槐；偶数羽状复叶是指一个复叶上的小叶总数为双数，如花生、皂荚的复叶。羽状复叶又因叶轴分枝与否及分枝情况，而再分为一回、二回、三回和数回（或多回）羽状复叶。

（五）叶序和叶镶嵌

1. 叶序

叶在茎上都有一定规律的排列方式，称为叶序。叶序基本上有三种类型，即互生、对生和轮生。

互生叶序是每节上只生 1 叶，交互而生，称为互生。如樟、白杨、悬铃木（即法国梧桐）等的叶序。互生叶序的叶，呈螺旋状着生在茎上。如任意取一个叶为起点叶，以线连接各叶的着生点，盘旋而上，直到上方另一叶（即终点叶）与起点叶相遇时为止，也就是与茎的长轴平行的直线上，上下两个叶的着生点相互重合，这时两叶间的螺旋距离称为叶序周。

对生叶序是每节上生 2 叶，相对排列，如丁香、薄荷、女贞、石竹等。对生叶序中，一节上的 2 叶，与上下相邻一节的 2 叶交叉成十字形排列，称为交互对生。

轮生叶序是每节上生 3 叶或 3 叶以上，做辐射排列，如夹竹桃、百合、梓等。此外，尚有枝的节间短缩密接，叶在短枝上成簇生出，称为簇生叶序，如银杏、枸杞、落叶松等。

2. 叶镶嵌

叶在茎上的排列，不论是哪一种叶序，相邻两节的叶总是不相重叠而成镶嵌状态，这种同一枝上的叶以镶嵌状态的排列方式而不重叠的现象称为叶镶嵌。爬山虎、常春藤、木香花的叶片，均匀地展布在墙壁或竹篱上，是垂直绿化的极好材料，就是叶镶嵌的结果。

（六）异形叶性

一般情况下，一种植物具有一定形状的叶，但有些植物，却在一个植株上有不同形状的叶。这种同一植株上具有不同叶形的现象，称为异形叶性。

异形叶性的发生，有两种情况。一种是叶因枝的老幼不同而叶形各异，例如蓝桉，嫩枝上的叶较小，卵形无柄，对生；而老枝上的叶较大，披针形或镰刀形，有柄，互生，且常下垂。又如金钟柏的幼枝上的叶为针形，老枝上的叶为鳞片形。我们常见的白菜、油菜，基部的叶较大，有显著的带状叶柄，而上部的叶较小，无柄，抱茎而生。

另一种是由于外界环境的影响，而引起异形叶性。例如慈姑，有三种不同形状的叶：气生叶，箭形；漂浮叶，椭圆形；沉水叶，带状。又如水毛茛，气生叶扁平广阔，而沉水叶却细裂成丝状。这些都是生态的异形叶性。

三、叶的发育

叶的各部分在芽开放以前早已形成，它以各种方式折叠在芽内，随着芽的开放，由幼叶逐渐生长为成熟叶。叶的发生开始得很早，当芽形成时，在茎的顶端分生组织的一定部位上，产生许多侧生的凸起，这些凸起就是叶分化的最早期，因而称为叶原基。叶原基的产生是生长点一定部位上的表层细胞（原套），或表层下的一层或几层细胞（原体）分裂增生所形成的。叶原基形成后，起先是顶端生长，使叶原基迅速引长，接着是边缘生长，它形成叶的整个雏形，分化出叶片、叶柄和托叶几个部分。除早期外，叶以后的伸长就靠居间生长。

一般说来，叶的生长期是有限的，这和根、茎（特别是裸子植物和被子植物中的双子叶植物）具有形成层的无限生长不同。叶在短期内生长达一定大小后，生长即停止。但有些单子叶植物的叶的基部保留着居间分生组织，可以有较长期的居间生长。

四、叶的结构

（一）被子植物叶的一般结构

一般被子植物的叶片有上下面的区别，上面（即腹面或近轴面）深绿色，下面（即背面或远轴面）淡绿色，这种叶是由于叶片在枝上的着生取横向的位置，近乎和枝的长轴垂直或与地面平行，叶片的两面受光的情况不同，因而两面的内部结构也不同，即组成叶肉的组织有较大的分化，形成栅栏组织和海绵组织，这种叶称为异面叶。有些植物的叶近乎直立，近乎和枝的长轴平行或与地面垂直，叶片两面的受光情况差异不大，因而叶片两面的内部结构也就相似，即组成叶肉的组织分化不大，这种叶称为等面叶。有些植物的叶上下面都同样地具有栅栏组织，中间夹着海绵组织，也称等面叶。不论异面叶还是等面叶，就叶片来讲，都有三种基本结构，即表皮、叶肉和叶脉。表皮是包在叶的最外层，有保护作用；叶肉是在表皮的内方，有制造和储藏养料的作用；叶脉是埋在叶肉中的维管组织，有输导和支持的作用。叶片的形态和结构尽管多种多样，但是这三种基本结构总是存在的，只不过是形状、排列和数量不同而已。

1. 表皮

由表皮细胞、气孔器和表皮毛组成，分为上表皮和下表皮，为良好的保护组织。

（1）表皮细胞 横切面为长方形，表面观为不规则的波浪状，排列紧密。细胞外壁角质层发达（上表皮的角质层比下表皮发达），或有蜡被，上有表皮毛。

（2）气孔器 由两个肾形的保卫细胞及其之间的气孔组成，一般在下表皮数目较多。保卫细胞内含叶绿素、淀粉粒等，细胞壁在近气孔处较厚。气孔的张开或关闭，控制蒸腾作用和气体的交换。

（3）表皮毛 形态与结构多种多样。

2. 叶肉

叶肉是上、下表皮之间绿色组织的总称，是叶的主要部分。通常由薄壁细胞组成，内含丰富的叶绿体。一般异面叶中，近上表皮部位的绿色组织排列整齐，细胞呈长柱形，细胞长轴和叶表面相垂直，呈栅栏状，称为栅栏组织，其层数因植物种类而异。栅栏组织的下方，即近下表皮部分的绿色组织，形状不规则，排列不整齐，疏松且具较多间隙，呈海绵状，称为海绵组织。它和栅栏组织相比，排列较疏松，间隙较多，细胞内含叶绿体也较少。叶片上面绿色较深，下面较淡，就是由于两种组织内叶绿体的含量不同所致。光合作用主要是在叶肉中进行。

3. 叶脉

前面已经讲过叶片上叶脉的分布状态，现在讲叶脉在叶片中的内部结构。叶脉也就是叶内的维管束，它的内部结构因叶脉的大小而不同。

（二）单子叶植物叶的特点

单子叶植物的叶，外形多种多样，如线形（稻、麦）、管形（葱）、剑形（鸢尾）、卵形（玉簪）、披针形（鸭跖草）等。叶脉多数为平行脉，少数为网状脉（薯蓣、菝葜等）。现以禾本科植物的叶为例，就内部结构加以说明。

禾本科植物叶的外形是叶片狭长，叶鞘包在茎外，在叶鞘与叶片连接处有叶舌和叶耳。禾本科植物的叶片和一般叶一样，具有表皮、叶肉和叶脉三种基本结构。

1. 表皮

表皮细胞的形状比较规则，排列成行，常包括长、短两种类型的细胞。长细胞呈长方柱形，长径与叶的纵长轴方向一致，横切面近乎方形，细胞壁不仅角质化，并且充满硅质，这是禾本科植物叶的特征；短细胞又分为硅质细胞和栓质细胞两种。

2. 叶肉

叶肉组织比较均一，不分化成栅栏组织和海绵组织，所以，禾本科植物的叶是等面叶，叶肉内的胞间隙较小，在气孔的内方有较大的胞间隙，即孔下室。

3. 叶脉

叶脉内的维管束是有限外韧维管束，与茎内的结构基本相似。叶内的维管束一般平行排列，较大的维管束与上、下表皮间存在着厚壁组织。维管束外，往往有一层或两层细胞包围，组成维管束鞘。

（三）松针的结构

裸子植物中松属植物是常绿的，叶为针叶，有时称为松针，因而松属植物有针叶植物之称，是造林方面很重要的树种。针叶植物常呈旱生的形态，叶呈针形，缩小了蒸腾面积。松叶发生在短枝上，有的是单根的，多数是两根或多根一束的。松叶一束中的针叶数目不同，因而横切面的形状也就不同。例如马尾松和黄山松的针叶是两根一束，横切面呈半圆形，而云南松是三根一束，华山松是五根一束，它们的横切面都呈三角形。

五、叶的生态类型

（一）旱生植物和水生植物的叶

各类植物在生态上根据它们和水的关系，被区分为陆生植物和水生植物。前者又可分为旱生植物、中生植物和湿生植物。旱生植物是能够生长在干旱环境下的植物，有极强的抗旱性。湿生植物是抗旱性小，生长在潮湿环境中的植物。中生植物是介乎二者间的一类植物，但在湿润环境中能生长得较好。水生植物是生长在水中的植物。这些植物在形态上各有特点，特别表现在叶的形态和结构上。这是由于植物体内的水分主要消耗在蒸腾方面，叶是蒸腾器官，叶的形态结构直接影响蒸腾的作用和情况，也就影响植物和水的关系。所以，旱生植物和水生植物的形态和结构上的特征，主要能在叶的形态和结构上反映出来。

1. 旱生植物的叶

旱生植物，一般讲，植株矮小，根系发达，叶小而厚，或多茸毛，这是就外形而言。在结构上，叶的表皮细胞壁厚，角质层发达。有些种类，表皮常由多层细胞组成，气孔下陷或限生于局部区域。栅栏组织层数往往较多，海绵组织和胞间隙却不发达。机械组织的量较多。这些形态结构上的特征，或者是减少蒸腾面，或者是尽量使蒸腾作用的进行迟滞，再加上原生质体的少水性以及细胞液的高渗透压，使旱生植物具有高度的抗旱力，以适应干旱的环境。

旱生植物的另一种类型是所谓的肉质植物，如马齿苋、景天、芦荟、龙舌兰等。它们的共同特征是叶肥厚多汁，在叶内有发达的薄壁组织，储大量的水分。仙人掌也属肉质植物，但不少种类中叶片退化，茎肥厚多汁。这些植物的细胞能保持大量水分，水的消耗也少，因此能够耐旱。景天时常生长在瓦沟内，足以说明它的抗旱力强。

2. 水生植物的叶

水生植物的整个植株生在水中，因此，它们的叶，特别是沉水叶不怕缺水，而问题在于如何获得它所需要的气体和光量，因为水中的气体和光量是不足的。沉水叶和旱生植物的叶在结构上迥然不同，表现出植物界中叶的另一极端的类型。沉水叶一般形小而薄，有些植物的沉水叶片细裂成丝状，以增加与水的接触和气体的吸收面；表皮细胞壁薄，不角质化或轻度角质化，一般具叶绿体，无气孔；叶肉不发达，亦无栅栏组织与海绵组织的分化；维管组织和机械组织极端衰退；胞间隙特别发达，形成通气组织，即具大细胞间隙的薄壁组织，如眼子菜属的菹草。

（二）阳地植物和阴地植物的叶

各类植物根据它们和光照强度的关系，又可分为阳地植物、阴地植物和耐阴植物。阳地植物是在阳光完全直射的环境下生长良好的植物，它们多生长在旷野、路边。一般农作物、草原和沙漠植物以及先叶开花的植物都属阳地植物。阴地植物是在较弱光照条件下，即荫蔽环境下生长良好的植物。但这并不是说，阴地植物要求的光照强度愈弱愈好。因为当光照强度过弱达不到阴地植物的补偿点时，它们也不能正常生长。所以，阴地植物要求较弱的光照强度只是和阳地植物比较而言。阴地植物多生长在潮湿背阴的地方，或生于密林草丛内。耐阴植物是介于阳地植物与阴地植物两者间的植物。它们一般在全日照下生长最好，但也能忍耐适度的荫蔽，它们既能在阳地生长，也能在较阴的环境下生长，而不同种类的植物，耐阴的程度有着极大的差异。对阴地植物和耐阴植物的研究，在作物和林间隙地的利用以及园林绿化上是极有意义的。

六、落叶和离层

植物的叶并不能永久存在，而是有一定的寿命，也就是在一定的生活期终结时，叶就枯死。叶的生活期的长短，各种植物是不同的。一般植物的叶，生活期不过几个月而已，但也有生活期在一年以上或多年的。一年生植物的叶随植物的死亡而死亡。常绿植物的叶，生活期一般较长，例如女贞叶可活1～3年，松叶可活3～5年，罗汉松叶可活2～8年，冷杉叶可活3～10年，紫杉叶可活6～10年。

叶枯死后，或残留在植株上，如稻、蚕豆、豌豆等草本植物，或随即脱落，称为落叶，如多数树木的叶。树木的落叶有两种情况：一种是每当寒冷或干旱季节到来时，全树的叶同时枯死脱落，仅存秃枝，这种树木称为落叶树，如悬铃木、栎、桃、柳、水杉等；另一种是在春、夏季时，新叶发生后，老叶才逐渐枯落，因此，落叶有先后，而不是集中在一个时期内，就全树看，终年常绿，这种树木称为常绿树，如茶、黄杨、樟、广玉兰、枇杷、松等。实际上，落叶树和常绿树都是要落叶的，只是落叶的情况有差异罢了。

植物的叶经过一定时期的生理活动，细胞内产生大量的代谢产物，特别是一些矿物质的积累，引起叶细胞功能的衰退，渐次衰老，终至死亡，这是落叶的内在因素。落叶树的落叶总是在不良季节中进行，这就是外因的影响。温带地区，冬季干冷，根的吸收困难，而蒸腾强度并不降低，这时缺水的情况也促进叶的枯落。热带地区，旱季到来，环境缺水，也同样促进落叶。叶的枯落可大大地减少蒸腾面，对植物是极为有利的，深秋或旱季落叶，可以看作是植物避免过度蒸腾的一种适应现象。植物在长期历史发展的过程中，形成了这种习性，自然选择又选择和巩固了这些能在不良季节会落叶的植物种类。这样，就创造了一些植物一定的发育节律，每年的不良季节，在内因和外因的综合影响下，出现一种植物适应环境的落叶现象。

复习思考题

1. 叶的生理功能有哪些？
2. 叶的经济利用有哪些？
3. 单、双子叶植物叶片的构造有何不同的地方？

任务六　植物营养器官的变态

学习重点

◆ 掌握植物根的变态类型和生理功能。
◆ 掌握植物茎的变态类型和生理功能。
◆ 掌握植物叶的变态类型和生理功能。

学习难点

◆ 营养器官的变态特点在不同类型植物上的表现和差异。

观察植物营养器官（根、茎、叶）的形态、结构和功能，可以看到它们都有一定的与功能相适应的形态和结构。就多数情况而言，在不同植物中，同一器官的形态、结构是大同小异的，然而在自然界中由于环境的变化，植物器官因适应某一特殊环境而改变它原有的功能，因而也改变其形态和结构，经过长期的自然选择，已成为该种植物的特征，这种由于功能的改变所引起的植物器官在一般形态和结构上的变化称为变态。这种变态与病理的或偶然的变化不同，而是健康的、正常的遗传。

一、根的变态

根的变态有储藏根、气生根和寄生根三种主要类型。

（一）储藏根

存储养料，肥厚多汁，形状多样，常见于两年生或多年生的草本双子叶植物。储藏根是越冬植物的一种适应，所储藏的养料可供来年生长发育时用，使根上能抽出枝来，并开花结果。根据来源，可分为肉质直根和块根两大类。

1. 肉质直根

主要由主根发育而成。一株上仅有一个肉质直根，并包括下胚轴和节间极短的茎。由下胚轴发育而成的部分无侧根，即平时所说的根颈，而根头，即指茎基部分，上面着生了许多叶。肥大的主根构成肉质直根的主体。萝卜、胡萝卜和甜菜的肉质根即属此类。

2. 块根

和肉质直根不同，块根主要是由不定根或侧根发育而成，因此，在一株上可形成多个块根。另外，它的组成不含下胚轴和茎的部分，而是完全由根的部分构成。甘薯（山芋）、木薯、大丽花的块根都属此类。

（二）气生根

气生根就是生长在地面以上空气中的根。常见的有以下三种。

1. 支柱根

支柱根如玉米茎节上生出的一些不定根。这些在较近地面茎节上的不定根不断地延长后，根前端伸入土中，并继续产生侧根，能成为增强植物整体支持力量的辅助根系，因此，称为支柱根。玉米支柱根的表皮往往角质化，厚壁组织发达。在土壤肥力高、空气湿度大的条件下，支柱根可大量发生。培土也能促进支柱根的产生。榕树从枝上产生多数下垂的气生根，也进入土壤，由于以后的次生生长成为木质的支柱根，榕树的支柱根在热带和亚热带造成“一树成林”的现象。支柱根深入土中后，可再产生侧根，具支持和吸收作用。

2. 攀援根

常春藤、络石、凌霄等的茎细长柔弱，不能直立，其上生不定根，以固着在其他树干、山石或墙壁等表面，从而攀援上升，称为攀援根。

3. 呼吸根

生在海岸腐泥中的红树、木榄和河岸、池边的水松，它们都有许多支根，从腐泥中向上生长，挺立在泥外空气中。呼吸根外有呼吸孔，内有发达的通气组织，有利于通气和储存气体，以适应土壤中缺氧的情况，维持植物的正常生长。

（三）寄生根

寄生植物如菟丝子，以茎紧密地回旋缠绕在寄主茎上，叶退化成鳞片状，营养全部依靠寄主，并以凸起状的根伸入寄主茎的组织内，彼此的维管组织相通，吸取寄主体内的养料和水分，这种根称为寄生根，也称为吸器。菟丝子在寄主接近衰弱死亡时，也常自我缠绕产生寄生根，从自身的其他枝上吸取养料，以供开花结实、产生种子的需要。槲寄生虽也有寄生根，并伸入寄主组织内，但它本身具绿叶，能制造养料，它只是吸取寄主的水分和盐类，因此是半寄生植物，与菟丝子的叶完全退化、营养全部依赖寄主的情况不同。

二、茎的变态

茎的变态可以分为地上茎和地下茎两种类型。

（一）地上茎的类型

地上茎由于和叶有密切的关系，因此，有时也称为地上枝。它的变态主要有以下五种。

1. 茎刺

茎转变为刺，称为茎刺或枝刺，如山楂、酸橙的单刺和皂荚分枝的刺。茎刺有时分枝生叶，它的位置又常在叶腋处，这些都是与叶刺有区别的特点。蔷薇茎上的皮刺是由表皮形成的，与维管组织无联系，与茎刺有显著区别。

2. 茎卷须

许多攀缘植物的茎细长，不能直立，变成卷须，称为茎卷须或枝卷须。茎卷须的位置或与花枝的位置相当（如葡萄），或生于叶腋（如南瓜、黄瓜），与叶卷须不同。

3. 叶状茎（也称叶状枝）

茎转变成叶状，扁平，呈绿色，能进行光合作用，称为叶状茎或叶状枝。假叶树的侧枝变为叶状枝，叶退化为鳞片状，叶腋内可生小花。由于鳞片过小，不易辨识，故人们常误认为“叶”（实际上是叶状枝）上开花。天门冬的叶腋内也产生叶状枝。竹节蓼的叶状枝极显著，叶小或全缺。

4. 小鳞茎

蒜的花间常生小球体，具肥厚的小鳞片，称为小鳞茎，也称珠芽。小鳞茎长大后脱落，在适合条件下发育成一新植株。百合地上枝的叶腋内也常形成紫色的小鳞茎。

5. 小块茎

薯蓣（山药）、秋海棠的腋芽常呈肉质小球，但不具鳞片，类似块茎，称为小块茎。

（二）地下茎的类型

茎一般皆生在地上，生在地下的茎与根相似，但由于仍具茎的特征（有叶、节和节间，叶一般退化成鳞片，脱落后留有叶痕，叶腋内有腋芽），因此，容易和根加以区别。常见的地下茎有以下四种。

1. 根状茎

简称根茎，即横卧地下，形较长，似根的变态茎，竹、莲、芦苇，以及许多杂草，如狗牙根、马兰、白茅等，都有根状茎。根状茎储有丰富的养料，春季腋芽可以发育成新的地上枝。藕就是莲的根状茎中前端较肥大、具顶芽的一些节段，节间处有退化的小叶，叶腋内可抽出花梗和叶柄。竹鞭就是竹的根状茎，有明显的节和节间。笋就是由竹鞭的叶腋内伸出地面的腋芽，可发育成竹的地上枝。竹、芦苇和一些杂草，由于有根状茎，可四向蔓生成丛。杂草的根状茎因翻耕割断后，每一小段能独立发育成一新植株。

2. 块茎

块茎中最常见的是马铃薯。马铃薯的块茎是由根状茎的前端膨大并积累养料所形成的。块茎上有许多凹陷，称为芽眼，幼时具退化的鳞叶，后脱落。整个块茎上的芽眼，呈螺旋状排列。芽眼内（相当于叶腋）有芽，3～20个不等，通常具3芽，但仅有1芽发育，同时，前端亦具顶芽。块茎的内部结构与地上茎相同，但各组织的量却不同。

3. 鳞茎

由许多肥厚的肉质鳞叶包围的扁平或圆盘状的地下茎，称为鳞茎。常见的鳞茎，如百合、洋葱、蒜等。

4. 球茎

球状的地下茎，如荸荠、慈姑、芋等，它们都是根状茎前端膨大而成。球茎有明显的节和节间，节上具褐色膜状物，即鳞叶，为退化变形的叶。球茎具顶芽，荸荠更有较多的侧芽，簇生在顶芽四周。

三、叶的变态

叶的变态主要有以下六种。

1. 苞片和总苞

生在花下面的变态叶称为苞片。苞片一般较小，绿色，但也有形状较大、呈各种颜色的。苞片数多而聚生在花序外围的称为总苞。苞片和总苞有保护花芽或果实的作用。此外，总苞尚有其他作用，如菊科植物的总苞在花序外围，它的形状和轮数可作为种属区别的根据；蕺菜（鱼腥草）、珙桐（鸽子树）皆具白色花瓣状总苞，有吸引昆虫进行传粉的作用；苍耳的总苞呈束状，包住果实，上生细刺，易附着在动物体上，有利果实的散布。

2. 鳞叶

叶的功能特化或退化成鳞片状，称为鳞叶。鳞叶的存在有两种情况：一种是木本植物鳞芽外的鳞叶，常呈褐色，具茸毛或有黏液，有保护芽的作用，也称芽鳞；另一种是地下茎上的鳞叶，有肉质的和膜质的两类。肉质鳞叶出现在鳞茎上，鳞叶肥厚多汁，含有丰富的储藏养料，有的可作食用，如洋葱、百合的鳞叶，洋葱除肉质鳞叶外，尚有膜质鳞叶包被；膜质的鳞叶，如球茎（荸荠、慈姑）、根茎（藕、竹鞭）上的鳞叶，呈褐色干膜状，是退化的叶。

3. 叶卷须

叶的一部分变成卷须状，称为叶卷须。豌豆的羽状复叶，前端的一些叶片变成卷须，菝葜的托叶变成卷须。这些都是叶卷须，有攀缘的作用。

4. 捕虫叶

有些植物具有能捕食小虫的变态叶，称为捕虫叶。具捕虫叶的植物称为食虫植物或肉食植物。捕虫叶有囊状（如狸藻）、盘状（如茅膏菜）、瓶状（如猪笼草）。狸藻是多年生水生植物，生于池沟中，叶细裂和一般沉水叶相似。它的捕虫叶却膨大成囊状，每囊有一开口，并由一活瓣保护。活瓣只能向内开启，外表面具硬毛。小虫触及硬毛时，活瓣开启，小虫随水流入，活瓣又关闭。小虫等在囊内经壁上腺体分泌的消化液消化后，再由囊壁吸收。

5. 叶状柄

有些植物的叶片不发达，而叶柄转变为扁平的片状，并具叶的功能，称为叶状柄。我国广东、台湾的相思树，只在幼苗时出现几片正常的羽状复叶，以后产生的叶，其小叶完全退化，仅存叶状柄。澳大利亚干旱区的一些金合欢属植物，初生的叶是正常的羽状复叶，以后产生的叶，叶柄发达，仅具少数小叶，最后产生的叶，小叶完全消失，仅具叶状柄。

6. 叶刺

由叶或叶的一部分（如托叶）变成刺状，称为叶刺。叶刺腋（即叶腋）中有芽，以后发展成短枝，枝上具正常的叶。如小檗长枝上的叶变成刺，刺槐的托叶变成刺，刺位于托叶位置，极易分辨。

复习思考题

1. 简述植物根的变态类型和生理功能。
2. 简述植物茎的变态类型和生理功能。
3. 简述植物叶的变态类型和生理功能。

任务七　营养器官间的相互联系

学习重点

◆ 掌握营养器官间维管组织的联系。

◆ 掌握营养器官在植物生长中的相互影响。

学习难点

◆ 营养器官在植物生长中的相互影响的特点在农业生产上的应用。

一、营养器官间维管组织的联系

1. 茎与叶的维管组织的联系

一般叶的叶柄具表皮、皮层和维管束，都是和茎的结构相连续的，这里值得一提的是茎和叶的维管系统的联系。在茎的形态一节中，曾讲到冬枝上的叶痕内的叶迹，它是茎中维管束从内向外弯曲之点起，通过皮层，到叶柄基部止的这一段。各种植物的叶迹，由茎伸入叶柄基部的方式是不同的。有的由茎中的维管束伸出，在节部直接进入叶柄基部；有的从茎中维管束伸出后，和其他叶迹汇合，再沿着皮层上升穿越一节或多节，才进入叶柄基部。叶迹进入叶柄基部后，和叶维管束相连，通过叶柄伸入叶片，在叶片内广泛分枝，构成叶脉。叶迹从茎的维管柱上分出向外弯曲后，维管柱上即叶迹上方出现一个空隙，并由薄壁组织填充，这个区域称为叶隙。

叶腋里有腋芽，以后发育成分枝。茎和分枝的联系跟茎和叶的联系一样，茎维管柱上的分枝，通过皮层进入枝的部分，称为枝迹。枝隙也同样是枝迹伸出后在它的上方留下的空隙，而由薄壁组织填充的区域。在双子叶植物和裸子植物中，枝迹一般是两个，有些植物也有一个或多个的。

这里可以看出，茎维管系统的组成和叶有密切的关系。由于叶迹和枝迹的产生，茎中的维管组织在节部附近离合变化极为复杂，尤其在节间短、叶密集，甚至多叶轮生和具叶鞘的茎上，叶迹的数目更多，情况也更复杂。因此，要想很好地了解茎中维管系统，必须进一步研究茎和叶中的维管系统相互连续的全部情况。

2. 茎与根的维管组织的联系

茎和根是互相连续的结构，共同组成植物体的体轴。在植物幼苗时期的茎和根相接的部分，出现双方各自特征性结构（即根的初生维管组织为间隔排列，木质部为外始式；茎的初生维管组织为内外排列，木质部为内始式）的过渡，称为根和茎的过渡区（简称过渡区，也称转变区）。

过渡区通常很短，从小于1mm到2～3mm，很少达到几厘米。过渡一般发生在胚根以上的下胚轴的最基部、中部或上部，终止于子叶节上。

在过渡区，表皮、皮层等是直接连续的，但维管组织要有一个改组和连接的过程。我们已经知道，茎和根中维管组织的类型和排列有显著的不同，根中的初生木质部和初生韧皮部是相互独立、交互排列的，初生木质部是外始式；茎内的初生木质部和初生韧皮部则位于同一半径上，成了内外排列，组成维管束，而初生木质部又往往是内始式。这样由根到茎的维管组织必然要有一个转变，才能相互连接。这个转变就发生在过渡区内。

从根到茎的变化，一般先是维管柱增粗，伴随着维管组织因分化的结果，木质部的位置和方向出现一系列变化。各种植物都有一定的变化方式，现在就南瓜属和菜豆属植物中二原型根的类型说明从根到茎维管组织的变化。

一个二原型的根，它的维管柱的每一个初生木质束发生转变时，看来好像先是纵向分裂成叉状分枝；接着，分枝向上，朝左右两侧扭转，以后又好像各旋转近180°和韧皮部相接。事实上，这是由于从根到茎的不同水平的部位上，经过细胞分裂和分化，所形成的组织种类和细胞组成不同，因而使木质部的组成分子也就出现在不同的位置和方向上，而韧皮部部分在木质部变化的同时，也逐渐分裂移位。因此，这一类型茎中的初生维管束数和根中的初生韧皮部的束数不同，经过分化的过程，二者连接起来，就完成了过渡。过渡区的结构，只有在初生结构中才能看得清楚。

二、营养器官在植物生长中的相互影响

1. 地下部分与地上部分的相互关系

上面已经讲过植物体内的维管组织将根、茎、叶串连在一起，可以看出它们在结构上的紧密联系。从根、茎、叶的生理功能上也可看出它们之间的相互关系，这些关系是由于各器官之间存在着营养物质的供应、生长激素的调节以及水分和矿质营养等的影响，所以引起促进与抑制的关系。种子播种后，萌发时，一般情况下，总是根先长出，在根生长达一定程度时，下胚轴和胚芽出土，形成地上枝系，说明地下部分根系的发展为地上部分枝系的生长奠定了基础。以后在植物整个生长期间，同样地，根系的健全发展才能保证水分、无机盐、氨基酸、生长激素等对地上枝系的充分供应，为地上枝系良好的生长发育提供有利的物质条件。所谓“根深叶茂，本（即根）固枝荣”正是如此。如果根系不健全，地上部分也一定不能繁荣，“拔苗助长”的可笑，就是由于不按照这一规律，拔苗必然破坏根系，再希望枝系速长，是完全不可能的。当种子萌发的后期，种子内的养料消耗殆尽时，根系又从地上部分，特别是从叶的部分，取得养料，才能继续发展。所以反过来，叶茂才能根深，枝荣才能本固。根系的健全发展有赖于叶制造的有机养料、维生素、生长激素等，通过茎的输送进入根系。叶的蒸腾作用也是根能吸水的动力之一。在枝条的扦插中，即使仅留一张叶片，也会较快地生出不定根来，这都说明，地上部分与地下部分相互依存、相互制约的辩证关系。农、林和园艺的生产实践中正是利用这种辩证关系来调整和控制植物的生长。

2. 顶芽与腋芽的相互关系

一株植物枝上的芽并不是全部都开放的，一般情况下，只有顶芽和离顶芽较近的少数腋芽才能开放，而大多数的腋芽是处于休眠状态不开放的。

顶芽和腋芽的发育是相互制约的。顶芽发育得好，主干就长得快，而腋芽却受到抑制，不能发育成新枝或发育得较慢。如果摘除顶芽（通称打顶）或顶芽受伤，顶芽以下的腋芽才能开始活动，较快地发育成新枝。这种顶芽生长占优势从而抑制腋芽生长的现象，称为“顶端优势”。了解顶芽和腋芽间相互关系的规律，就可以对不同作物，根据不同要求，采取不同的处理，有的要保留顶端优势，有的要抑制顶端优势。例如栽培黄麻，不需要它分枝，就可以利用顶端优势，适当密植，抑制腋芽发育，从而提高纤维的产量和质量。果树和棉花正相反，需要合理修剪，适时打顶，抑制顶端优势，以促进分枝多而健壮，通风透光，多开花结果，提高果实的产量和质量。实验证明，顶端优势的存在，可能是由于腋芽对生长激素的敏感性大于顶芽，大量的生长激素在顶芽中形成后，抑制了腋芽的生长。

所以，顶端优势的存在实质上是生长激素对腋芽生长活动的抑制作用。顶端优势的强弱，还随着作物的种类、生育时期及供肥等情况而变化。水稻、小麦等作物，在分蘖时期顶端优势比较弱，地下的分蘖节上可以进行多次的分蘖，但是芦苇、毛竹的顶端优势却很强，

地上茎一般不分枝，或分枝很弱。因此，了解各种植物的芽的活动规律，在农、林和园艺的生产实践上具有重大意义。

复习思考题

1. 简述营养器官间维管组织的联系。
2. 简述营养器官在植物生长中的相互影响。

任务八　植物的生殖器官

学习重点

◆ 花的基本组成和结构。
◆ 花药的发育、结构和花粉粒的形成。
◆ 胚珠的发育、结构和胚囊的形成。

学习难点

◆ 花药的发育、结构及花粉粒的形成。
◆ 种子和果实的形成、结构及类型。

一、花的形态与发育

（一）花的组成与形态

1. 花的组成

一朵典型的花由花梗和花托、花萼、花冠、雄蕊、雌蕊等部分所组成。通常把具有花萼、花冠、雄蕊和雌蕊的花叫完全花。如果缺少其中任何一部分或几部分，则叫不完全花。

（1）花梗和花托　花梗（柄）是着生花的小枝，其顶端膨大的部分叫花托。花梗和花托具有运输水分和营养物质及支持花的作用。

（2）花萼　花萼是萼片的总称，位于花的最外面，形似叶，通常呈绿色。包括离萼、合萼、宿萼、副萼等几种。

（3）花冠　位于花萼的内面，由花瓣组成，分离瓣花冠和合瓣花冠两种。形成的花分为双被花和无被花两种。

（4）雄蕊群　位于花冠内，每枚雄蕊由花药和花丝两部分组成。花药通常有四个花粉囊，成熟的花药内有大量的花粉粒。

（5）雌蕊群　雌蕊位于花的中央，是由心皮卷合发育而成。每个雌蕊由柱头、花柱和子房三部分组成。分为单雌蕊、复雌蕊和离生单雌蕊三种。

2. 禾本科植物的花

禾本科植物的花与一般花的形态不同，现以小麦为例说明。

小麦麦穗是复穗状花穗，在主轴上连生许多小穗，每一小穗基部由两个颖片包裹，其内着生数朵花，通常基部 2～3 朵花发育正常，为可育花，上部是发育不完全的不育花。每一可育花是由外稃、内稃、两片囊状浆片、3 枚雄蕊和 1 枚 2 个羽毛状柱头的雌蕊组成。开花时，浆片吸水膨胀，撑开外稃和内稃，露出雄蕊和柱头，利于风力传粉。

3. 花序

花序可分为无限花序和有限花序两大类。

（1）无限花序　开花顺序是花轴基部的花先开，渐及上部，花轴顶端可继续生长、延伸；若花轴很短，则由边缘向中央依次开花。类型有总状花序、伞房花序、穗状花序、伞形花序、柔荑花序、圆锥花序、头状花序和隐头花序等。

（2）有限花序　其开花顺序与无限花序相反，是顶端或中心的花先开，然后由上向下或由内向外逐渐开放。类型有单歧聚伞花序、二歧聚伞花序和多歧聚伞花序。

4. 花和植株的性别

按性别花可分为两性花、单性花和无性花。

（二）花的发育

1. 雄蕊的发育与结构

雄蕊的发育与结构包括花药的发育及构造、花粉粒的发育与构造。

2. 雌蕊的发育与结构

雌蕊的发育与结构包括胚珠的发育与结构和胚囊的发育与结构。

（三）开花、传粉和受精

1. 开花

当花粉粒和胚囊成熟后或其中之一成熟，花被展开，雌、雄蕊暴露出来的现象叫开花。一株植物从第一朵花开放到最后一朵花开完所经历的时间叫开花期。

2. 传粉

植物开花后，花药破裂，成熟的花粉粒传到雌蕊柱头上的过程叫传粉。传粉是有性生殖过程的重要环节，有自花传粉和异花传粉两种方式。

3. 受精

雌雄配子（即卵和精子）相互融合的过程叫受精作用。

（1）花粉粒的萌发　经过传粉，落到柱头上的花粉粒首先与柱头相互识别，如果二者亲和，则花粉粒可得到柱头的滋养并从周围吸水，代谢活动加强，体积增大，花粉内壁由萌发孔突出伸长为花粉管。

（2）花粉管的伸长　花粉粒萌发后，花粉管穿过柱头和花柱进入胚珠的胚囊内。在花粉管伸长的同时，花粉粒中营养核和生殖核移到管的最前端。花粉管到达胚囊中，营养核逐渐解体消失，生殖核分裂成两个精子。

（3）双受精过程　双受精作用是被子植物有性生殖所特有的现象。

（4）无融合生殖　有些植物不经过精卵融合也能形成胚，这种现象称无融合生殖。

二、果实的发育与结构

（一）果实的发育

受精作用完成后，花的各部分随之发生显著变化，通常花被脱落，但也有些植物的花萼宿存于果实上，雄蕊和雌蕊的柱头、花柱枯萎，仅子房连同其中的胚珠生长膨大，发育成果实。

（二）果实的结构

1. 真果的结构

由子房发育而成的果实称为真果，真果的外面为果皮，内含种子。果皮由子房壁发育而来，可分为外果皮、中果皮和内果皮。

2. 假果的结构

植物的果实，除子房外，还有花的其他部分参与果实的形成和发育，称为假果。假果的果实，如苹果、梨的食用部分主要由花筒发育而来，而真正的果皮，包括外、中、内三层果皮位于果实中央托杯内，仅占很少部分，其内为种子。

（三）果实的类型

被子植物的果实大体分为三类：单果、聚合果和复果。

1. 单果

一朵花中仅有一枚雌蕊所形成的果实称为单果。它又分为肉质果和干果。

（1）肉质果　主要有浆果、柑果、瓠果、梨果和核果。

（2）干果　分为裂果和闭果。裂果有荚果、蓇葖果、角果和蒴果等；闭果主要有瘦果、胞果、坚果、翅果、分果和颖果等。

2. 聚合果

聚合果是由一朵花中的离生单雌蕊发育而成的果实，许多小果聚生在花托上。又分聚合瘦果（如草莓）、聚合核果（如悬钩子）和聚合蓇葖果（如八角、茴香）等。

3. 复果

有些植物的果实，是由整个花序发育而成的，称为复果，又称聚花果，如凤梨、无花果、桑椹等果实。

复习思考题

1. 以小麦为例说明禾本科植物花的构造特点。
2. 试述被子植物受精作用过程。
3. 列表说明花药的发育及花粉粒的形成过程。

任务九　植物种子和幼苗

学习重点

◆ 种子和幼苗的基本组成和结构。

◆ 种子和幼苗的发育、结构和花粉粒的形成。

学习难点

◆ 种子的结构。

◆ 种子萌发的必要条件和种子萌发的全过程。

◆ 幼苗的形态。

种子在植物学上属于繁殖器官，它和植物繁衍后代有着密切联系。植物界的所有种类并不都是通过种子进行繁殖的，只有在植物界系统发育地位最高、形态结构最为复杂的一个类群——种子植物才能产生种子。种子植物名称的由来也正反映了这一特点。种子又是种子植物的花在完成开花、传粉和受精等一系列有性生殖过程后产生的，是有性生殖的产物，所以和花的结构密切相关。

种子植物的生活是依赖于根、茎、叶三种营养器官的生理作用来维持的，从植物的个体发育来看，早在种子离开母体植株的时候，新生一代一般就已孕育在种子里面，新一代的植物体已经完成了形态上的初步分化，成为植物的雏体。以后，随着种子在适宜条件下的萌发，种子里的雏体——胚，经过一系列的生长、发育过程，成长为新的植株。新一代植物体的根、茎、叶就是从种子的胚长大后成长起来的。所以，种子是孕育植物雏体的场所。在不良的环境条件下，种子停留在休眠阶段，由外面的种皮或包围种子的果实所保护。

为了进一步了解种子植物的个体发生和形态结构的形成过程，应当先从种子谈起。

一、种子的结构和类型

不同植物所产生的种子在大小、形状、颜色、彩纹和内部结构等方面有着较大的差别。大者如椰子的球形种子，其直径可达15～20cm；小的如一般可见的油菜、芝麻种子；烟草的种子比油菜、芝麻的更小，其大小犹如微细的沙粒。种子的形状，差异也较显著，有肾形的如大豆、菜豆种子；圆球形的如油菜、豌豆种子；扁形的如蚕豆种子；椭圆形的如花生种子；以及其他形状的，还可举很多的例子。种子的颜色也各有不同，有纯为一色的，如黄色、青色、褐色、白色或黑色等；也有具彩纹的，如蓖麻的种子。正因为种子的外部形态如此多样化，所以利用种子外形的特点来鉴别植物种类已受到植物分类工作者和商品检验、检疫等方面的重视。

（一）种子的结构

虽然种子的形态存有差异，但是种子的基本结构却是一致的。种子的结构包括胚、胚乳和种皮三部分，分别由受精卵（合子）、受精的极核和珠被发育而成。大多数植物的珠心部分，在种子形成过程中，被吸收利用而消失，也有少数种类的珠心继续发育，直到种子成熟，成为种子的外胚乳。虽然不同植物种子的大小、形状以及内部结构颇有差异，但它们的发育过程却是大同小异的。

（二）种子的类型

根据以上所述，在成熟种子中，有的具胚乳结构，有的胚乳却不存在，因此，就种子在成熟时是否具有胚乳，将种子分为两种类型：一种是有胚乳的，称为有胚乳种子；另一种是没有胚乳的，称为无胚乳种子。

1. 有胚乳种子

这类种子由种皮、胚和胚乳三部分组成，双子叶植物中的蓖麻、烟草、桑、茄、田菁等植物的种子，以及单子叶植物中的水稻、小麦、玉米、洋葱、高粱等植物的种子，都属于这一类型。

2. 无胚乳种子

这类种子由种皮和胚两部分组成，缺乏胚乳。双子叶植物如大豆、花生、蚕豆、棉、油菜、瓜类的种子和单子叶植物的慈姑、泽泻等的种子，都属于这一类型。

二、种子的萌发和幼苗的形成

种子是有生命的，胚体充分成熟的种子，在合适的条件下通过一系列同化和异化作用就开始萌发，长成幼苗。种子的生命也是有一定期限的，每种植物种子生命的长短决定于该种植物本身的遗传特性，也与休眠阶段种子的储藏条件有关。在生产实践中，为了提高产量，必须了解种子的休眠和寿命、种子萌发的条件和过程，以及幼苗的形态特征。下面分别就这几方面的内容加以叙述。

（一）种子的休眠和种子的寿命

1. 种子的休眠

种子形成后虽已成熟，即使在适宜的环境条件下也往往不能立即萌发，必须经过一段相对静止的阶段后才能萌发，种子的这一性质称为休眠。休眠的种子是处在新陈代谢十分缓慢而近于不活动的状态。种子休眠期的长短是不一样的，有的植物种子休眠期很长，需要数周乃至数月或数年，如银杏、毛茛、轮叶王孙、松等；也有一些植物种子成熟后在适宜的环境条件下能很快萌发，不需经过一个休眠时期，只有在环境条件不利的情况下才处于休眠的状态，如水稻、小麦、豌豆、芝麻以及多种高原植物的种子。

种子休眠的原因是多方面的，只有根据不同的休眠原因采取适当措施，才能打破或缩短休眠期限，促使种子萌发。种子休眠的主要原因有以下几方面。

（1）由于种皮阻碍了种子对水分和空气的吸收，或是种皮过于坚硬，使胚不能突破种皮向外伸展。

（2）由于种子内的胚尚未成熟，或种子的后熟作用。有些植物的种子在脱离母体时，胚体并未发育完全，或胚在生理上尚未全部成熟，这类种子即使环境条件适宜也不能萌发成长。

（3）由于某些抑制性物质的存在，阻碍了种子的萌发。抑制种子萌发的物质有有机酸、植物碱和某些植物激素，以及某些经分解后能释放氨或氰类的有机物。这类物质有的产生在种子内部——胚；有的产生在种皮；有的存在于果实的果肉或果汁里。只有消除了这些抑制性物质，才能使种子得到正常的萌发。番茄、柑橘或瓜类种子不可能在果实内发芽生长，只有在脱离果实后才能萌发，就是这个原因。也有一些抑制萌发的物质存在于土壤里，在多数情况下，这类物质是由落叶腐败后带入土中，如某些在沙漠生长的植物就是这样。经过几场春雨或几次阵雨以后，冲走了土壤里的这类物质，才能为种子萌发提供适宜的条件。

2. 种子的寿命

种子的寿命是指种子在一定条件下保持生活力的最长期限，超过这个期限，种子的生活力就丧失，也就失去萌发的能力。不同植物种子寿命的长短是不一样的，长的可达百年以上，短的仅能存活几周。一方面，寿命的长短决定于植物本身的遗传性，同时，也和种子储藏期的条件有关。多数栽培植物的种子只能保持一二年的生活力，有的可保持5～10年，其中如洋葱、莴苣、胡萝卜等作物的种子，在储藏二三年后，就失去萌发的能力，特别是在潮湿的地区；一般谷类作物的种子生活力能保持5～10年，甚至更久；只有少数植物种子的寿命能超过50年。有些植物种子的寿命特别长，有人把深埋在地层达千年之久的莲子加以细心培育，仍能引起萌发，长成幼苗。与此相反，也有些种子的生活力极为短暂，如橡胶树、柳的种子，仅能活几个星期。

种子的储藏条件对种子寿命的长短起着十分明显的影响。储藏种子的最适条件是干燥和低温，只有在这样的条件下，种子的呼吸作用最微弱，种子内营养的消耗最少，有可能度过最长时间的休眠期。如果湿度大、温度高，种子内储存的有机养料将会通过种子的呼吸作用而大量消耗，种子的储藏期限也就必然会缩短。完全干燥的种子是不利于储藏的，因为这样会使种子的生命活动完全停止，所以，一般种子在储藏时，对含水量有一个安全系数，例如油菜为10%，高于或低于安全系数都不适宜于储藏。对储存种子的仓库必须保持干燥通风，使种子呼吸时产生的热量及时散失。近年来，有把储藏的种子用塑料薄膜密封，然后充以氮气，以防止种子在储藏期间因呼吸作用的加剧而变质。水生植物的种子在干燥的条件下反而会失去生活力，如果将它们浸在水中，特别是在低温的情况下，就能很好地过冬，保持较长的生活力。

种子寿命的长短也和母体植株的健康状况、种子本身的成熟度和种皮的保护状况以及病虫害对于种子所产生的影响等因素有关，所以种子生活力的强度、寿命的长短，实际上是多种因素综合反应的结果。

种子储存年限的长短能影响种子的生活力，一般种子储存愈久，生活力也愈衰退，以至完全失去生活力。种子失去生活力的主要原因，一般是因为种子内酶物质的破坏、储存养料的消失和胚细胞的衰退死亡。

（二）种子萌发的外界条件

成熟、干燥的种子，在没有取得一定外界条件时，是处在休眠状态下的，这时，种子里的胚几乎完全停止生长，一旦休眠的种子解除了休眠，并获得合适的环境条件时，处在休眠状态下的胚就转入活动状态，开始生长，这一过程称为种子萌发。种子萌发所不可缺少的外界条件是：充足的水分，适宜的温度和足够的氧气；有些种子萌发时，光也是一个必要的因素。

1. 种子萌发必须有充足的水分

干燥的种子含水量少，一般仅占种子总质量的5%～10%，在这样的条件下，很多重要的生命活动是无法进行的，所以种子萌发的首要条件是吸收充足的水分，只有种子吸收了足够的水分以后，才能使生命活跃起来。

水在种子萌发过程中所起的作用是多方面的。首先，种子浸水后，坚硬的种皮吸水软化，可以使更多的氧透过种皮，进入种子内部，加强细胞呼吸和新陈代谢作用的进行，同时使二氧化碳透过种皮排出种子之外。其次，种子内储藏的有机养料，在干燥的状态下是无法被细胞利用的，细胞里的酶物质不能在干燥的条件下行使作用，只有在细胞吸水后，各种酶才能开始活动，把储藏的养料进行分解，成为溶解状态向胚运送，供胚利用。此外，胚和胚乳吸水后，增大体积，柔软的种皮在胚和胚乳的压迫下，易于破裂，为胚根、胚芽突破种皮向外生长创造条件。

不同种子萌发时的吸水量是不一样的，这取决于种子内储藏养料的性质。一般种子需要的吸水量超过种子干重的30%左右，有的甚至更多，例如水稻的籽粒吸水量为40%，小麦为56%，棉为52%，油菜为48%，花生为40%～60%，大豆为120% ，豌豆为186%，蚕豆为150% 等，以上数字反映了含蛋白质多的种子萌发时吸水量较大，这与蛋白质的强烈亲水性质有关，蛋白质需要吸附较多的水分子，才能被水饱和。含脂肪多的种子吸水量较少，因为脂肪是疏水性的。含淀粉的种子吸水量一般不大。另外，种子也能吸收大气中的水分，如果大气中的湿度相当高或达饱和点时，成熟的种子也能在植株上或空气中萌发，这种现象在谷类、豆类作物中有时可以见到。

2. 种子萌发要有适宜的温度

种子萌发时，种子内的一系列物质变化，包括胚乳或子叶内有机养料的分解以及由有机和无机物质同化为生命的原生质，都是在各种酶的催化作用下进行的。而酶的作用需要有一定的温度才能进行，所以温度也就成了种子萌发的必要条件之一。

一般来说，一定范围内温度的提高可以加速酶的活动，如果温度降低，酶的作用也就减弱，低于最低限度时，酶的活动几乎完全停止。酶本身又是蛋白质类物质，过高的温度会破坏酶的作用，失去催化能力。所以，种子萌发对温度的要求表现出三个基点，就是最低温度、最高温度和最适温度。最低和最高温度是两个极限，低于最低温度或高于最高温度都能使种子失去萌发力，只有最适温度才是种子萌发的最理想的温度条件。

不同植物种子萌发时对温度条件的不同要求是这类植物生长在某一地区（南方或北方）长期适应的结果，是由这一植物的遗传性所决定的。了解种子萌发的最适温度以后，可以结合植物体的生长和发育特性，选择适当季节播种，过早或过迟都会对种子的萌发发生影响，使植株不能正常生长。

3. 种子萌发要有足够的氧气

种子萌发时，除水分、温度外，还要有足够的空气，这是因为种子在萌发时，种子内各部分细胞的代谢作用加快进行，一方面，储存在胚乳或子叶内的有机养料在酶的催化作用下很快地分解，运送到胚，而胚细胞利用这部分养料加以氧化分解，以取得能量，维持生命活动的进行，还把一部分养料经过同化作用组成新细胞的原生质，所有这些活动是需要能量的，能量的来源只能通过呼吸作用产生。所以种子的萌发，氧气就成为必要的条件之一，特别是在萌发初期，种子的呼吸作用十分旺盛，需氧量更大。作物播种前的松土就是为种子的萌发提供呼吸所需要的氧气，所以十分重要。旱地作物如高粱、花生、棉等种子，如果完全浸于水中或埋在坚实的土中，以致正常的呼吸不能进行，胚就不能生长。水稻籽粒长期浸泡水中，同样不能萌发或不能正常生长。所以播种前的浸种、催芽，需要加强人工管理，以控制和调节氧的供应，萌发才能正常进行。

以上三者缺乏任何一条都不能使种子萌发。一般种子萌发和光线关系不大，无论在黑暗还是光照条件下都能正常进行，但有少数植物的种子需要在有光的条件下才能萌发良好，对这些种子，光就成为萌发的必要条件之一，如烟草、杜鹃等植物。相反，也有少数植物的种子，如苋菜、菟丝子等，只有在黑暗条件下才能萌发。光照之所以能促进某些植物种子萌发或抑制另一些种子萌发，是通过植物内一种称为光敏素的特殊物质的作用来产生影响的。再如土壤的酸碱性，对种子萌发也有一定关系。一般种子在中性、微酸性或微碱性的情况下萌发良好，酸碱度过高对一般种子萌发不利。

（三）种子萌发成幼苗的过程

种子的萌发过程在上节叙述萌发条件时已略加提及，现在再把整个的过程扼要归纳如下。

(1) 种子从外界吸收足够的水分后，原来干燥、坚硬的种皮逐渐变软。水分继续源源不断地向胚乳和胚细胞渗入，整个种子因吸水而膨胀，终于将种皮撑破。吸水后的种皮加强了对氧和二氧化碳的渗透性，有利于呼吸作用的进行。不同植物种子吸水量的大小是不一样的。

(2) 种子萌发时的养料，是在种子形成时就已储藏在胚乳或子叶内的。原来在胚细胞里存在的各种酶物质，吸水后，在一定的温度条件下，加强活动，将储存在胚乳或子叶里的不溶性大分子化合物分解成简单的可溶性物质，运往胚根、胚芽、胚轴等部分，供细胞吸收利用。不溶性的有机养料经分解作用成为可溶性物质的过程称为消化作用；可溶性物质的吸收和运输主要是通过细胞之间的共质体运输来实现的。

(3) 种子的胚细胞同化了这部分养料，使之成为有生命的原生质，增加到细胞里去，细胞的体积有了增大。经过细胞分裂，也增多了细胞的数量，这就使胚根、胚芽、胚轴很快地生长起来。这些生长活动所需要的能量是通过一部分有机物质的氧化产生的，所以种子在萌发时呼吸特别旺盛。

(4) 经过这一系列生长过程，种子里的胚根和胚芽迅速成长起来，在一般情况下，胚根首先突破柔软的种皮，露出种子，然后向下生长，形成主根。在直根系的植物种类中，这一主根也就成为成长植株根系的主轴，并由此生出各级侧根。但在须根系的植物种类里，如小麦、水稻、玉米等禾本科植物，在胚根伸出不久，又有数条与主根粗细相仿的不定根，由胚轴基部伸出，组成植株的须根系。种子萌发时先形成根，可使早期幼苗固定在土壤中，及时吸取水分和养料。

（5）胚根伸出不久，胚轴的细胞也相应生长和伸长，把胚芽或胚芽连同子叶一起推出土面，如大豆、棉、油菜等。胚轴将胚芽推出土面后，胚芽发展为新植株的茎叶系统。有些植物的种子，子叶随胚芽一起伸出土面，展开后转为绿色，进行光合作用，如棉、油菜等的种子。待胚芽的幼叶张开行使光合作用后，子叶不久也就枯萎脱落。

（6）至此，一株能独立生活的幼植物体全部长成，这就是幼苗。可见，由种子开始萌发到幼苗形成这一阶段的生长过程，主要是有赖于种子内的现成有机养料为营养使胚长成为独立生活的幼小植株。所以说，种子内已孕育着新植物一代的雏体，这个雏体就是胚。

上述各点是种子萌发成长为幼苗的一般过程，不同植物种类，种子的萌发形式也不是完全一致的。例如，兰科植物的种子小如尘埃，几乎无储藏的养分，胚的发育也不完全，它的萌发不能靠自已独立进行，而必须有菌类与之共生才能发育成活；又如，椰子的种子体积很大，储有大量养分，而胚却十分微小，没有长足，种子萌发后养分可继续供应一个很长的时期。

（四）幼苗的类型

不同植物种类的种子在萌发时，由于胚体各部分，特别是胚轴部分的生长速度不同，成长的幼苗在形态上也不一样，常见的植物幼苗可分为两种类型，一种是子叶出土的幼苗，另一种是子叶留土的幼苗。

胚轴是胚芽和胚根之间的连接部分，同时也与子叶相连。由子叶着生点到第一片真叶之间的一段胚轴，称为上胚轴；由子叶着生点到胚根的一段称为下胚轴。子叶出土幼苗和子叶留土幼苗的最大区别在于这两部分胚轴在种子萌发时的生长速度不相一致。

1. 子叶出土的幼苗

双子叶植物无胚乳种子中如大豆、棉、油菜和各种瓜类的幼苗，以及双子叶植物有胚乳种子中如蓖麻的幼苗，都属于这一类型。这类植物的种子在萌发时，胚根先突出种皮伸入土中，形成主根。然后下胚轴加速伸长，将子叶和胚芽一起推出土面，所以幼苗的子叶是出土的。大豆等种子的肥厚子叶，继续把储存的养料运往根、茎、叶等部分。直到营养消耗完毕，子叶干瘪脱落；棉等种子的子叶较薄，出土后立即展开并变绿，进行光合作用，待真叶伸出，子叶才枯萎脱落。种子的这一萌发方式，称出土萌发。

蓖麻种子萌发时，胚乳内的养料经分解后供胚发育用，随着胚轴伸长，将子叶和胚芽推出土面时，残留的胚乳附着在子叶上，一起伸出土面，不久就脱落消失。

单子叶植物洋葱种子的萌发和幼苗形态与大豆、蓖麻等不同。当种子开始萌发时，子叶下部和中部伸长，使根尖和胚轴推出种皮之外。以后子叶很快伸长，露出在种皮之外，呈弯曲的弓形。这时，子叶前端仍被包在胚乳内吸收养料。以后进一步生长，使弯曲的子叶逐渐伸直，并将子叶前端推出种皮外面，待胚乳的养料被吸收用尽，干瘪的胚乳也就从子叶前端脱落下来，同时，子叶在出土以后逐渐转变为绿色，进行光合作用。此后，第一片真叶从子叶鞘的裂缝中伸出，并在主根周围长出不定根。所以洋葱的幼苗仍属出土萌发类型。

2. 子叶留土的幼苗

双子叶植物无胚乳种子中如蚕豆、豌豆、荔枝、柑橘和有胚乳种子中如橡胶树，及单子叶植物种子中如小麦、玉米、水稻等的幼苗，都属于这一类型。这些植物种子萌发的特点是下胚轴不伸长，而是上胚轴伸长，所以子叶或胚乳并不随胚芽伸出土面，而是留在土中，直到养料耗尽死去。如蚕豆种子萌发时，胚根先穿出种皮，向下生长，成为根系的主轴；由于上胚轴的伸长，胚芽不久就被推出土面，而下胚轴的伸长不大，所以子叶不被顶出土面，而始终埋在土里。

了解幼苗的类型对农、林、园艺有指导意义，因为萌发类型与种子的播种深度有密切关系。一般情况下，子叶出土幼苗的种子播种宜浅，有利于胚轴将子叶和胚芽顶出土面。子叶留土幼苗的种子播种可以稍深。虽然如此，但不同作物种子在萌发时，顶土的力量不全一样。

同时，种子的大小对顶土力量的强弱也有差别，如果顶土力量强的种子，即使是出土萌发，稍为播深，也无妨碍，而顶土力量弱的，就必须考虑浅播，所以，还必须根据种子的具体情况来决定播种的实际深度。

复习思考题

1.植物的种子在结构上包括哪几个重要的组成部分？不同植物种子在结构上又有哪些相异的地方？为什么说种子内的胚是新一代植物的雏体？

2.什么是种子的休眠？种子休眠的原因是什么？如何打破种子的休眠？

3.外部条件对种子的萌发起到怎样的作用？种子萌发时，内部发生什么变化？

4.种子内储存着一定量的养分，种子外面又被坚实的种皮或果实所包裹，这对植物后一代的繁衍起了什么重要的作用？

任务十 植物体内有机物的代谢与运输

学习重点

◆ 碳水化合物（蔗糖、淀粉）、脂肪、核酸和蛋白质的合成与分解。

◆ 代谢源、代谢库，植物体内有机物的运输系统，筛管和伴胞的作用。

学习难点

◆ 植物体内有机物的运输机理。

◆ 植物体内有机物的运输与分配规律。

一、植物体内有机物的代谢

植物的绿色组织进行光合作用合成的有机物主要是碳水化合物。这些光合产物除一小部分留在叶子内供叶子本身的生长及呼吸消耗外，绝大部分运往植物体的其他非绿色部分，或作为呼吸作用的原料，或通过转化用于构成植物体的结构物质（细胞壁中的果胶物质及纤维素，原生质中的氨基酸及蛋白质），或运往储藏组织、器官，转化为储藏物质（淀粉、蛋白质和脂肪）。植物体内有机物成分不是处于静止状态，而是处在不断地合成、分解和互相转化的变化之中，这些变化过程称为有机物的代谢。广义的代谢包括光合作用、呼吸作用以及所有有机物的合成、分解和相互间的转化过程。下面主要讲述碳水化合物、脂类、核酸和蛋白质四类物质的代谢过程。

（一）碳水化合物的代谢

碳水化合物的种类很多，本节重点说明蔗糖、淀粉的合成与分解的生化过程。

1. 蔗糖的合成与分解

蔗糖在代谢功能上十分重要，蔗糖是植物体中有机物运输的主要形式，也是高等植物组织中碳水化合物储藏和积累的主要形式。

（1）蔗糖的合成　蔗糖是由一分子葡萄糖和一分子果糖构成的一种双糖。

（2）蔗糖的分解　蔗糖可在蔗糖酶（转化酶）的催化下水解，生成葡萄糖和果糖。这个反应是不可逆的，故反应趋向于完全水解。

2. 淀粉的合成与分解

（1）淀粉的生物合成　淀粉是植物重要的储藏多糖。粮食作物的种子、块根、块茎含淀粉最多。淀粉的合成是由几种酶来催化的，每一种酶都有其自己催化的底物和引物（葡萄糖受体）。

（2）淀粉的分解　淀粉的分解有水解和磷解两种反应。淀粉的水解由淀粉酶催化，产物有葡萄糖和麦芽糖，所产生的麦芽糖在麦芽糖酶的催化下，分解为两个分子的葡萄糖，在植物体内麦芽糖酶与淀粉酶同时存在。

（3）碳水化合物的相互转化　各种碳水化合物在植物体内都经常发生相互间的转化。有单糖的相互转化和蔗糖与淀粉间的相互转化。

（4）碳水化合物代谢与植物生长发育的关系　在植物的整个生长发育过程中，碳水化合物代谢都在不断地进行着。在种子萌发、营养器官旺盛生长及结实器官成熟时，碳水化合物的转化尤为强烈。

（二）脂肪的代谢

植物体内的脂肪主要是作为储藏物质以小油滴状态存在于细胞中，主要分布在种子或果实内。当它们完全被氧化时，脂肪比同重量的碳水化合物释放的能量多。因此，脂肪是植物体内最为经济的一种储藏物质。

1. 脂肪的生物合成

脂肪是由甘油和脂肪酸合成的甘油三酯。植物细胞中先合成甘油和脂肪酸，二者再缩合生成脂肪（甘油脂肪酸三酯）。

2. 脂肪的分解

生物体内广泛存在着脂酶，它能催化脂肪水解为甘油和脂肪酸。

3. 脂肪与碳水化合物相互转化——乙醛酸循环

植物体内常发生脂肪和碳水化合物的相互转化，例如在油料作物种子成熟时，相当多的碳水化合物就转变成了脂肪。脂肪分子中的甘油是由己糖通过糖酵解作用生成的磷酸二羟丙酮转变成的，合成脂肪酸所需的乙酸辅酶 A 也是由丙酮酸氧化脱羧生成的，所以脂肪是由碳水化合物转化而来的。

由脂肪转化为碳水化合物的过程比较复杂，脂肪先分解为甘油和脂肪酸。甘油可通过糖酵解的逆转而转化为糖。脂肪酸经 β-氧化分解为乙酸辅酶 A 以后通过乙醛酸循环而转化为糖，这称为葡萄糖生成作用。

乙醛酸循环在乙醛酸体内进行，生成的琥珀酸由乙醛酸体内转移到线粒体内，在其中转化为草酸乙酸。草酸乙酸再转移到细胞质，在其中脱羧放出 CO_2，转变为磷酸烯酸式丙酮酸，最后沿糖酵解途径的逆转而变为糖。

4. 脂肪转化与植物生长发育的关系

在植物体内，脂肪转化以种子萌发及成熟时进行得最为强烈：种子萌发时的脂肪转化、种子成熟时的脂肪转化。

（三）核酸的代谢

细胞核中的染色体是遗传物质，它由许多基因构成。基因的化学成分就是脱氧核糖核酸（DNA）。DNA 因其特殊的化学结构，可以成为控制生物发育传递信息的载体。每一个物种都有一套表示其遗传性状的特殊的 DNA 分子。

1. 核酸的生物合成

核酸的基本组成单位是核苷酸，核苷酸在细胞内合成有两条基本途径：一条是以体内的氨基酸、磷酸核糖、CO_2 和 NH_3 等简单的前体物质合成；另一条途径是由体内核酸分解产生的碱基或核苷转变为核苷酸。

2. 核酸的分解

在植物体内，核酸经过一系列酶的作用，最终降解成 CO_2、水、氨、磷酸等小分子的过程称为核酸的分解代谢，也叫降解代谢。

（四）蛋白质的代谢

经过 DNA 的复制、RNA 的转录已将遗传信息储存起来，但如何将遗传信息表达出来，则需要在 RNA 指导下合成活性蛋白质。

1. 蛋白质的生物合成

蛋白质是在 mRNA（信使 RNA）的指导下合成的，这一过程称为翻译或转译。tRNA 亦称转移 RNA，它的主要功能是识别 mRNA 上的密码子和携带与密码子相对应的氨基酸，并将氨基酸转运到核糖体中，合成蛋白质。

核糖体（rRNA）是合成蛋白质的场所，蛋白质在核糖体上合成，首先是氨基酸与 tRNA 连接，然后在核糖体上合成蛋白质。

2. 蛋白质的分解

蛋白质在蛋白酶的催化下，使多肽链的肽键水解断开，最后生成 α-氨基酸。

3. 蛋白质代谢与植物生长发育的关系

蛋白质代谢与植物的生命活动有密切关系。主要有下面一些表现：种子发芽、营养器官的生长、开花结果、种子成熟、叶片衰老。

二、植物体内有机物的运输

高等植物的器官有明确的分工，叶片是光合作用合成有机物的基地，植物各器官组织所需的养料主要由叶片供应。植物体内制造和提供营养物质的器官（叶片）称代谢源（简称“源”）；植物体内消耗和储藏营养物质的器官（果实、种子）称代谢库（简称“库”）。供应营养物质的源与接收营养物质的库及它们之间的输导组织构成的营养依存单位称“源-库单位”。

（一）植物体内有机物的运输系统

植物体内的运输系统主要有长距离运输系统和短距离运输系统。短距离运输系统主要是指细胞内和细胞间的运输，运输距离以 μm 计算，通过共质体（胞间连丝）和质外体（自由空间）来完成。长距离运输系统主要是指器官间和组织间的运输，通过输导组织来完成，木质部（导管、管胞）运输水分和无机盐，韧皮部（筛管、筛胞、伴胞）运输同化产物。

（二）植物体内同化物的运输机理

1. 有机物运输的形式

植物体内有机物运输的主要形式是蔗糖。

2. 有机物的运输方向

植物体内有机物的运输没有极性，可以向顶部，也可以向基部，但总的方向是由制造营养物质的器官向需求营养物质的器官运输。植物体内有机物运输的方向主要有三种，即单向运输（木质部运输）、双向运输（韧皮部运输）和横向运输（短距离运输）。

（三）植物体内同化物的分配

就整个植株而言，同化物向各器官的运输因生育期的不同而不同，植物不同生育期的生长中心即是光合产物分配的中心，即“优先供应中心库”；从不同部位的叶片来说，它的光合产物有就近供应和运输的特点。

复习思考题

1. 植物体内有机物的运输机理有哪些？
2. 植物体内有机物的运输与分配规律有哪些？

任务十一　显微镜的构造及使用方法

一、任务目标

了解显微镜的构造和各部分的作用，掌握显微镜的使用技术和保养措施。

二、仪器与用具

1. 仪器、药品及用具：显微镜、擦镜纸、二甲苯（有毒）。
2. 材料：各种植物组织切片。

三、任务实施

1. 认识显微镜各部分的名称及作用

有镜座、镜柱、镜臂、载物台、反光镜、光圈盘或集光器、镜筒、物镜及转换器、目镜、调节螺旋。

2. 显微镜的使用方法

使用方法按顺序为取镜、对光、放片、低倍物镜的使用、高倍镜的使用、还镜。

3. 显微镜的保养

（1）显微镜各部分零件不要随便拆开，也不要随意在显微镜之间调换镜头或其他附件。

（2）目镜与物镜部分不要用手指或粗布揩擦，一定要用擦镜纸轻轻擦拭。

四、任务报告

1. 显微镜的构造分哪几部分？各部分有什么作用？
2. 使用低倍物镜及高倍物镜观察切片时应特别注意哪几点？

五、任务小结

总结学生实验情况，指出违反操作之处，说明这样做的危害，增强学生的实验动手能力。

任务十二　植物细胞的结构观察

一、任务目标

认识植物细胞的结构；学会简易装片和生物绘图方法。

二、仪器与用具

1.仪器、药品及用具：显微镜、镊子、小剪刀、载玻片、盖玻片、解剖针、表面皿、滴管、吸水纸、碘液、清水。

2.材料：洋葱或葱的鳞叶。

三、任务实施

（一）制作临时装片

1.擦载玻片和盖玻片。

2.用滴管吸取清水，在洁净的载玻片中央滴一小滴，以加盖玻片后没有水溢出为宜。用镊子将洋葱鳞叶或其他植物的叶表皮撕下，剪成小片，平整置于载玻片的水滴中，注意表皮外面应朝上。

3.盖上盖玻片。

（二）观察表皮细胞的结构

在镜下仔细观察细胞壁的结构、观察细胞质的结构、观察细胞核的结构、观察液泡的结构，并说明它们的特点。

（三）生物绘图的要求

1.应注意科学性。

2.图的大小及在纸上分布的位置要适当。

3.勾画图形轮廓。

4.图的明暗及颜色的深浅用细点表示。

5.图形要美观。

四、任务报告

绘出洋葱鳞叶或其他植物的表皮细胞，并注明细胞壁、细胞质、细胞核、液泡。

五、任务小结

总结学生实验情况，让学生说出这次实验的收获，并指出实验不当之处，指出这样做的危害。

任务十三　植物营养器官的观察

一、任务目标

1. 了解根尖及根毛区横切面的结构，加深对根吸收功能的理解。

2. 了解茎的解剖结构，明确双子叶植物茎的初生、次生结构之间的区别与联系，以及单子叶植物茎的结构特点。

3. 了解双子叶植物叶和单子叶植物叶的结构及叶的形态类型。

二、仪器与用具

1. 仪器、药品及用具：显微镜、放大镜、刀片、镊子、解剖针、载玻片、盖玻片。

2. 材料：根、茎、叶的切片等观察材料。

三、任务实施

（一）根的形态及其解剖结构观察

1. 观察根的切片

在显微镜下观察根的切片，观察植物根的组成、特点。

2. 根尖的观察

在显微镜下观察根尖的切片，了解根尖的外部形态和根尖的纵切面结构，掌握其组成和特点。

3. 根毛区横切面的观察

显微镜下观察根毛的切片，观察其表皮、皮层、维管柱的组成和特点。

（二）茎的解剖结构观察

在显微镜下观察双子叶植物大豆茎的切片，了解双子叶植物大豆茎的外部形态和内部结构，掌握其组成和特点。

（三）叶的形态和解剖结构的观察

观察大豆叶片、小麦叶片，了解它们的外部形态和内部结构，掌握其组成和特点。

四、任务报告

完成根的观察、茎的观察、叶的观察，并完成书面报告。

五、任务小结

总结学生实验情况，考查学生对实验内容的掌握情况，指出完成任务应重点注意的地方，增强学生的实验动手能力。

任务十四 植物生殖器官的观察

一、任务目标

熟练掌握常见植物花的形态特征和花序的类型，进一步理解花的发育过程。

二、仪器与用具

1. 仪器、药品及用具：显微镜、放大镜、镊子、解剖针、双面刀片、载玻片、解剖镜等。

2. 材料：水稻或小麦花穗、油菜花、紫云英花等新鲜材料；各种类型的花药、子房及花序标本。

三、任务实施

1. 油菜花的观察

观察油菜花的花柄、花托、花被、雄蕊、雌蕊、蜜腺的结构和特点。

2. 水稻花的观察

观察水稻花外稃和内稃、鳞片、雄蕊、雌蕊的结构和特点。

3. 花序类型的观察

分别观察总状花序、穗状花序、伞房花序、柔荑花序、圆锥花序、头状花序、隐头花序的结构组成，掌握其相应的特点。

四、任务报告

观察常见农作物、果树及花卉的花与花序的类型，并将观察的结果列表写出。比较油菜花与紫云英花的不同点，并完成书面报告。

五、任务小结

总结任务完成情况，应勤练习。指出完成任务应重点注意的地方，增强实验动手能力。

项目三

植物生长生态环境认知

项目目标

◆ 了解国际和国内的生态环境问题和解决的途径，对生物多样性保护、生态农业建设、农村可持续发展、健康安全食品生产有一个全面的认识，使学生今后能自觉尊重生态规律和经济规律，注意资源的保护，为农业的持续健康发展服务。

◆ 理解生态系统的各种观点；加强生态环境意识，树立人与自然协调相处的观念。

◆ 掌握农业生态系统的结构组成规律、功能运转规律、输入输出构成规律、效益与效率提高规律、系统调控规律、系统演变规律等。

项目说明

由生物构成的种群和群落既是生态系统的重要组分，又是生态系统能量流动和物质循环的核心。分别从个体、种群和群落水平研究生物之间、生物与环境之间的相互关系及其作用规律，是农业生态系统调节控制和系统生产力提高的理论基础。

任务一 植物生长生态环境概述

学习重点

◆ 植物种内关系的种类和特点。
◆ 植物种间关系的特点与应用。
◆ 植物与动物和微生物之间的关系及应用。

学习难点

◆ 植物种内竞争的特点与应用。
◆ 植物化感作用的特点及在生产中的应用。

一、农业生态系统的概念

（一）系统

1. 定义

系统是由相互作用和相互依赖的若干个组成部分结合而成的具有特定功能的整体。系统必须具备的三个条件是：由两个以上的组分组成；组分之间有密切的联系；以整体方式完成一定的功能。

2. 系统的结构特点

系统都有边界；系统具有层次性，即系统由若干个子系统组成，系统本身也是更大系统的子系统；构成系统的组分间有一定的量比关系；系统的组分在空间上有一定的排列位置关系。

3. 系统的功能特点和系统研究的基本途径

（1）系统功能的整合性　即整体大于部分之和，通常形象地称“1+1>2”。

（2）系统研究的基本途径

①“黑箱”　只了解系统的转换特性，了解系统输出对系统输入的响应规律，而不揭示引起这种特性或响应规律的系统内部原因。

②“白箱”　着重了解系统内部结构和功能，对系统的行为和表现做出解释。

③“灰箱”　实际研究中常采用。即在重点层次、组分和关系上用白箱的方法，其他用黑箱方法。

（二）生态系统

1. 生态系统的定义

生态系统是在一定的空间内的全部生物和非生物环境相互作用形成的统一体。生态学不仅在“垂直”方向研究特定地点上的生物和环境的相互关系，而且在“水平”方向研究异质区域间的相互影响，把特定地点上的同质区域称为景观元素。

2. 生态系统的基本组分

生态系统在结构上包括两大组分：环境组分和生物组分。环境组分包括辐射、气体、水、土体四方面。生物组分包括生产者、大型消费者和小型消费者（分解者）。

3. 生态系统区别于一般系统的特点

（1）组分上包括生物，生物群落是生态系统的核心。

（2）空间上有明显的地域性。

（3）具有明显的时间特征，具有从简单到复杂、从低级到高级的发展演变规律。

（4）系统的各组分间处于动态的平衡中。各生态系统都是程度不同的开放系统，不断地从外界输入能量和物质，经过转换输出，从而维持系统的有序性。

4. 主要的生态系统类型

（1）根据环境的性质分　可分为森林生态系统、草原生态系统、农田生态系统、淡水生态系统 、海洋生态系统。

（2）根据受人类干扰的程度分　可分为自然生态系统、人工驯化的生态系统、人工生态系统。

（三）农业生态系统

1. 农业生态系统的定义

农业生态系统是农业生物与环境之间的能量和物质联系建立起来的功能整体。农业生态系统是驯化的生态系统，既受生态规律的制约，也受经济规律的制约。

2. 农业生态系统的基本组分

（1）生物组分　农业生物如农作物、家畜、家禽、家鱼、家蚕等，以及与这些生物有密切联系的病虫害、杂草等。其中的大型消费者也包括人。

（2）环境组分　受到人类不同程度的调节和影响。而有些环境如温室、禽舍等完全是人工环境。

3. 农业生态系统的基本结构

农业生态系统的基本结构包括组分结构、时空结构、营养结构。

4. 农业生态系统的基本功能

（1）能量流　农业生态系统除输入太阳能外，还输入人工辅助能。

（2）物质流　各种化学元素在生态系统中被生物吸收并传递，在生物与环境之间以及生物与生物之间形成连续的物质流。

（3）信息流　农业生态系统通过信源的信息产生、信道的信息传输和信宿的信息接收形成信息流。

（4）价值流　价值可以在农业生态系统中被转换成不同的形式，并可以在不同组分间转移。

二、植物与其他生物的关系

在自然界中，罕见以孤立的个体长期存在的生物，看到的往往是在一定的区域中生长着同种植物个体群，它们或构成明显的单优势群体，或与其他植物群体混生。因此，植物不仅与非生物因子有着密切关系，而且与其周围生长的同种植物（种内）和不同种植物（种间）也同样有着千丝万缕的联系。除此之外，在植物所生长的区域内一定还生存有相应的动物和微生物。通常将一定空间里同种个体的集合称为种群，而将种群个体间的关系称为种内关系，如个体间的授粉、繁殖关系、竞争等；将同一生境中不同种群间的关系称为种间关系。需要说明的是，无论是种内关系还是种间关系，都不要在脱离一定的环境条件下来讨论。

（一）种内关系

种群是一个客观的生态生物学单位，是具有自己独立的特征、结构和机能的整体。故在讨论种内关系时，不能忽略种群的属性。以下仅从种群的分布格局、种内繁殖与增长、种内竞争、种内化感作用等方面说明种间关系。

1. 种群的分布格局

每个种群中的个体空间分布方式或配置特点称为种群的分布格局，它与该种群内、外条件及物种特性有关。种群的分布格局一般分为群聚型、随机型和均匀型等3种类型。

2. 种内繁殖与增长

植物的个体本身可以进行繁殖，包括营养繁殖、无性生殖和自花授粉繁殖以及同株异花授粉繁殖。

植物种群内个体与个体间的杂交在高等植物中更为常见。各个个体基因型的相对稳定是种群繁殖的基础，但个体间的基因型并不完全相同，同时其生长又受环境条件的影响，各自的表现型常常有些差异。因而，种群个体内在的生存和繁殖差异（变异）使得那些能比较好地适应环境的个体产生更多的后代，并在自然选择中保留下来，结果使种群更适应于环境。

在某一个空间内的种群，其个体数量的多少一方面取决于种群本身的生物学和生态学特性，另一方面又与环境的容量密切相关。种群的数量是指一定面积或容积中某个种群的个体数目。如果用单位面积或容积的个体数目来表示种群的大小，则为种群密度。在一定的空间里，种群的个体数量取决于种群出生率（繁殖率）、死亡率、迁入和迁出数量等参数。假定有一个资源充足的环境，植物种群的增长将随着时间的推移而呈现几何增长（也称指数增长）。事实上，自然界中的种群总是在一个有限的空间中生长的，随着种群数量的增加，对有限空间资源（如光照、养分、空间）的种内竞争也将增加，种群的增长速率将降低。当种群个体的数目增加到接近于环境所能容纳的最大值即环境负荷量时，种群将不再增长而达到“饱和”状态。这种受环境负荷量限制的种群增长称为逻辑斯蒂增长，种群增长曲线呈“S”形。

3. 种内竞争

在自然界中，一株植物必须占据一定的空间才能获得阳光、雨水、营养物质等必要的生存条件，因此，在有限的生境中，随着个体的增长或数量的增多，该种植物所占据的空间越来越多，对资源的需求就越大，竞争就越激烈，这也将导致对每个个体的影响加大，可能加大死亡率和降低出生率。由此可以看出，种内竞争是与密度相关的。

植物是构件生物，因此其生长的可塑性很大。如同种植物在某个生境中生长得枝繁叶茂，而在另一个生境中枝叶稀疏。研究人员由此也发现了最终产量恒定法则和自疏现象。

（1）最终产量恒定法则　是指在相同条件和一定空间内，当种群密度达到一定值之后，再增加种群密度，其最终产量基本恒定。

（2）自疏现象　是指在一定空间内，随着植物生长或密度不断增加而导致种群密度下降的现象。

4. 种内化感作用

在农业生产中，有些作物是不易连作的，如果连作会发现后茬作物生长受限、产量降低。造成这种现象的原因往往是同种作物所残留的物质（如根系分泌物、枯枝落叶根系降解后产生的化学物质）抑制了下茬作物的生长。这就是植物间的化感作用。

（二）种间关系

从理论上看，两个物种之间相互作用的基本形式有无作用、正作用和负作用三种类型。几个种间关系的类型如下。

1. 竞争

竞争是指同种或异种的两个或两个以上的个体生长于同一生境中，利用共同的有限资源，从而发生对环境资源争夺而产生的相互抑制作用。

两个种越相似，它们的生态需求重叠的就越多，竞争也就越激烈，这一现象被称为高斯假说，现也称为竞争排斥原理，即在一个稳定的环境中，竞争相同资源的两个种不能无限期共存，其中一个最终会成为优势种。

2. 共生

共生可以划分为两类：互惠共生和附生。互惠共生是指所有有利于共生双方的相互作用，如菌根、根瘤、地衣等。偏利共生，也称附生，是指两个种之间的关系只对一方有利而对另一方无利害的共生。偏害共生是植物在相互作用中一方受到抑制，而另一方不受影响。

3. 寄生

是指某一物种的个体依靠另一物种个体的营养生活的现象。寄生于其他植物上并从中获得营养的植物称寄生植物，如菟丝子。有些植物为半寄生植物，如槲寄生。而有些寄生植物为全寄生植物，如大花草。

4. 种间化感作用

化感作用即生活的或腐败的植物通过向环境释放化学物质而产生促进或抑制其他植物生长的效应。植物一般通过地上部分茎叶挥发、淋溶和根系分泌物以及植物残株的分解等途径向环境中释放化学物质，从而影响周围植物（受体植物）的生长和发育，它在森林更新、植被演替以及农业生产中具有重要的意义。

植物所产生的化感物质能明显影响种间关系。化感作用的研究对农林业生产具有很大意义。

（三）植物与动物和微生物之间的关系

植物与动物之间的关系表现在多方面。包括植物为动物提供直接或间接的食物来源，为动物提供栖息地；动物传粉、传播种子或果实、控制群落生长；为微生物提供食物，与微生物共生等诸多方面。

植物为草食性动物提供了食物来源，也间接地为肉食性动物提供了食物。动物在一定程度上维持着植物群落的生长和稳定性，如大熊猫取食幼竹叶茎和笋，使竹子的生长高度受到控制，也控制了竹子的种群密度。

植物的时空分布也决定了动物活动和生存的空间。植物群落不仅为动物提供了栖息地，而且还提供了躲避天敌捕食的场所。

动物也为植物生存和发展提供了帮助，如传粉、果实和种子传播。没有相应的动物，植物的生存将会受到威胁，植物的扩散将会受到一定程度的抑制。一些植物甚至以动物作为营养的来源之一，如猪笼草。

微生物作为自然界中的分解者，无处不在。但它的分布同样具有与植物相关的时空性，还可与植物形成共生关系，如根瘤。

无论植物与动物、植物与微生物间的关系如何，这些关系的形成都是它们之间长期适应、进化的结果，有些甚至是协同进化的结果，如蜂鸟传粉。

复习思考题

1. 简述植物种内关系的特点与生产中的应用。
2. 简述植物种间关系的特点与生产中的应用。
3. 简述植物与动物和微生物之间的关系及应用。

任务二　农业生物环境认知

学习重点

◆ 自然环境的生态因子在农业生产上的应用。

◆ 人工环境的特点及在农业生产上的应用。

◆ 环境对植物制约的因素。

学习难点

◆ 自然环境在农业生产上的应用。

◆ 人工环境对植物的影响。

◆ 生物环境对植物的影响。

一、自然环境

自然环境是生态系统中作用于生物的外界条件的总和。包括生物生存的空间以及维持生命活动的物质和能量。自然环境中一切影响生物生命活动的因子均称为生态因子，如辐射强度、温度、湿度、土壤酸碱度、风力等等。太阳辐射以及地球表面的大气圈、水圈和土壤圈综合影响着这些生态因子。

1. 太阳辐射

地球上生命存在的能量主要来自太阳的辐射。

太阳辐射有两种功能：一种是通过热能形式温暖地球，使地球表面的土壤、水体变热，推动着水循环，引起空气和水的流动，为生物生长创造合适的温度条件；另一种功能是通过光能形式被绿色植物吸收，并通过光合作用形成碳水化合物，将能量储存在有机物中。

2. 大气圈

大气圈是地球表面包围整个地球的一个气体圈层。大气的主要成分是氮、氧、氢和二氧化碳。大气圈供给生物生存所必需的各种元素，而且在提供保护地面生物的生存条件中起着良好的作用。大气圈不仅防止了地球表面温度的急剧变化和水分的散失，并能防护地面的生物免受外层空间多种宇宙射线的辐射。

3. 水圈

水是细胞原生质的组分和光合作用的原料，是各种物质运输的媒介，是生物体内各种生化反应的溶剂。水有较高的汽化热和比热容，可以调节和稳定气温。

4. 土壤圈

土壤具有独特的结构和化学性质，是固相、液相、气相共存的三相体系，具有巨大的吸收能力与储藏能力，为生物的生长提供了适宜的条件。土壤不仅是植物生长繁育的基础，而且是物质和能量储存和转化的重要场所。

二、人工环境

农业生态系统是人类干预下的生态系统。广义的人工环境包括所有受人类活动影响的环境，可以分为人工影响的环境和人工建造的环境。

1. 人工影响的环境

人工影响的环境是指在原有的自然环境中人为因素促使其发生局部变化的环境。例如，为改变局部地区的气候、控制水土流失、使农作物高产稳产而人工经营的森林、草地、防风林、水保林等；为控制旱涝灾害而兴建的水利工程。这些人工影响的环境在不同程度上仍然依赖于大自然。

2. 人工建造的环境

人工建造的环境是指人类根据生物生长发育所需要的外界条件进行模拟或塑造的环境，如无土栽培环境、大棚温室环境、集约化养殖环境等。

三、环境对生物的制约

（一）最小因子定律

德国化学家李比西提出“植物的生长取决于数量最不足的那一种营养物质”，即最小因子定律。最小因子定律的两点补充说明如下。

（1）这一定律只有在相对稳定的状态下才能运用。

（2）要考虑因子间的相互作用。

（二）谢尔福德耐性定律

在生物的生长和繁殖所需要的众多生态因子中，任何一个生态因子在数量上的过多、过少或质量不足，都会成为限制因子。即对具体生物来说，各种生态因子都存在着一个生物学的上限和下限（或称“阈值”），它们之间的幅度就是该种生物对某一生态因子的耐性范围（又称耐性限度）。耐性定律的补充说明如下。

（1）同一种生物对各种生态因子的耐性范围不同。对一个因子耐性范围很广，而对另一因子的耐性范围可能很窄。

（2）不同种生物对同一生态因子的耐性范围不同。对主要生态因子耐性范围广的生物种，其分布也广。仅对个别生态因子耐性范围广的生物，可能受其他生态因子的制约，其分布不一定广。

（3）同一生物在不同的生长发育阶段对生态因子的耐性范围不同。通常在生殖生长期对生态条件的要求最严格，繁殖的个体、种子、卵、胚胎、种苗和幼体的耐性范围一般都比非繁殖期的要窄。例如，在光周期感应期内对光周期要求很严格，在其他发育阶段对光周期没有严格要求。

（4）由于生态因子的相互作用，当某个生态因子不是处在适宜状态时，则生物对其他一些生态因子的耐性范围将会缩小。

（5）同一生物种内的不同品种，长期生活在不同的生态环境条件下，对多个生态因子会形成有差异的耐性范围，即产生生态型的分化。

任何一种生物，对自然环境中的各理化生态因子都有一定的耐性范围，耐性范围越广的生物，适应性越广。据此，可将生物大体划分为广适性生物和窄适性生物。

（三）生活型和生境

1. 生活型

由于环境对生物的限制作用，不同种的生物长期生存在相同的自然生态条件和人为培育条件下，会发生趋同适应，经过自然选择和人工选择形成具有类似形态、生理和生态特性的物种类群称为生活型。生活型是生物对综合环境条件的长期适应，而在外貌上反映出相似性和一致性的生物类型。

对植物生活型的分类应用最广的是丹麦植物学家 C. Raunkiaer 的生活型分类系统。他认为地球上的各个地区，冬季和旱季是植物生活中最严酷的临界期。他以温度、湿度、水分作为指示生活型的基本要素，以植物度过生活不利时期对恶劣条件的适应方式为基础，具体以休眠芽或复苏芽所处的高低和保护方式为依据建立了生活型系统（图 3-1）。

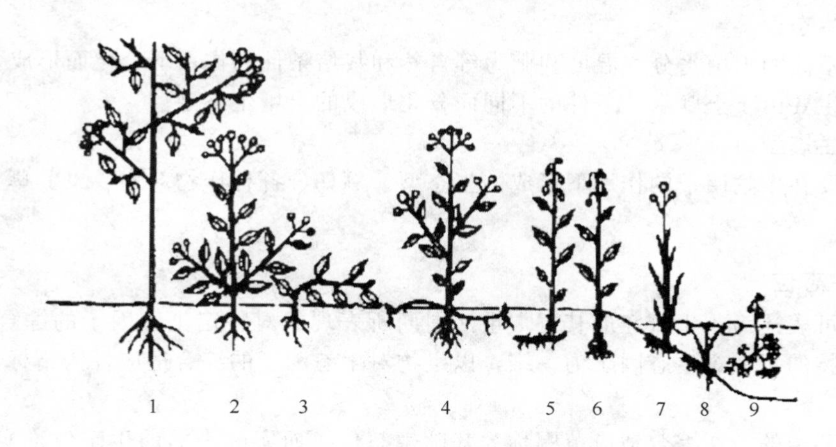

图 3-1　Raunkiaer 生活型图解

1—高位芽植物；2,3—地上芽植物；4—地面芽植物；5～9—地下芽植物

（1）高位芽植物　这类植物的芽和顶端嫩枝位于离地面较高处的枝条上，如乔木、灌木和一些生长在热带潮湿气候条件下的草本等。它们之中根据体型的高矮又可分为大型（30m 以上）、中型（8～30m）、小型（2～8m）以及矮小型（0.25～2m ）四类，即大、中、小、矮高位芽，然后又根据植物是常绿还是落叶以及是否具有芽鳞这两类特征，进一步划分为十五个亚类。

（2）地上芽植物　这类植物的芽或顶端嫩枝位于地表或接近地表处，一般都不高出土表 20～30cm ，因此它们受土表的残落物所保护，在地表积雪地区也受积雪的保护。

（3）地面芽植物　这类植物在不利季节，植物体地上部分死亡，只有被土壤和残落物保护的地下部分仍然活着，并在地面处有芽。

（4）地下芽植物　这类植物度过恶劣环境的芽埋在土表以下或位于水体中。

（5）一年生植物　一年生植物只能在良好季节中生长，在恶劣的气候条件下它们以种子形式度过不良季节。

2. 生境

在环境条件的制约下，具有特定生态特性的生物种和生物群落，只能在特定的小区域中生存，这个小区域就称为该生物种或生物群落的生境。生境也称栖息地。

四、生物对自然环境的适应

（一）生态型

同种生物的不同个体群长期生存在不同的自然生态条件和人为培育条件下，发生趋异适应，并经自然选择和人工选择而分化形成生态、形态和生理特性不同的可以遗传的类群，称为生态型。

根据形成生态型的主导生态因子类型的不同，可以把植物生态型划分为气候生态型、土壤生态型和生物生态型三种。

1. 气候生态型

长期适应不同的光周期、气温和降水等气候因子而形成的各种生态型。例如，水稻的早、中、晚稻属于不同的光照生态型；籼稻、粳稻是不同的温度生态型。

2. 土壤生态型

长期在不同的土壤水分、温度和肥力等自然和栽培条件的作用下分化而形成。例如，水稻和陆稻是主要由于土壤水分条件的不同而分化形成的土壤生态型。

3. 生物生态型

是指主要在生物因子的作用下形成的生态型。例如，各种作物对病、虫、草具有不同抗性的品种群。

（二）生态位

生态位可表述为：生物完成其正常生活周期所表现的对特定生态因子的综合适应位置。即用某一生物的每一个生态因子为一维，以生物对生态因子的综合适应性为指标构成的超几何空间。

物种对环境的潜在综合适应范围称为基础生态位。而实际占据的生态位称实际生态位。实际生态位比基础生态位要小。

五、生物对自然环境的影响

生物不只是简单地、被动地接受环境的种种影响，同时也对其生存环境产生多方面的影响，或者不同程度地改善环境条件，使环境变得更有利于生物生存，或者对环境资源和环境质量造成不良影响。

1. 森林的生态效应

主要包括涵养水源，保持水土；调节气候，增加雨量；防风固沙，保护农田；净化空气，防治污染；减低噪音，美化大地；提供燃料，增加肥源。

2. 淡水水域生物的生态作用

淡水水域生物的主要生态作用是，浮游植物能吸收水中各种矿质养分，保持水体一定的洁净程度，增加水体的溶氧量，对水质理化特性的变化起主导作用，同时形成水域生态系统的初级生产力。

3. 草地生物的生态效应

牧草特别是豆科牧草，能改良土壤。牧草还能增加植被覆盖度，涵养水分，保持水土，固定流沙。

4. 农田生物的生态效应

主要包括对土壤肥力的影响、对水土保持的影响、对农田小气候的影响、对净化环境的作用。

复习思考题

1. 简述自然环境的特点及在生产中的应用。
2. 简述人工环境的特点与生产中的应用。
3. 简述生物对自然环境的影响特点。

任务三 农业生态系统的生物种群

学习重点

◆ 种群的定义与结构特点。
◆ 种群的生态对策类型与特点。

学习难点

◆ 种群的结构特点与在农业生产上的应用。
◆ 种群相互作用的类型及在农业生产上的应用。
◆ 环境的调节作用在农业生产上的应用。

一、种群的定义

种群是指在某一特定时间中占据某一特定空间的一群同种有机体的总称，或者说一个种群就是在某一特定时间中占据某一特定空间的同种生物的集合体。如图 3-2 所示。

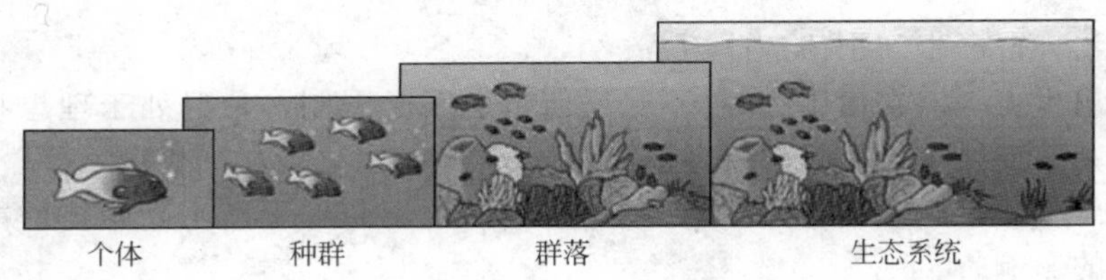

图 3-2 生态学水平示意图

二、种群结构

（一）种群的大小和密度

1. 种群大小

种群大小是指一定面积或容积内某个种群的个体总数。例如，某个鱼塘中草鱼的总数。

2. 种群密度

种群密度是指单位面积或容积内某个种群的个体总数。如每公顷水稻的株数。种群的密度可以分为粗密度和生态密度。

（1）粗密度（又称天然密度） 是指单位空间内某个种的实际个体数量（或生物量）。

（2）生态密度 是指单位栖息空间内某个种群的个体数量（或生物量）。

（二）种群的年龄结构和性比

1. 龄级比

若一个种群中的不同个体具有不同的年龄，则可按一定的年龄分组，统计各个年龄组个体数占种群总个体数的比率。

种群的年龄结构是指各个年龄级的个体数在种群中的分布情况，它是种群的一个重要特征，既影响出生率，又影响死亡率。

2. 年龄锥体

自下而上地按龄级由小到大的顺序将各龄级个体数或百分比用图形表示（图 3-3）。

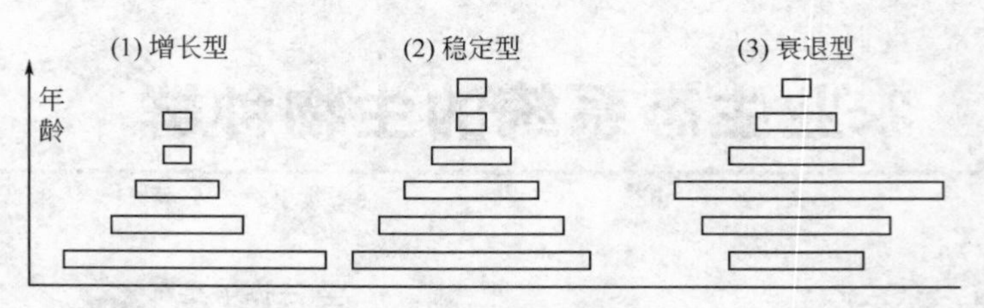

图 3-3 年龄锥体基本类型

（1）增长型种群 其年龄结构呈典型的金字塔形，种群中有大量的幼体和极少的老年个体，种群的出生率大于死亡率。

（2）稳定型种群 每一龄级的个体死亡数接近于进入该龄级的新个体数，种群数量相对稳定。

（3）衰退型种群 种群中幼体比例很小，而老年个体比例较大，出生率小于死亡率。种群趋于衰退甚至消失。

性比是指一个雌雄异体的种群所有个体或某个龄级的个体中雄性对雌性的比率。性比是种群结构的一个要素，它反映了种群产生后代的潜力。

（三）种群的出生率和死亡率

1. 出生率

出生率是指种群产生新个体的能力。

（1）最大出生力（潜在出生力） 不受任何生态因子限制，种群处于理想状态时产生新个体的最大能力。反映了该生物的特性。

（2）实际出生力（生态出生力） 种群在一定的环境条件下产生新个体的能力。反映了环境对该种群的影响。

2. 死亡率

死亡率是指单位时间内种群死亡的个体数。

（1）最低死亡率 种群处于理想状态时的死亡率。

（2）实际死亡率 种群在一定环境条件下的死亡率。又称生态死亡率，不仅受环境条件的影响，而且受种群大小和年龄组成的影响。

（四）种群的内禀增长率与环境容纳量

（1）内禀增长率 在没有任何环境因素（食物、领地和其他生物）限制的条件下，由种群内在因素决定的稳定的最大增殖速度，也称生物潜能或生殖潜能。种群的内禀增长率与观测到的种群实际增长率之差可以看作环境阻力的度量。

（2）环境阻力 就是妨碍种群内禀增长率实现的环境限制因素的总和。

（五）种群的空间分布

由于自然环境（栖境）的多样性以及种内、种间个体之间的竞争，每一个种群都呈现特定的分布形式。种群的分布有三种基本类型：随机的，均匀的，成丛的（或聚集的）。

三、种群的动态

（一）生命表和生命曲线

生命表又称寿命表或死亡率表，它可用来综合评定种群各年龄组的死亡率和寿命，预测某一年龄组的个体能活多少年，还可以看出不同年龄组的个体比例情况。

依据生命表可以绘制存活曲线（图 3-4）。存活曲线是反映种群在每个年龄级生存的数目。存活曲线以年龄为横坐标，以相应的存活个体数或存活率为纵坐标，在平面内绘制而成。通常纵坐标是取存活数目的对数，这样使图形更加直观些。存活曲线通常分为三种基本类型。

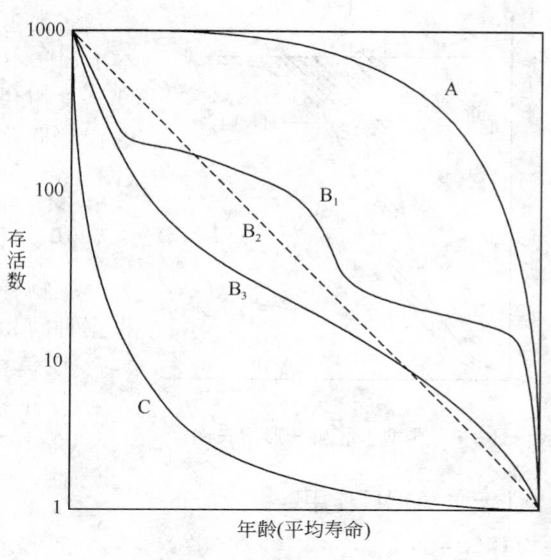

图 3-4　存活曲线图

（1）A 型　凸型的存活线。表示种群在接近生理寿命前，死亡率一直很低，直到生命末期死亡率才升高。许多大型动物包括人类属于或接近这种类型。

（2）B 型　B 呈对角线的存活曲线。即种群下降的速率从开始到生命后期都是相等的，表明在各个时期的死亡率是相等的。典型的 B_2 型曲线在自然界是不多的。B_1 为阶梯形曲线，表明在生活史各个时期的存活率变化激烈，差别很大，在生活史中存在若干非常危险的时期，如完全变态的昆虫属于这一类。B_3 曲线为 S 形，它表示在幼体时死亡率较高，但到成年期死亡率降低，直到达到较为稳定的状态。

（3）C 型　凹型的存活曲线。表示幼体的死亡率很高，以后的死亡率低而稳定。属于这种类型的有鱼类、两栖类、海产无脊椎动物和寄生虫等。

（二）种群的增长型

1. 指数增长（J 形增长）

种群在无食物和生存空间限制的条件下呈指数式增长，种群个体的平均增长率不随时间变化（图 3-5）。

2. 逻辑斯蒂增长（S 形增长）

在自然条件下，环境、资源条件总是有限的，当种群数量达到一定量时，增长速度开始下降，种群数量越多，竞争越剧烈，增长速度也越小，直到种群数量达到环境容纳量（K）并维持下去。增长呈 S 形（图 3-6）。

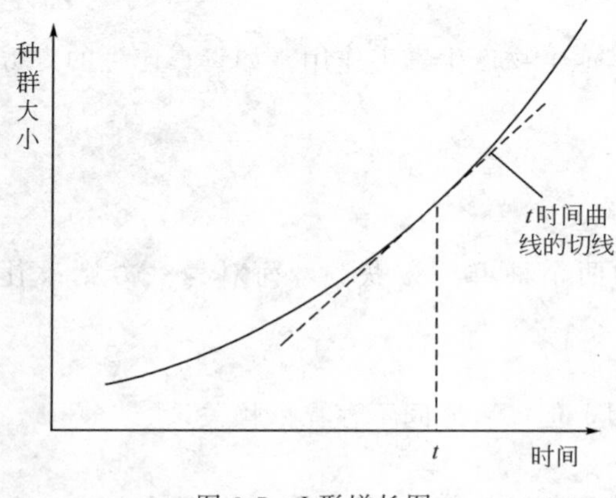

图 3-5　J 形增长图

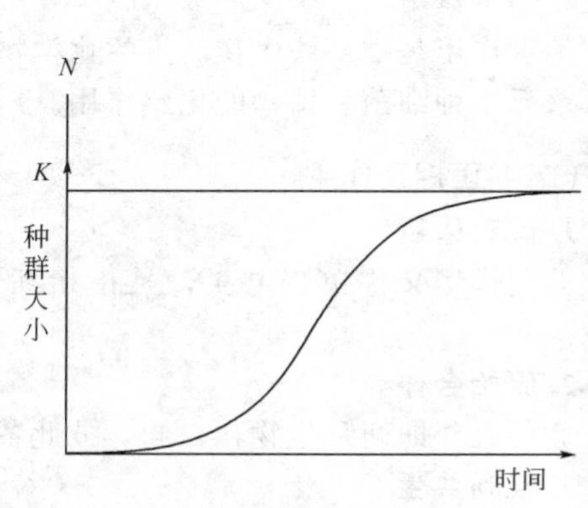

图 3-6　S 形增长图

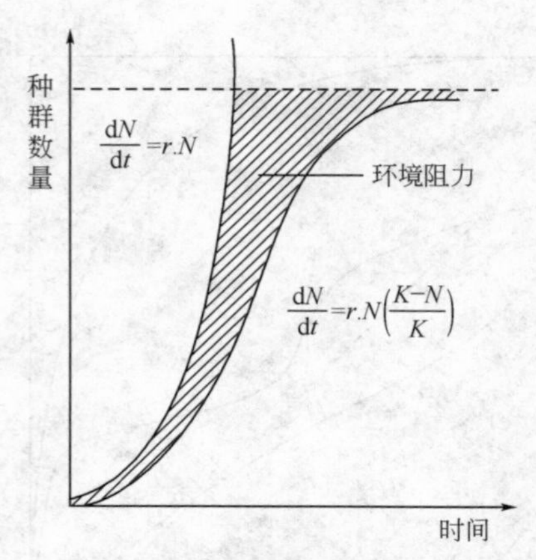

图 3-7 典型 J 形和 S 形增长图

多数生物的增殖，包括水稻和小麦分蘖数的增长基本上属于 S 形。多数种群在自然界由于受年龄结构、密度、食物和环境条件的影响，其增长的类型是多种多样的，种群数量变化的 J 形和 S 形增长只是两种典型情况（图 3-7）。

四、种群间的相互作用

生物种间存在着各种相互依存、相互制约的关系。根据种间相互作用的性质，可以分为以下三种类型。

① 负相互作用　结果至少一方受害（－）。

② 正相互作用　结果一方得利或双方得利（＋）。

③ 中性作用　结果是双方无明显的影响（0）。

（一）负相互作用

1. 竞争

广义的竞争是指两个生物争夺同一对象而产生的对抗作用。发生在两个或更多个物种个体之间的竞争称为种间竞争；发生在同一种群个体间的竞争称为种内竞争。

高斯的竞争排斥原理：在一个稳定的环境中，生态位相同的物种不能长期共存在一起。将高斯原理推广，在一个稳定的群落中，占据相同生态位的两个物种，其中必有一个物种最终被消灭；在一个稳定的群落中，没有任何两个种是直接的竞争者；群落是个生态位分化了的系统，种群之间趋于相互补充，而不是直接的竞争者。

2. 捕食

狭义的捕食是指肉食动物捕食草食动物。广义的捕食还包括草食动物吃肉食植物、植物诱食动物以及寄生等。

捕食和被捕食的关系是控制种群增长的一种作用力。在一个稳定的生态系统中，捕食者与被捕食者之间由于相互制约的结果，保持着相对平衡的状态。同时，由于共同进化的结果，捕食者和被捕食者、寄生者和寄主之间的负相互作用趋向于减弱。

3. 寄生

寄生是指一个种（寄生者）寄居于另一种（寄主）的体内或体表，从而摄取寄主的养分以维持生活的现象。

4. 偏害作用

偏害作用是指某些生物产生的化学物质对其他生物产生毒害作用。如青霉产生的青霉素可以杀死多种细菌和植物的化感作用。

（二）正相互作用

1. 偏利作用

偏利作用又称单惠共生，是指相互作用的两个种群一方获利，而对另一方则没什么影响。

2. 原始合作

原始合作即两种生物在一起，彼此各有所得，但二者之间不存在依赖关系。

3. 互利共生

互利共生是一种专性的、双方都有利并形成相互依赖和能直接进行物质交流的共生关系。

（三）次生代谢产物在种间关系中的作用

次生代谢物是一些非基本生命活动所必需的物质，与生物的基础代谢无直接的关系。主要是生物碱、萜类、黄酮类、醌类、酚酸类、脂族化合物、非蛋白质氨基酸、聚乙炔类、生氰糖苷、单宁、多环芳香族化合物等。

化学生态学是研究生物之间以及生物和非生物环境之间化学联系的科学。生物的次生代谢产物是生物之间建立化学联系的媒介。

化感作用指植物（包括微生物）通过向周围环境中释放化学物质影响邻近植物生长发育的现象。

1. 植物与植物的化感作用

植物与其邻近的植物之间的化感作用。

2. 植物与微生物的化感作用

青霉菌与燕麦；蘑菇圈现象。可利用微生物的拮抗作用防治病虫害。

3. 植物与草食动物间的化学相互作用

植物借助于植物毒素来保护自己。植物的次生代谢物质对昆虫的行为有 3 种作用：吸引、排斥、中性。

4. 动物信息素

信息素指动物通过外分泌腺向外分泌携带着特定的信息、借助气流或水流使其他个体嗅到或接触到后产生某些行为反应或产生某些生理变化的化学物质。

引起的行为反应包括性引诱、警戒、跟踪、聚集、防卫等。动物的群居、诱食、警戒、跟踪、防卫等行为与释放的化学物质有关。这种释放的化学信息叫信息素，可分为性信息素、报警信息素和跟踪信息素。

五、种群的生态对策

一切生物都处在一定的选择压力（竞争、捕食、寄生等）之下，每种生物对特定的生态压力都采取许多不同的生态对策或行为对策。

生态对策就是生物为适应环境而朝不同方向进化的“对策”，也即生物以何种形态和功能特征适应从而在其生境中生存和繁衍后代。生态对策有两种基本的类型，即 K 对策和 r 对策。

1. K 对策的生物

个体较大，寿命较长，存活率较高，要求稳定的栖息环境，不具较大的扩散能力，但有较强的竞争能力。其种群密度较稳定。

2. r 对策的生物

个体较小，寿命较短，存活率较低，但增殖率高，具较大的扩散能力，适应多变的栖息环境，其种群密度常出现大起大落的波动。

K 对策的生物遭到激烈的变动后，返回平衡的时间长，种群容易走向灭绝，如大象、鲸鱼、恐龙、大型乔木等。这类生物对稳定生态系统有重要作用，应加强保护。r 对策的生物虽竞争力弱，但繁殖率高，平衡受破坏后返回的时间少，灭绝的危险性小。

六、种群调节

（一）种群调节

种群调节是指种群数量的控制。种群的调节是物种的一种适应性反应。

1. 密度制约

密度制约是指通过密度因子对种群大小的调节过程。有种内调节、种间牵制两种情况。

2. 非密度调节

非密度调节主要指非生物因子（包括气候因素、污染物、化学因素等）对种群大小的调节。

（二）农业有害生物种群的综合防治

有害生物是指造成农业生物不可忽略的损失的生物，包括各种有害昆虫、病原菌、杂草及其他有害的动物（老鼠等）。

有害生物的综合防治是“根据有害物种有关的环境和种群动态整体，尽可能协调地应用一切合适的技术和方式，使有害种群数量保持在低于经济损失水平以下的有害生物管理系统”。害虫综合防治的措施包括：生物防治、化学防治、农业技术防治、抗性品种的应用、动植物检疫、物理防治和利用昆虫信息素控制害虫等。

复习思考题

1. 简述种群结构的特点及应用。
2. 简述种群的动态特点及在农业生产上的应用。
3. 简述种群间的相互作用在农业生产上的应用。
4. 简述种群的生态对策特点及在农业生产上的应用。

任务四　农业生态系统的生物群落

学习重点

◆ 生物群落的定义与类型特点。
◆ 生物群落的结构特点。

学习难点

◆ 群落的特征与应用。
◆ 群落的结构在生产上的应用。
◆ 群落的演替与人工调控技术。

生物群落是指在一定地段或生境中各种生物种群所构成的集合。

一、群落的基本特征

（一）群落的特征

1. 具有一定的种类组成

群落是由一定的植物、动物和微生物种类组成的，为研究的方便，常把群落按物种分为植物群落、动物群落和微生物群落等。

2. 具有一定的结构

群落本身具有一定的形态结构和营养结构。如生活型组成、种的分布格局、成层性、季相、捕食者和被食者的关系等。

3. 具有一定的动态特征

生物群落是生态系统中有生命的部分，生命的特征就是不断运动，群落也是如此。其运动形式包括季节变化、年际变化、演替与演化。

4. 不同物种之间存在相互影响

群落中的物种以有规律的形式共处，即是有序的。一个群落的形成和发展必须经过生物对生物的适应和生物种群的相互适应。

5. 具有一定的分布范围

任何一个群落只能分布在特定的地段和生境中，不同群落的生境和分布范围不同。全球范围内的群落都是按一定的规律分布的。

6. 形成一定的群落环境

生物群落对其居住环境产生重大影响。如森林中都形成特定的群落环境，与周围的农田或裸地大不相同。

7. 具有特定的群落边界特征

在自然条件下，有的群落有明显的边界，有的边界不明显。前者见于环境梯度变化较陡或者环境梯度突然中断的情形，如陆地和水环境的交界处湖泊、岛屿等。

（二）群落的类型与分布

群落的分布往往受环境梯度的制约，表现出明显的纬度地带性、经度地带性和垂直地带性。

1. 纬度地带性

主要受温度梯度的影响。北半球欧亚大陆从南到北，随着纬度增加，热量减少，形成了以热量为主的环境地带性分布，从南到北植被类型依次是：热带雨林、季雨林、常绿阔叶林、落叶阔叶林、针叶林、草原、荒漠。

2. 经度地带性

主要受水分梯度的影响。如我国从东到西因距海远近造成水分的差异。相应分布着：湿润森林、半干旱草原、干旱荒漠等不同的植被类型。

3. 垂直地带性

随海拔高度的增加，地形地势、热量和水分等环境因子条件会发生变化，相应物种的分布也会受到影响。

二、群落的结构

1. 群落的水平结构

群落的水平结构是指群落在水平方向上的配置状况或水平格局，也称群落的二维结构。

农业生产中的农、林、牧、渔以及各业内部的面积比例及其格局是农业生态系统的水平结构。控制农业生物群落的水平结构有两种基本方式。

（1）在不同的生境中因地制宜选择合适的物种，宜农则农，宜林则林，宜牧则牧。

（2）在同一生境中配置最佳密度，并通过饲养、栽培手段控制密度的发展。各种农作物、果树、林木的种植密度、鱼塘的养殖密度、草场的放牧量等都对群落的水平结构及产量有重要影响。

2. 群落的垂直结构

（1）群落的垂直结构　群落的不同物种或类群出现在地面以上不同的高度或水面以下不同的深度，是群落充分利用空间的一种途径。如森林群落的分层和水体中不同藻类的分层。

（2）农业生物的垂直结构　如作物的间套作、特殊类型（稻田养鱼、鱼塘养鸭等）、鱼的分层放养等。

3. 群落的时间结构

光、温度和水分等很多环境因子有明显的时间节律（如昼夜节律、季节节律），受这些因子的影响，群落的组成和结构也随时间序列发生有规律的变化，这就是群落的时间结构。时间结构是群落的动态特征之一，它包括两方面的内容：一是自然环境因素的时间节律所引起的群落各物种在时间结构上相应的周期变化；二是群落在长期历史发展过程中，由一种类型转变成另一种类型的顺序变化，亦即群落的演替。

4. 群落的交错区与边缘效应

（1）群落的交错区　是两个或多个群落或生态系统之间的过渡区域。

（2）边缘效应　是指增加了交错区中物种的多样性和种群密度，而且增大了某些生物种的活动强度和生产力的现象。

如森林与草原交界地带、海湾、沿河两岸、河口三角洲等，又如滩涂的利用、城郊农业、间作、基塘系统等。

三、群落的演替

指生态系统内的生物群落随着时间的推移，群落种的一些物种消失，另一些物种侵入，出现群落与其环境向着一定方向有顺序地发展变化。

1. 自然群落演替

按群落的发展方向和趋势划分，演替分为进展演替与逆行演替；按演替发生的基质划分，演替有原生演替和次生演替。

自裸地上或深层水体下开始的演替称原生演替。在原有植被已被破坏但保存有土壤和植物繁殖体的地方开始的演替称为次生演替。

2. 自然群落演替的趋势

无论原生演替或次生演替，生物群落总是由低级向高级、由简单向复杂的方向发展，经过长期不断的演化，最后达到一种相对稳定的状态。

在演替过程中，生物群落的结构和功能发生着一系列的变化，群落中生物种类随演替而变换。r 型生物大多被 K 型生物所替代；生物种类数目增多；群落内部结构的分层现象更加明显；群落的食物链由简单变得更为复杂，形成食物网，稳定性更强。

3. 演替与人工调控

仿自然演替对农业生态系统进行人工调控。

（1）建立木本农业　包括有多年生木本植物在内的农林复合系统。

（2）仿建顶级群落　仿自然顶极群落结构建造乔、灌、草相结合的人工群落，可有效治理水土流失。

（3）仿自然演替过程促进农业生产　早期重视先锋植物的作用，环境改善后再安排农业生物。

四、协同进化

协同进化是指在种间相互作用的影响下，不同种生物间相关性状在进化中得以形成和加强的过程。实质是在进化的压力下，群落中关系密切的种之间，相互选择适应性基因的一种作用。

物种的多样性是群落生物组成的重要指标。群落的多样性与物种的丰富度及物种的均匀度密切相关。多样性高导致稳定性好。也有学者不同意这种说法。如热带雨林物种多样性高，但更易受人类的干扰而不稳定；相反像沼泽地、滨海群落物种少，但系统却很稳定。

五、生物多样性的概念

1. 生物多样性的定义

生物多样性是生物及其与环境形成的生态复合体以及与此相关的各种生态过程的总和。生物多样性主要包括生态系统多样性、物种多样性、遗传多样性三个层次。

（1）生态系统多样性　是指生物及某一生态系统内生态环境、生物群落和生态过程的多样化，也称生态多样性。包含生态系统组成（生物群落和无机环境）的多样性、生态系统类型的多样性、生态系统结构和功能的多样性。

（2）物种的多样性　物种是指具有一定形态特征和生理特性以及一定自然分布区的生物类群。同一物种不同个体的遗传特征十分相似，能够繁殖出有繁殖能力的后代。

（3）遗传多样性（基因多样性）　包括基因密码的多样性、变异和遗传规律的多样性。

2. 生物多样性的价值

（1）为人类提供了基本食物，是人类食物的根本和不可替代的来源（现实和潜在）。

（2）人类药物和衣着的主要来源。

（3）提供多种多样的工业原料，如木材、纤维、橡胶、造纸原料、天然淀粉、油脂等。

（4）生物多样性是维护自然生态平衡的基础。

（5）生物多样性是遗传育种的基因源泉。

六、分子生态学及其在生物多样性研究中的应用

1. 分子生态学

是应用分子生物学方法为生态学和种群生物学各领域提供革新见解的生态学分支学科。分子生态学将研究的焦点集中在自然或引入的个体及种群与环境的相互作用下引起的基因变化与生物化学变化、重组或基因修饰的个体环境释放后的生态学后果等相关问题的研究上。

2. 分子生态学的技术

主要是指分子标记分析技术。分子标记是以生物大分子（核酸或蛋白质）变异为检测基础的遗传标记，它必须同时具备可稳定遗传与可明确检测两个特点。包括等位酶分析技术和DNA 分析技术。

七、农业生态系统中的生物多样性

1. 农业活动对生物多样性的影响

（1）土地的农业利用对生物多样性的影响　随着世界人口的不断增长，越来越多的山林地、沼泽地（湿地）被开发用于发展农业生产。这些土地的农业利用往往使原生态环境破碎或发生根本性的变化，从而导致生物种类多样性的变化甚至某些生物种的灭绝。

（2）农业耕作方式对生物多样性的影响　耕作由于改变土壤物理环境，如水分、空气、紧实度、孔隙度和温度等，从而对土壤野生生物的种群产生影响。

（3）农田杂草防治措施对生物多样性的影响　除草剂的使用不仅导致植物多样性减少，而且对一些与植物种密切相关的动物、微生物的多样性也产生明显的影响。

（4）杀虫剂及其使用对生物多样性的影响　农业生产中大量使用杀虫剂、杀菌剂，在有效防治病虫害的同时对非靶标生物产生明显的不良影响。

（5）放牧对草地生物多样性的影响　草原放牧强度和方式直接影响到植物群落结构和植物多样性程度。

（6）作物间套轮作对生物多样性的影响　农田作物间、套作打破单一的作物结构，作物多样性提高，对昆虫种类和数量的增加及农田生物多样性的提高起着直接的积极作用，同时，作物间套作还有利于杂草、虫害的控制，从而减少农药的使用，对于生物多样性的保护起间接作用。

（7）农业动植物品种改良对农业生态系统中遗传多样性的影响　品种改良是提高农业生产效率的重要手段之一。由于品种单一化易发病，农家优良品种丧失，遗传多样性减少。

2. 中国农业生物多样性的特殊性

主要有栽培和养殖物种种类繁多、野生生物种类繁多、物种特有性、生态环境类型特有性、人为因素直接影响农业物种数量和生态环境分布等。

随着农业种植区域土地集约化利用程度增高，形成了栽培作物单一分布的局面，使传统的多样化种植物种和品种分布面积缩小或消失，造成许多以农业区域为主要栖息地的动物种群大大减少或消失。

3. 威胁中国农业生物多样性的因素

（1）土地过度开发利用　毁林开荒、围湖造田、过度放牧等。

（2）土地集约化　化肥、农药等高投入，农业措施单一化。

（3）污染　工业污染、城市垃圾、农业污染等。导致生态环境质量和产品质量下降，物种减少等。

（4）物种单一　普遍推广高产品种，一些品种的优良性状丧失，野生种类下降。

4. 中国农业生物多样性的保护与开发利用

（1）就地保护措施　设立自然保护区、基本农田保护区、商品粮基地等；开展生态农业建设；治理和改善生态环境。

（2）迁地保护措施　主要措施有建立种质资源库、圃；野生植物引种栽培。有些珍稀植物已开始作为绿化植物引进栽培，如作为“活化石”的银杏、水杉；农业上还引进种植了花卉和观赏植物、药用植物、食用植物和其他经济价值大的植物种类。栽培野生植物包括药用和观赏用在内达1000种以上。

（3）野生动物驯养　野生动物驯养主要解决了人工条件下繁殖和大量生产的问题，在客观上人为地保存了物种，减少了因经济需要而滥肆捕杀的风险。中国在此方面进行了多种有益的工作，取得了显著成效，如东北虎、梅花鹿等的驯养和繁殖。

还有人工繁殖与放养、人工生态库建设、异地放养、离体人工保存动物精液等。

复习思考题

1. 简述群落的特征。
2. 简述群落的结构类型与特点。
3. 简述群落的类型与分布特点。
4. 简述农业活动对生物多样性的影响。

任务五 农业生态系统的综合结构

学习重点

◆ 生态系统的物种结构定义与类型特点。
◆ 生态系统的时间结构定义与类型特点。
◆ 生态系统的空间结构定义与类型特点。

学习难点

◆ 物种结构在农业生产上的应用。
◆ 时间结构在农业生产上的应用。
◆ 空间结构在农业生产上的结构。

一、农业生态系统的综合结构概述

(一)定义

生态系统的结构是指生态系统组分在空间、时间上的配置及组分间的能、物流顺序关系。生态系统的结构是功能的基础，只有合理的结构才能产生高效的功能。

(二)生态系统的结构

生态系统的结构就包括生物组分的物种结构(多物种配置)、空间结构(多层次配置)、时间结构(时序排列)、食物链结构(物质多级循环)，以及这些生物组分与环境组分构成的格局。

1. 物种结构

生物物种是生态系统物质生产的主体。不同生物种类的组成与数量关系的格局构成生态系统的物种结构。

2. 时间结构

时间结构指在生态区域内各生物种群生活周期在时间分配上形成的格局。

3. 空间结构

空间结构是指生物群落在空间上的垂直和水平格局变化，构成空间三维结构格局。

(1) 水平结构　指在一定的生态区域内，各种生物种群所占面积比例、镶嵌形式、聚集方式等水平分布特征。

(2) 垂直结构　指生物种群在垂直方向上的分布格局。在地上、地下和水域都可形成不同的垂直结构。

4. 营养结构

营养结构指生态系统中生物间构成的食物链与食物网结构。食物网是生态系统中物质循环、能量流动和信息传递的主要途径。

(三)合理农业生态系统结构的标志

主要有生物适应环境、生物与生物之间相互配合、组分之间量比关系协调、有利于农业生产的可持续发展、有较高的生产力和经济效益等。

二、农业生态系统的水平结构

(一)农业生态景观与农业生态系统的水平结构

1. 景观多样性

农业景观是由多种类型的在景观上有差异的农业生态系统集合所组成的区域。景观多样性的特点：只有多种生态系统的共存，才能保证物种多样性和遗传多样性；只有多种生态系统的共存，并与异质的立地条件相适应，才能使景观的总体生产力达到最高水平；只有多种生态系统的共存，才能保障景观功能的正常发挥，并使景观的稳定性达到一定水平。

2. 边缘效应与生态交错带

在景观中不同斑块连接之处的交错区域为生态交错带。在生物圈中，有如下一些交错带类型。

（1）城乡交错带　在城市与农村之间的过渡地带。由于人口数量和质量、经济和物质能量交换水平等因素，使得这一过渡带表现出十分迅速和不稳定的特征。

（2）干湿交错带　从比较湿润向比较干燥变化的过渡地带。

（3）农牧交错带　在农业地区和牧业地区的衔接处形成的交界地带。

（4）群落交错带　不同生物群落之间的交界地带。如森林与草原、草原与湖泊之间的交界地带。

（三）社会经济条件对农业生态系统水平结构的影响

1. 人口密度梯度

人口密度对农业生态系统结构的影响是综合的。人口密度增加使人均资源量减少、劳动力资源增加、对基本农产品的需求上升。这样必然使农业向劳动密集型转化。

2. 城乡经济梯度

农业生态系统受城镇的影响，即离城镇的远近。

三、农业生态系统的垂直结构

（一）自然地理位置与垂直结构

1. 流域位置

从上游到中游再到下游，在海拔、温度、养分、水分、自然景观、生产力、经济发展等方面有变化。

2. 地形变化

（1）大尺度地形变化　如四川、云南高原随海拔变化的农业生态系统的结构：从低热层的甘蔗、冬春季蔬菜、热带性果树、药材等到中暖层的粮、油、生猪、蚕桑、烤烟等再到高寒层的细毛羊、冷杉、铁杉等的变化。

（2）小尺度地形变化　如广东潮州市官塘区秋溪乡的农业生产布局，坡顶用材林，坡腰经济林、果树，坡脚果树，旱地蔬菜、旱粮，水田水稻，低洼地养鱼等。

（二）农田立体模式

1. 农作物间作

玉米间作大豆（甘薯、棉花），小麦间作棉花（蔬菜），棉花间作油菜等。

2. 稻田养鱼

鱼类取食浮游生物和水稻害虫，减少病虫害，增加水体氧气；鱼类的粪便和排泄物作为水稻的肥料。主要分布在四川、湖南、江西、江苏、广东。

（三）水体立体模式

1. 鱼的分层放养

利用鱼的不同食性和栖息特性分层。上层鱼有鲢鱼、鳙鱼，以浮游植物和动物为食；中层鱼有草鱼、鳊鱼，以浮萍、水草、蔬菜、菜叶等为食；下层鱼有鲤鱼、鲫鱼，以底栖动物、有机碎屑等杂物为食。

2. 鱼牧结构

如鱼鸭（猪、鸡、鹅等）混养。在粤、浙、苏一带有桑基鱼塘、蔗基鱼塘、花基鱼塘、果基鱼塘、杂基鱼塘（如牧草、蔬菜、粮作等）。

（四）养殖业立体模式

1. 分层立体养殖

节约棚圈材料和综合利用废弃物，如新疆米泉种猪场，上层笼养鸡，中层养猪，下层养鱼。

2. 林鱼鸭立体种养

如在湖北省新洲林科所，在低洼积水区进行林鱼鸭立体种养。

（五）农林立体模式

1. 农林业系统

（1）定义　同一土地单元或农业生产系统内既包含木本植物又包含农作物或动物的一种土地利用系统。

（2）特点　复合性、系统性、集约性。在发展中国家发展迅速。

2. 农林业模式举例

（1）桐粮间作　华北平原已达300多万公顷。分布在河南、山东等地。有以农为主、以桐为主、桐粮并重等几种类型。

（2）枣粮间作　华北、西北等地，尤其在河北、山东较多。有枣树为主、枣粮并举、农作物为主等类型。

（3）林胶茶复合经营　在热带地区（云南、海南等）。防护型立体结构，具有良好的环境（减少水土流失、减少病虫害等）和经济效应。如海鸥农场茶叶作为绿色食品，效益很好。

（4）林药间作　许多药用植物喜阴凉、湿润的环境。

南方丘陵区：杉木、桐树与黄连、魔芋、天麻、三七、胡椒、肉桂、咖啡、可可等；华北平原：泡桐间作芍药、贝母、板蓝根、天南星、金银花等；东北：松树、杉树间作人参、桔梗等；三北农牧区：胡杨间作甘草等。

3. 立体结构的生态学基础

（1）对资源利用的种间互补（空间、时间、营养等）。

（2）对系统稳定性方面的互补（抗灾、减少病虫害、改善生境、提高土壤肥力等）。

四、农业生态系统的营养结构

（一）食物链

食物链是指生物成员之间通过取食与被取食的关系所联系起来的链状结构。食物链是生态系统营养结构的基本单元，是物质循环、能量流动、信息传递的主要渠道。

（二）食物链的类型

1. 捕食食物链

从绿色植物开始，再到草食动物，最后到肉食动物。如青草-兔子-狐狸-老虎。

2. 腐食食物链

又叫碎屑食物链，主要以死的有机体或生物排泄物为食物，将有机物分解为无机物。如植物残体-蚯蚓-鸡。

3. 寄生食物链

以寄生方式取食活的有机体而构成的食物链。如大豆-菟丝子，蛔虫-马（牛）。

（三）食物链结构类型

1. 食物链加环的作用

（1）提高农业生态系统的稳定性。农业生态系统食物链结构简单，引入捕食性昆虫或动物可抑制病虫害发生。

（2）提高农副产品的利用率。

（3）提高能量的利用率和转化率。

2. 食物链加环类型

（1）生产环　将非经济产品转化为经济产品。

（2）增益环　加大了生产环的效益，如猪、鸡粪-蚯蚓-饲料-促进猪、鸡的消化。

（3）减耗环　捕食性天敌的引入，减少生产消耗，增加系统生产力。

（4）复合环　具有两种以上的功能。稻田养鱼、鸭具有减耗、生产的功能。

（5）加工环　通过加工增值，有传统加工、多次加工等。木材-家具；玉米-淀粉、玉米油。食物链加环应注意：加环并非越长越好；讲究综合效益。

3. 食物链解列

（1）处理污染土壤　非食用的用材林、薪炭林或花卉等。

（2）污水处理　生物净化，如凤眼莲、浮萍、水花生、芦苇、宽叶香蒲、水葱、香根草等。

4. 食物链结构举例

（1）以养殖业为主　鸡粪喂猪，猪粪养蝇蛆，蝇蛆作饲料喂鸡，剩余猪、鸡粪回到农田循环利用。

（2）畜禽-沼气食物链结构

① 以沼气为纽带　如畜-沼-果模式。

② 北方四位一体庭院能源生态模式　厕所-猪舍-沼气-温室。

（3）秸秆多级利用　秸秆-培养食用菌-菌渣作畜禽饲料-养鸡-鸡粪下沼气-沼气渣培养食用菌-废料施于农田。

（4）以污水自净为中心　辽宁大洼县西安生态养殖场，三段净化四次利用。猪舍-水葫芦（吸 N）-细绿萍（吸 P、K）-鱼塘-稻田。

五、农业生态系统的时间结构

（一）农业生态系统的时间结构

农业生态系统的时间结构是指在生态系统内合理安排各种生物种群，使它们的生长发育及生物量积累时间错落有序，充分利用当地自然资源的一种时序结构。

（二）时间结构的方式

在农业生产中，调节农业生物群落时间结构的方式为间作、轮作、套作、轮养、套养等。

1. 作物套作

（1）小麦套玉米　华北地区，小麦收获前 15～20d 套种。

（2）麦-棉-绿肥间套作　南北方粮棉种植区均普遍。

（3）作物与蔬菜套种　小麦-菠菜-番茄-大白菜四种四收结构。

（4）果农间套作　幼龄果园间套作一年生作物，以短养长。

2. 轮作、轮养

（1）作物的轮作　如湖南的豆稻轮作；太湖流域的粮食作物-绿肥作物轮作；东北玉米轮作大豆。

（2）稻鱼轮作　种一季稻，养一季鱼。

（3）动物的轮养、套养　如鱼的轮养，同时放足不同大小规格鱼种，分期分批捕捞；同一规格鱼种多次放养，多次收获；动物的轮牧如牛-马或羊。

3. 农业生产模式的演替

新开垦土地：耐瘦瘠作物（牧草、绿肥、木薯等）-中产作物-玉米、小麦-蔬菜。美国的中央谷地：放牧草场-大田谷场-经济作物-蔬菜-水果-花卉园艺。食品生产：传统食品-无公害食品-绿色食品-有机食品生产等。

复习思考题

1. 简述农业生态系统的时间结构的特点及在生产上的应用。
2. 简述农业生态系统的营养结构的特点及在生产上的应用。
3. 简述农业生态系统的水平结构的特点及在生产上的应用。

任务六　农业生态系统的能量流

学习重点

◆ 初级生产能量转化的定义与类型特点。
◆ 次级生产能量转化的定义与类型特点。
◆ 生态系统中辅助能的定义与类型特点。

学习难点

◆ 提高农业初级生产力的途径。
◆ 次级生产的改善途径。
◆ 农业生态系统能流关系的调整方向。

任何生命过程无不自始至终贯穿着能量、物质和信息的有组织、有秩序的流动。能量的输入、传递、转化、做功是生态系统最重要的功能；农业生态系统的能量流动是体现农业生产持续运转的基本过程。

一、初级生产的能量转化

（一）初级生产中的能量平衡关系

1. 初级生产

初级生产是指自养生物利用无机环境中的能量进行同化作用，在生态系统中首次把环境的能量转化成有机体化学能并储存起来的过程。

其中绿色植物光合作用固定太阳能生产有机物的过程是最主要的初级生产，是生态系统能量流动的基础。初级生产者包括绿色植物和化能合成细菌等。

2. 净初级生产量

净初级生产量＝总初级生产量－呼吸量

（二）初级生产力的潜力估算与分析

1. 作物生产力估算的重要意义

（1）提供作物的理论产量，定量表达在一定的气候、土壤和农业技术水平下作物可能达到的生产能力，预示农业的发展前景。

（2）是国家或地区制定农业发展规划、确定投资方向及有关农业政策的依据。

（3）是估算土地人口承载能力的基础。

（4）是揭示作物生育规律、产量形成与环境条件相互作用机制以及定量分析资源利用程度、生产潜力、产量限制因素等的有效手段。

2. 初级生产力测定的方法

主要分为直接测定和间接测定。直接测定是测定初级生产者的生物量；间接测定是通过测定初级生产者的代谢活动情况，如测定 O_2 或 CO_2 的浓度变化等再对初级生产力进行推（估）算。使用光合作用测定仪测定和利用遥感（卫星）技术间接测定则是比较先进的方法。

（三）提高农业初级生产力的途径

（1）因地制宜，增加绿色植被覆盖，充分利用太阳辐射能，增加系统的生物量通量或能通量，增强系统的稳定性。

（2）适当增加投入，保护和改善生态环境，消除或减缓限制因子的制约。

（3）改善植物品质特点，选育高光效的抗逆性强的优良品种。

（4）加强生态系统内部物质循环，减少养分、水分制约。

（5）改进耕作制度，提高复种指数，合理密植，实行间套种，提高栽培管理技术。

（6）调控作物群体结构，尽早形成并尽量维持最佳的群体结构。

二、次级生产的能量转化

1. 次级生产定义

（1）次级生产　是指异养生物的生产，也就是生态系统消费者、分解者利用初级生产量进行的同化、生长发育、繁殖后代的过程 。

（2）次级生产者　大农业中的畜牧水产业和虫、菌业生产都属次级生产。

2. 次级生产在农业生态系统中的作用

主要有转化农副产品，提高利用价值；生产动物蛋白质，改善食物构成；促进物质循环，增强生态系统功能；提高经济价值等作用。

3. 我国农业生态系统的次级生产

（1）生产结构上　我国应由以猪为主的单一结构向禽、蛋、猪、水产多元结构转变。加快发展家禽。

（2）次级生产精料转化效率低　主要原因是饲料资源高度分散和蛋白质饲料短缺。我国应大力提高饲料转化率，发展高蛋白质饲料。

4. 初级生产与次级生产的关系

二者的关系为次级生产依赖初级生产；合理的次级生产促进初级生产；过度放牧破坏初级生产，使草原退化。

5. 次级生产的改善途径

（1）调整种植业结构，建立粮-经-饲三元结构。

（2）培育、改良、推广优良畜禽渔品种。

（3）将分散经营适度集约化养殖。

（4）大力开发饲料，进行科学喂养。

（5）改善次级生产构成，发展草食动物、水产业，发展腐生食物链，利用分解能等。

三、生态系统中的辅助能

1. 生态系统的辅助能的类型

- 自然辅助能：风、雨、流水、潮汐、地热
- 人工辅助能（artificial auxiliary energy）
  - 生物辅助能：劳力、畜力、有机肥、种子种苗等
  - 工业辅助能：
    - 直接工业辅助能（煤、石油、天然气等）
    - 间接工业辅助能（化肥、农药、薄膜等）

2. 人工辅助能对农业增产的意义

（1）辅助能输入的作用是改善不良的生态环境条件，解除环境中一些限制因子的制约，促进农作物对日光能的吸收、利用和转化。

（2）总的来说，随着人工辅助能投入的增加，特别是工业辅助能投入量的增加，农作物产量明显提高。

（3）工业辅助能投入的增加也带来了能源短缺、环境污染和成本提高等问题。今后应优化辅助能投入，提高辅助能的利用效率。未来农业应该更多地投入科学技术和信息，替代工业辅助能的直接投入。

3. 农业生态系统的能流特征和转化效率

（1）自然生态系统与农业生态系统的比较　自然生态系统主要是自然辅助能。农业生态系统是自然辅助能和人工辅助能。

（2）不同类型农业生态系统的比较（不同历史发展时期）　原始农业：辅助能投入少，生产力低。传统农业：辅助能投入多，生产力相对高。现代农业：辅助能投入更多，生产力大大提高、次级生产的途径改善。

四、生态系统的能量关系

1. 生态系统的能流路径

（1）太阳辐射能通过光合作用进入生态系统，成为生态系统能量的主要来源。

（2）以植物有机物质形式储存起来的化学潜能，沿着食物链和食物网流动，驱动生态系统完成物质流动、信息传递等功能。

（3）化学潜能储存在生态系统的生物组分内，或者随着产品等输出，离开生态系统。

（4）植物、动物和微生物有机体通过呼吸作用释放热能并散失。

（5）辅助能对以太阳辐射能为始点、以食物链为主线的能量流动起辅助作用。

2. 生态效率和生态金字塔

（1）生态效率　即食物链各环节上的能量转化效率。

（2）生态金字塔　是指由于能量每经过一个营养级时被净同化的部分都要大大少于前一个营养级，当营养级由低到高，其个体数目、生物量或所含能量就呈现类似埃及金字塔的塔形分布。

（3）林德曼的十分之一定律　在自然条件下，每年从任何一个营养级上能收获到的生产量，按能量计只不过是它前一个营养级生产量的十分之一左右。

3. 能量与人类社会的发展

（1）能量是生态系统一切过程的驱动力，能量的开发利用是人类社会发展的必要条件。

（2）当今世界经济和农业的发展是以能量消耗的增加为条件的。

4. 农业生态系统能流关系的调整方向

（1）重视初级生产，扩大绿色植物面积，提高光能利用效率，为稳定环境和扩大能流规模奠定基础。

（2）调整生物组合，优化农业生态系统结构。

（3）开发农村新能源，提高生物能的利用效率。

（4）开发和推广节能降耗技术。

（5）优化人工辅助能投入，提高能量利用效率。

（6）大力发展农业科技和信息产业。

复习思考题

1. 提高农业初级生产力的途径有哪些？
2. 次级生产的改善途径有哪些？
3. 简述农业生态系统能流关系的调整方向？

任务七　农业生态系统的效益与调节控制

学习重点

◆ 农业生态系统的效益与调节控制的定义及类型特点。

◆ 中国的生态问题及防治。

◆ 农业生态系统的调节控制方法。

学习难点

◆ 水土流失的原因、危害及防治。

◆ 沙漠化的原因、危害及防治。

◆ 土壤盐碱化的原因、危害及防治。

一、农业生态系统的效益与调节控制

农业效益是指农业能够满足人类利益的效果。包括社会效益、经济效益、生态效益。

1. 农业的社会效益

（1）农业社会效益的定义　社会效益通常是指农业满足人类社会最基本需求的效果，包括食物、衣着、燃料、住房和就业机会。决定了农业在社会稳定中的基础地位。

（2）农业对人类基本需求的不可替代性　大多数食物、饮料和药用植物还未找到可替代的工业品；代用品的性能比不上天然产品；某些代用品的生产成本昂贵，无法与相应的农产品竞争；消费者对农产品的消费习惯难以改变；代用品也遇到能源或其他资源缺乏的限制；有些产品也出现农产品替代工业品的趋势。

2. 农业的经济效益

（1）农业的经济效益是指农业在促进社会经济发展方面的效果，包括劳动者通过农产品商品交换后获得的可用于扩大再生产和改善生活的利润，国家通过各种农业税从农业中获得的资金，以及农业生产和再生产过程中劳动占用和劳动消耗量同农业生产成果的比较。

农业经济效益常用产出与投入的比值来度量，比值越大说明经济效益越好，比值越小说明经济效益越差。

（2）收益递减规律是指资源转换系统的某一必要资源的输入从零开始不断增加，开始系统的输出量增加很快，当输入量达到一定水平后，输出量增加的速率逐步减慢、停止，甚至出现负值的现象。

收益递减规律出现的原因是具有一定结构的转换系统中的一种限制因子被逐步解除后另一些限制因子的限制作用逐步显现的结果。

（3）替代资源组合的经济规律即获得最佳经济效果的替代资源投入组合中，各种要素每元投入引起的产值增加相等。

3. 生态效益

农业的生态效益是指农业在保护和增殖资源、改进生态环境质量方面的效果。

二、中国的生态问题及防治

水土流失、沙漠化和土壤盐碱化是现代农业发展过程中面临的世界性的问题。因此，水土流失的控制、沙漠化的治理和土壤盐碱化的综合防治就是衡量生态效益的重要指标。

（一）水土流失

水土流失又叫土壤侵蚀，是土壤退化的首要问题，已成为中国的头号环境问题。

1. 水土流失的原因

水土流失是人为因素和自然因素综合作用的结果，是人口、资源环境、社会叠加效应的反映。主要有地形复杂，山地、高原、丘陵占国土面积 69%；大部分地区降雨集中，雨水的冲刷强度大；森林覆盖率低，且分布不均匀；迫于人口压力大肆开垦土地，特别是坡耕地。

自然因素是内因，人类活动是外因，而人口的增加和人类活动则是主要原因。

2. 水土流失的危害

主要有土壤表土中所含养分流失，造成土壤贫瘠；水域下游泥土淤积，阻塞航道、水库；造成流失区农民的贫困等。

3. 水土流失的防治

水土流失的治理必须从流域生态系统优化的角度出发，将生物、工程和农业措施相结合，以流域为单位，应用生态工程原理，实行山、水、田、林和路综合与连续治理。

水土保持的耕作技术措施能改变水土流失坡地的地面微环境，增加地面覆盖，减少水土流失。如等高种植、沟垄种植、间混套作、少耕免耕等；梯田工程；坡地退耕还林、还草。

（二）荒漠化

荒漠化是指包括气候变异和人类活动在内的各因素造成干旱地区的土壤退化。是人类面临的十大全球性生态环境问题之一。

1. 沙漠化日益加剧的原因

人类活动是沙漠化的主要外因，人口增长增加了生产的需求，加大了现有生产性土地的压力，使其逐渐演变为正在发展中的沙漠化土地。

2. 土地沙漠化防治技术

（1）林草措施营造农田防护网和防沙林带，降低风速，防止大面积流沙侵入绿洲，保护农田免受沙害。

（2）农田耕作措施通过增加地面覆盖增强地表抗蚀力。

（3）水利措施发展水利，增加农田有效灌溉，增加产量，改变广种薄收的种植方式，广大荒山荒坡退耕还林、还草。

（三）盐碱化

盐碱化指在土体中对作物生长有害的水溶性盐类的积累超过一定的限度，达到危害作物正常生长的一种土壤类型。

1. 盐碱化的成因

（1）自然因素有蒸发大于降雨的气候因素；地下水位高，水质矿化度大的水文因素；低洼内涝、易于积盐的地形因素；含盐高的海潮的浸渍。

（2）人为因素有主要由于排灌不利、耕作管理粗放，引起地下水位抬高，加之强烈蒸发，使得土壤表层积盐，发生次生盐碱化。

2. 土壤盐碱化的治理

（1）工程措施主要是改善农业生产基础条件所实施的治水、改土等农田水利工程。如排水、灌溉及其配套建筑物的建设等。

（2）生物措施主要有种植耐贫瘠、耐盐碱的作物，改善生态条件，逐步提高地利。

（3）农业措施主要有调整种植业和农业结构，合理利用土地资源，用养结合，培肥地力，提高土地生产力。

三、农业生态系统的调节控制特点

（一）农业生态系统的调控层次

1. 第一层调控

从自然生态系统继承的非中心式调控机制是农业生态系统的第一层调控。这个层次的调控通过生物与其环境、生物与生物的相互作用及生物本身的遗传、生理、生化机制来实现。

2. 第二层调控

由直接操作农业生态系统的农民或经营者充当调控中心的人工直接控制构成第二层调控。这个层次的人直接调度系统的重要结构与功能。农业生产技术是这个层次的主要调控形式之一。

3. 第三层调控

农业生态系统调控机制的第三个层次是社会间接调控。这一层次通过社会的财政系统、金融系统、工业交通系统、通信系统、行政系统、政法系统、科教系统等影响第二层次的农民或经营者的决策和行动，从而间接调控了农业生态系统。

（二）自然调控

1. 自然调控

自然生态系统的调控是通过非中心式调控机制实现的。

生态系统越趋于成熟，自然信息的沟通越丰富，控制系统所特有的和谐、协调、稳定等特点也就越明显。

2. 自然调控过程分类

（1）程序调控　生物的个体发育、群落演替都有一定的先后顺序，不会颠倒。群落的演替与物种间的营养关系、化学关系都有关。

（2）随动调控　动植物的运动过程能跟踪一些外界目标。向日葵的花跟着太阳转，植物的根向着有肥水的方向伸长。

（3）最优调控　生态系统经历了长期的进化压力，优胜劣汰，现存的很多结构与功能都是最优或接近最优的。

（4）稳态调控　自然生态系统形成了一种发展过程中趋于稳定、干扰中维持不变、受破坏后迅速恢复的稳定性。

这种稳态调控主要靠系统的功能组分冗余及系统的负反馈作用这两种机制来获得。

① 系统的功能组分冗余　在一个系统中，具有同一功能的组分数量超过必需的数量，处于备用状态，这称为系统的功能组分冗余。

② 系统的负反馈作用　系统的运行结果作为控制信息（反馈信息）回到系统调控中心，对系统未来动态产生影响，这种作用过程称系统的反馈作用。

反馈作用可分正反馈和负反馈。

（三）人工直接调控

1. 调控途径

（1）生态环境调控　土壤环境调控有物理、化学、生物等方法；气象因子调控有建棚舍、人工降雨、地膜覆盖、温室等；水分因子调控有修水库、水闸、灌溉方式等；火因子调控有地表火与林冠火、以火克火等。

（2）输入输出调控　有输入物质和能量、输出产品、控制非产品输出（污染物）等。

（3）生物结构调控　个体调控有品种改良、栽培、饲养等方法；群体调控有引进有益生物、控制有害生物等。

（4）系统的综合调控（系统模式）　有农林结合、农牧结合、农渔结合、林牧结合、利用腐生食物链等。

2. 农业技术体系的确定

（1）农业技术必须与农业生物的生理生态特性相适应　如良种与良法相结合（矮秆品种、抛秧等栽培技术）。

（2）农业技术必须与自然条件相适应　北方保温技术、南方防止水土流失等。

（3）农业技术必须与社会经济文化条件相适应　经济发达-人多地少-大型机械化（提高劳动生产率）；经济发达-人多地少-小型机械化（提高单产）；经济不发达-人多地少-劳力、智力（精耕细作）。

（四）社会间接调控

财贸金融调控有投资、利率、税收、价格等；工业交通调控有运输、储藏等；科技教育调控有宣传、教育、研究、推广等；政法管理调控有政策、法令、制度等。

复习思考题

1. 简述水土流失的原因、危害及防治措施。
2. 简述沙漠化的原因、危害及防治措施。
3. 简述土壤盐碱化的原因、危害及防治措施。

项目四

植物生长物质循环认知

项目目标

◆ 了解：农业生态系统中的养分循环与平衡。

◆ 理解：植物生产系统中主要物质循环的主要过程及其影响因素。

◆ 掌握：植物生长系统中物质循环的定义、特点及在农业生产上的应用。

项目说明

生态系统中的物质是指系统中生物维持生命所必需的无机和有机物质，包括碳（C）、氧（O）和氮（N）等几种大量元素及铜（Cu）、锌（Zn）和硼（B）等多种微量元素。如果说能量是生态系统维持与运转的基本动力，那么物质即是生态系统存在的基本形式，物质通过重组与分解的不断循环执行着系统的能量流动、信息传递等载体功能。因物质循环所经过的途径、循环中物质存在的形式等不同，故循环方式和特点有所差异。农业生态系统中的物质循环因受人类活动的调控与干扰，同自然生态系统的循环又有明显不同，既存在着物质循环效率提高的优点，同时也存在着某些物质循环不畅等问题。了解农业生态系统中物质循环的规律及问题，对分析系统的健康状况、保证系统功能的正常运转及对农业生态系统的结构优化有重要意义。

任务一 植物生长主要物质循环控制

学习重点

◆ 物质循环的特性指标与类型。

◆ 植物生长的主要物质循环的特点。

学习难点

◆ 人类活动对水的地质大循环的干扰及其对环境的影响。

◆ 人类活动对碳的地质大循环的干扰及其对环境的影响。

◆ 人类活动对氮的地质大循环的干扰及其对环境的影响。

◆ 人类活动对磷循环的干扰及其对环境的影响。

一、物质循环的概念及特征

（一）物质循环的概念

生物地球化学循环是指各种化学元素和营养物质在不同层次的生态系统内，乃至整个生物圈里，沿着特定的途径从环境到生物体，从生物体再到环境，不断进行流动和循环的过程。

几乎所有的化学元素都能在生物体中发现，但在生命活动过程中，只需要30～40种化学元素。这些元素根据生物的需要程度可分为以下两类。

1. 大量营养元素

这类元素是生物生命活动所必需的，同时在生物体内含量较多，包括碳（C）、氢（H）、氧（O）、氮（N）、磷（P）、钾（K）、硫（S）、钙（Ca）、镁（Mg）、钠（Na）。其中碳、氢、氧、氮、磷五种元素既是生物体的基本组成成分，同时又是构成三大有机物质（糖类、脂类、蛋白质）的主要元素，是食物链中各种营养级之间能量传递的最主要物质形式。

2. 微量营养元素

这类元素在生物体内含量较少，如果数量太大可能会引起不良反应，但它们又是生物生命活动所必需的，无论缺少哪一种，生命都可能停止发育或发育异常。这类元素主要有铁、铜、锌、硼、锰、氯、钼、钴、铬、氟、硒、碘、硅、锶、钛、钒、锡、镓等。

（二）描述物质循环的特性指标概述

1. 库与流

（1）库　物质在运动过程中被暂时固定、储存的场所称为库。库有大小层次之分，从整个地球生态系统看，地球的五大圈层（大气圈、水圈、岩石圈、土壤圈和生物圈）均可称为物质循环过程中的库。而在组成全球生态系统的亚系统中，系统的各个组分也称为物质循环的库，一般包括植物库、动物库、大气库、土壤库和水体库。每个库又可继续划分为亚库，如植物库可分为作物、林木、牧草等亚库。

根据物质的输入和输出率，物质循环的库可归为两大类：一为储存库，其容量相对较大，物质交换活动缓慢，一般为非生物组分的环境库，如岩石库；二为交换库，其容量相对较小，与外界物质交换活跃。例如，在海洋生态系统中，水体中含有大量的磷，但与外界交换的磷量仅占总库存的很小部分，这时海洋水体库是磷的储存库；浮游生物与动植物体内含磷量相对少得多，与水体库交换的磷量占生物库存量比例高，则称生物库是磷的交换库。

处于生态平衡条件下的生态系统，每个库的输入与输出基本是持平的，从而保持系统的稳定性，但在某些情况下，由于受到外力的干扰可能出现不平衡状况，如人类对化石燃料的开采和燃烧，造成岩石圈内的C库输出大于输入。当出现这一情况时，一般将产生和释放物质的库（即输出大于输入）又称为源，而将吸收和固定物质的库（即输入大于输出）称为汇。

（2）流　物质在库与库之间循环转移的过程称为流。生态系统中的能流、物流和信息流使生态系统各组分密切联系起来，并使系统与外界环境联系起来。没有库，环境资源不能被吸收、固定、转化为各种产物；没有流，库与库之间就不能联系、沟通，会使物质循环短路，生态系统必将瓦解。

2. 生物量与现存量

在某一特定观察时刻，单位面积或体积内积存的有机物总量构成生物量。它可以是特指的某种生物的生物量，也可以指全部植物、动物和微生物的生物量。生物量又可称为现存量。生产量是指现存量与减少量的总和。减少量是指由于被取食、寄生或死亡、脱毛、产茧等损失的量，不包括呼吸损失量。生产量高的生态系统，生物现存量不一定大，如以细菌等微生物为生态优势种的系统。在生态学研究中，通常测定的是现存量及由其推算的净生产量。净生产量是总生产量扣除植物或动物器官呼吸消耗分解后的剩余量，即在一定时间内以植物或动物组织或储藏物质的形式表现出来的有机质数量。

3. 周转率与周转期

周转率和周转期是衡量物质流动（或交换）效率高低的两个重要指标。周转率是指系统达到稳定状态后，某一组分（库）中的物质在单位时间内所流出的量或流入的量与库存总量的比值。

周转期是周转率的倒数，表示该组分的物质全部更换平均需要的时间。物质在运动过程中，周转速率越高，则周转1次所需时间越短。

物质的周转率用于生物的生长称为更新率。不同生物的更新率相差悬殊，1年生植物当生育期结束时生物的最大现存量与年生长量大体相等，更新率接近1，更新期为1年。森林的现存量是经过几十年甚至几百年积累起来的，所以比净生产量大得多。

4. 循环效率

当生态系统中某一组分的库存物质一部分或全部流出该组分，但并未离开系统，并最终返回该组分时，系统内发生了物质循环。循环物质与输入物质的比例称为物质的循环效率。

（三）物质循环的类型

1. 按循环经历途径与周期分类

生物地球化学循环依据其循环的范围和周期可分为地质大循环和生物小循环两类。

（1）地质大循环　地质大循环是指物质或元素经生物体的吸收作用，从环境进入生物有机体内，然后生物有机体以死体、残体或排泄物形式将物质或元素返回环境，进入五大自然圈层的循环。五大自然圈层是指大气圈、水圈、岩石圈、土壤圈和生物圈。地质大循环具有范围大、周期长、影响面广等特点。地质大循环几乎没有物质的输出与输入，是闭合式的循环。

（2）生物小循环　生物小循环是指环境中元素经生物体吸收，在生态系统中被相继利用，然后经过分解者的作用，回到环境后，很快再为生产者吸收、利用的循环过程。生物小循环具有范围小、时间短、速度快等特点，是开放式的循环。

2. 按物质循环主要存在形式分类

根据不同的化学元素、化合物在五个物质循环库中存在的形式、库存量的大小和被固定时间的长短，可将物质循环分为以下两大类型。

（1）气相型循环　储存库在大气圈或水圈（海洋）中，即元素或化合物可以转化为气体形式，通过大气进行扩散，弥漫了陆地或海洋上空，这样在很短的时间内可以实现大气库和生物库直接交换，或通过大气库与土壤库的交换后再与生物库交换，为生物重新利用，循环比较迅速，如碳、氮、氧、水蒸气、氯、溴、氟等。

（2）沉积型循环　许多矿物元素的储存库主要在地壳里，经过自然风化和人类的开采冶炼，从陆地岩石中释放出来，为植物所吸收，参与生命物质的形成，并沿食物链转移。然后动植物残体或排泄物经微生物的分解作用，将元素返回环境。除一部分保留在土壤中供植物吸收利用外，一部分以溶液或沉积物状态进入江河，汇入海洋，经过沉降、淀积和成岩作用变成岩石，当岩石被抬升并遭受风化作用时，该循环才算完成，在此过程中几乎没有或仅有微量进入到大气库中。如磷、硫、碘、钙、镁、铁、锰、铜、硅等元素属于此类循环。这类循环是缓慢的、非全球性的，并且容易受到干扰，称为“不完全”的循环，受到生物作用的负反馈调节，变化较小。

二、水的地质大循环

水是生物有机体的组成成分，有机体中的水分占 70%以上，水生动物体内水分含量更是占到 90%以上。1 公顷生长茂盛的水稻，每天约吸收 70t 的水，5%用于原生质的合成和光合作用，95%用于蒸腾作用。水又是生物体内各种生命过程的介质和物质循环的介质，起着溶解、运输养分和气体的作用，与许多元素的循环密切相关。水资源是与人类关系最密切、开发利用得最多的自然资源，目前全球年生产、生活消耗用水达 3 万亿吨以上，远远超过其他自然资源的用量。因此，研究与了解水的地质大循环规律及存在问题具有重要意义。

1. 水的分布

在自然界中，水以固态、液态和气态形式分布于岩石圈、水圈、大气圈、土壤圈和生物圈几个储藏库中。地球总水量约为 13.86 亿立方千米，其中海洋咸水约占总水量的 94%，淡水约占总水量的 6%。陆地淡水以冰雪、地下水、地表水和大气水等形式存在，形成淡水亚库。如果将各储存库中的水平均分布到地球表面，则海水可达 2700m 深，冰雪水可达到 50m，地下水达 15m，陆地地表水为 1m，大气中的水仅为 0.03m 深。

地球上的淡水绝大部分以冰川、冰帽形式存在。其中 80%在南极、10%在格陵兰，水量相当于全球河流年径流量的 900 倍，停留时间长，9500 年到几百万年才能循环一次，永久冻土层及永冻地下水一般不参加水循环。余下的 10%的淡水集中分布在几大淡水湖中，如贝加尔湖。地球上可利用的淡水资源很少，仅为总量的 0.5%左右，且分布不均。一些国家具有丰富的水资源，如中美洲、亚洲热带地区的国家，而一些国家是无永久性河流的荒漠、半荒漠地区，年径流量只有 40mm。

2. 全球水的循环

海洋、大气和陆地的水，在自身位能、太阳能、气象因子、生态环境以及人类活动的耦合作用下，进行着连续的大规模的交换，使自然界中的水形成了一个随时间、空间变化的复杂的动态系统。这种动态交换过程就是水分循环。水的地质大循环又可分为大循环和小循环两种途径（图 4-1）。大循环是水从海上蒸发，输入内陆上空遇冷凝结形成降水，降水在地表形成径流，最终流入大海。水汽不断从海洋向内陆输送，越深入内陆水汽的含量就越少。

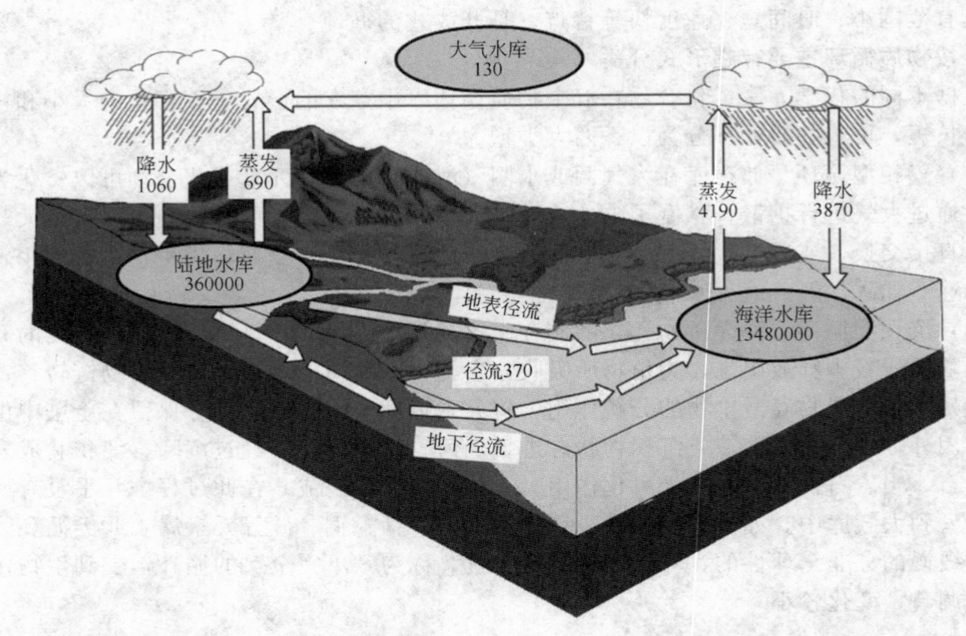

图 4-1 水的地质大循环简图（单位：亿吨/年）

小循环是指水汽在海上或陆上凝结降下，后又被蒸发的循环过程。在陆上降下与蒸发不断循环，其径流不流入大海，而流入内陆湖或形成内陆河。内流区的水分小循环具有某种程度的独立性，但它和大循环仍然有联系。从内流区地表蒸发和蒸腾的水分，可被气流携带到海洋或外流区上空降落；来自海洋或外流区的气流，也可在内流区形成降水。

在水分循环过程中，只有少部分被动植物和人吸收利用，进入生物小循环。植物吸收的水分中，大部分用于蒸腾，只有很小部分被光合作用同化形成有机物质，并进入生物链，有机物质在生态系统中最终被生物分解并返回环境。

水在循环中不断进行着自然更新。据估计，大气中的全部水量 9 天即可更新 1 次，河流需 10～20 天，土壤水约需 280 天，淡水湖需 1～100 年，地下水约需 300 年。盐湖和内陆海水的更新，因其规模不同而有较大的差别，时间为 10～1000 年，高山冰川需数十年至数百年，极地冰盖则需 16000 年，只有海洋中的水全部更新时间最长，要 37000 年。

降水、蒸发和径流在整个水分循环中是三个最重要的环节，在全球水量平衡中同样是最主要的因素。若以 P 表示降水量、E 表示蒸发量、R 表示径流量，则海洋水量平衡式可写为 $E=P+R$；陆地水量平衡式可写为 $P=E+R$。

全球的水分循环既使水圈成为自然生态环境演变的主要动力之一，又使陆地淡水资源成为陆地生物以及人类社会在一定数量限度内取之不尽、用之不竭的可更新自然资源。水循环的驱动力是太阳能，由于纬度位置、海陆位置、海拔高度和生态环境的影响以及距太阳远近的不同，水的分布及其形态存在着地域和季节上的差异，在局部很不均匀，但在全球来看，蒸发和降水的调节是基本平衡的。

3. 人类活动对水的地质大循环的干扰

人类长期的工农业活动从多个方面改变了水分循环的过程和效率。

（1）由于温室效应造成了全球气候变暖，两极的冰盖、冰川及高山雪水大量融化，减少了固态水的库存，增加了海水水量，海平面上升。

（2）过量开采地表水及地下水，造成了地上断流、地下漏斗、水位下降、下游水源减少、海水入侵、河流干枯、地面下沉等一系列问题。例如，20世纪50年代海河入海水量为144亿立方米/年，60年代为82亿立方米/年，70年代为45亿立方米/年，到80年代只有3.68亿立方米/年，相当于50年代的2.5%。径流的减少，一方面原因是全球气候转干，另一方面是工农业发展及人口增加对水的需求量增加，河水大量截流而造成的。

（3）围湖造田以及排干沼泽、湿地等，使地表的蓄水、调洪、供水功能减弱，引起地区性的旱涝加剧。

（4）兴建大型的水库、排灌工程，改变了整个流域的水分平衡和水环境，区域生态系统发生相应演替。同时，局部地下水水位的变化也带来了盐渍化、沼泽化、干旱化等问题。

（5）破坏植被导致区域水分平衡失调。植被对降水有截流、蓄积的作用，植被的破坏和减少，影响了降水及其到达地面的再分配，致使大量季节性降水因土壤保蓄能力差而流走，减少了地下水补给以及引起严重的水土流失。干旱地区的植被破坏会使气候更加干旱，引起土地沙漠化。

（6）水资源受污染日益严重，使本就稀少的淡水资源更加紧缺。过去已造成水质污染。近年来，工业发展较快，虽然环境保护部门制定有关“三废”处理及防治污染的规定，但贯彻执行不力，城市的污水未经处理排入水体，特别是许多乡镇企业的工厂在设计时就没有包括管理“三废”的内容，废水废物排入水体或附近农田，使水质和田地都受到污染。

三、碳的地质大循环

1. 碳在全球的分布与循环

碳是生命的骨架，也是能量传递的载体。地球上的碳在大气、生物体、土壤和水圈及岩石圈中都有分布，岩石圈是碳的最大储存库，约达11×10^{16}t，其次是海洋圈。土壤有机质储量在700～2070Gt[1]之间，全球残落生物量一般为55～60Gt，约相当于植体生物量的6%。全球陆地土壤微生物的总碳量为6.6Gt。据估测，全球储藏的化石燃料碳约在10^5亿吨数量级，高于大气圈和生物圈储量，这些资源的开采利用，是造成碳循环被干扰、产生温室效应的潜在原因。

一个碳原子在地质大循环过程中，大约2000年在大气层中，大约800年作为陆地生物体的组成成分，主要是构成植物的木质素，然后作为土壤腐殖质的成分再度过3000年，在海洋同温层之上以无机碳的形式存在3000年，作为海洋中有机碳存在8000年，而存在于稀薄的海洋生物圈中总共不到30年，总结起来，碳原子可能在流动的地表游弋10万年才最后到海底的沉积物中，而且绝大部分时间在同温层以下的深海中度过，一旦碳原子被深海沉积物所掠获，停留的时间要长得多，可能要1亿年，随后固定进入到岩石圈，几亿年后随火山或热泉爆发喷出，开始新的循环（图4-2）。据估计，碳原子这种循环已进行了20次，而且还要继续下去。此外，碳以动植物有机体形式深埋于地下，在还原条件下，形成化石燃料。当人们开采利用这些化石燃料时，CO_2被再次释放到大气中。

2. 人类活动对碳的地质大循环的干扰

人类活动可以从多个方面干扰碳循环，从而产生一系列环境问题，其中最主要的活动是燃烧矿物燃料和砍伐森林。

化石燃料的开采，加速了岩石圈中的CO_2排放。有关资料表明，目前全球每年开采和利用的化石燃料数量相当于50亿吨碳，约相当于大气碳库的0.7%。这些碳虽然经植物吸收及其他理化作用并未完全排放到大气库，但仍使大气中二氧化碳浓度有了明显的增加。有

[1] $1Gt=10^9t$。

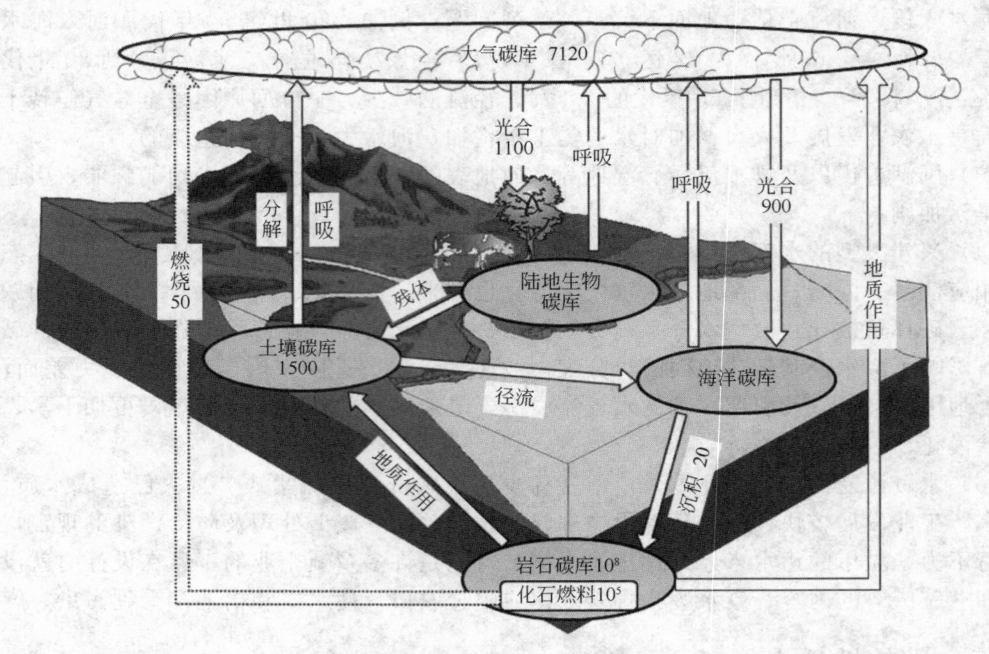

图 4-2 碳的地质大循环简图（单位：亿吨）

数据表明，工业化以来的大量燃烧煤、石油等化石燃料的活动，每年使大气中二氧化碳浓度增加 1μg/L。

植被的大量破坏，特别是森林的大量砍伐减少了生物碳库储量。陆地生态系统储存的总碳量中大约 99.9%存在于植物体中，因此植被特别是森林是生物碳的巨大储藏库。据统计，全世界各类植被中，森林所含的碳大约为 7.5×10^{11}t，是陆地生物库总碳量的 83.3%。当森林被破坏变成裸地或农田时，森林不仅不能从大气中吸收 CO_2，还会将 CO_2 大量释放到大气中，每年约使大气中的 CO_2 浓度增加 0.4μg/L。

四、氮的地质大循环

1. 氮素分布与循环

全球氮素储量最多的是岩石库，占总氮量的 94%，难以参与循环，其次是大气，煤炭等化石燃料中也含有大量的氮。大气中的氮约占总氮量 6%，以分子态的氮存在，不能为大多数生物直接利用。氮气只有通过固氮菌和蓝绿藻等生物固氮、闪电和宇宙线的固氮以及工业固氮的途径，形成硝酸盐或氨的化合物形态，才能被生物利用。

自然界的氮素循环可分为三个亚循环，即元素循环、自养循环和异养循环。反硝化和固氮是氮素循环中两个重要的流。据粗略估计，陆地系统每年反硝化的氮素总量在 108～160Tg（$1Tg=1\times10^{12}g$）之间，海洋生态系统的反硝化总量每年在 25～179Tg 之间，其中产生的 N_2O 在 20～80Tg 之间，N_2O 主要流向平流层，少部分进入土壤和水系统。海水和淡水系统中的生物固氮（N）量每年为 30～130Tg，陆地系统生物固氮（N）量为 139Tg（图 4-3）。

2. 人类活动对氮的地质大循环的干扰及其对环境的影响

（1）含氮有机物的燃烧产生的大量氮氧化物污染大气，一些氮氧化物是温室气体的成分之一。

（2）发展工业固氮，忽视或抑制生物固氮，造成氮素局部富集和氮素循环失调。

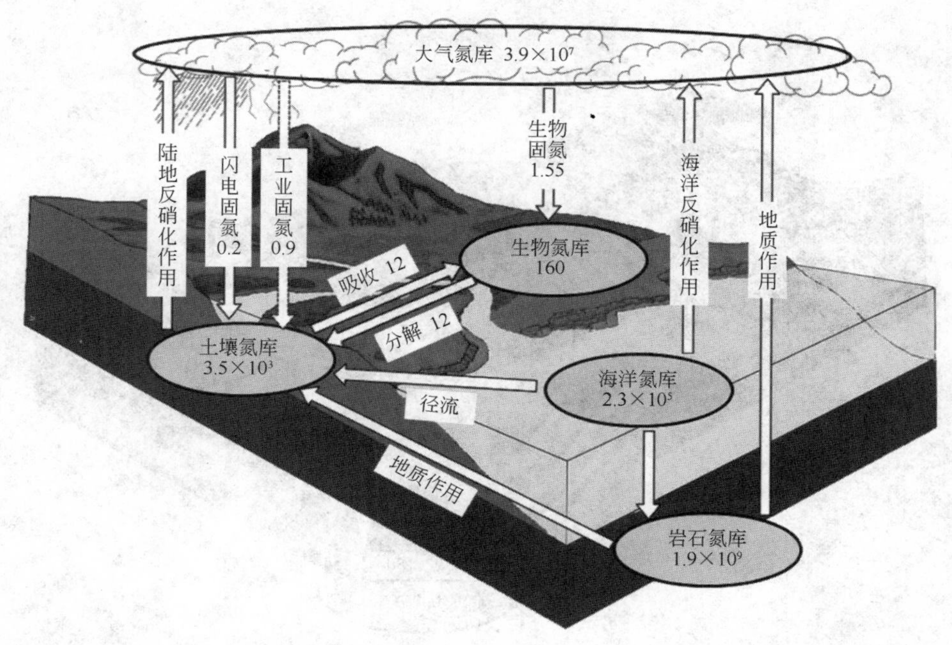

图 4-3 全球氮（N）的地质大循环简图（单位：Tg/a）

（3）城市化和集约化农牧业使人畜废弃物的自然再循环受阻。其中，人类的农业活动对氮循环的影响主要是由于不合理的作物耕作方式以及氮肥施用而引起氮素的流失与亏损。

（4）过度耕垦使土壤氮素含量特别是有机氮含量下降，土壤整体肥力持续下降。

五、磷的地质大循环

1. 磷的分布与循环

地球上的磷大量存在于岩石、土壤和海水中，生物体的磷数量较小。自然界中的无机磷主要以磷酸盐类形式存在，以 $H_2PO_4^-$、HPO_4^{2-} 和 PO_4^{3-} 形式为主。土壤中的磷绝大部分是无机态，有机态磷平均只占土壤磷的10%左右。农业中的磷肥来自于含磷岩矿中的磷酸盐，经天然风化或化学分解之后，变为不同溶解程度的磷酸盐，供给作物吸收利用。磷矿可开采部分数量相当于现有生物体含磷量的1～10倍，但在世界范围内的分布很不均匀（图 4-4）。

磷循环属于较简单的沉积型循环，缓冲力较小。土壤中的磷素，一部分溶解于地表水中，一部分则随土壤矿物一起，在水土流失中离开土壤，沿着河流汇入海洋。在海洋中的磷素一小部分被浮游植物吸收，并沿食物链逐级传递。人类在捕鱼过程中可将一部分磷素返回给陆地，另外，海鸟粪便中的磷素也可返回陆地。水土流失中绝大部分磷素会在海洋中以磷酸盐的形式沉积于海底，被固定形成新的磷酸盐岩石。这部分磷素只能在海底岩石重新暴露于地表，风化后形成土壤中的速效磷，或者在人工开采后以化肥形式供给植物。人们每年开采的磷酸盐为 1.0×10^6～2.0×10^6 t，在农业生态系统中施用，最后大部分被冲洗流失。磷素一旦进入地质大循环过程，就需要极长的时间才能被陆地生态系统利用。如何减少水土流失，将磷素保留在生物小循环之内，是农业生态系统控制磷素循环的关键所在。

2. 人类活动对磷循环的干扰

（1）磷矿资源的开采与消耗　据统计，从1935年至1990年间，磷矿总开采量达 3.79×10^9 t，相当于 5×10^8 t 磷。1990年全球磷矿开采量为 1.5×10^8 t，相当于 2×10^7 t 磷，这意味

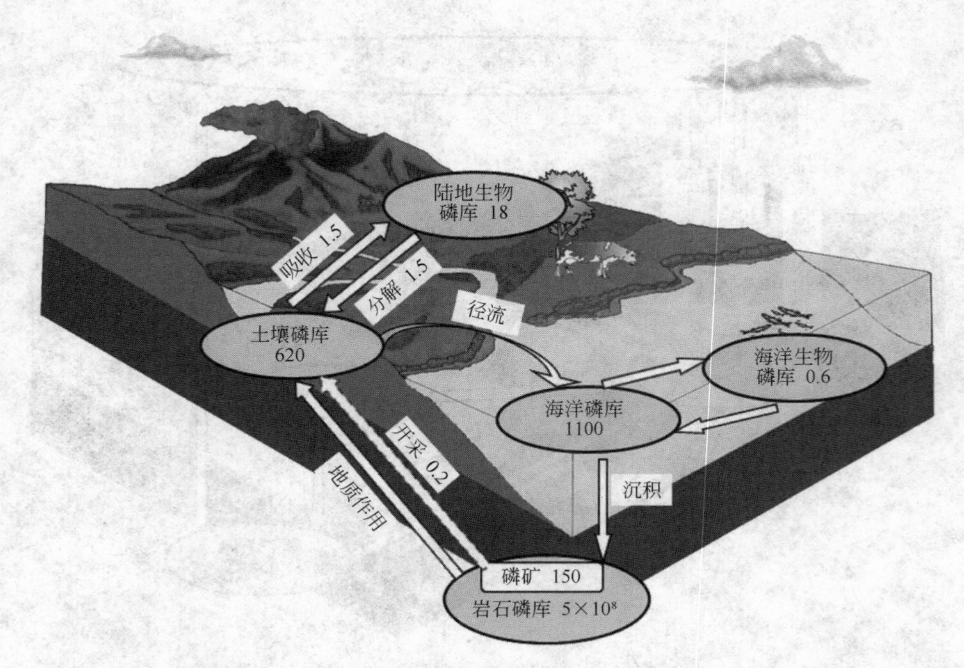

图 4-4 全球磷的地质大循环简图（单位：亿吨/年）

着 20 世纪特别是 20 世纪 70 年代以来，岩石圈的磷参与全球生物地球化学循环的速度增长了近百万倍。按这一速度，地球上的磷矿可开采 750 年，而形成这些磷矿库则可能需要上亿年的时间。

（2）磷肥的施用与流失 土壤中的磷随着径流及水土流失每年由陆地流入海洋，而随着农业施肥数量的不断增长，这种流失速率也迅速增大，因为人工开采的磷几乎全部被化学加工成可溶态，或迟或早地进入到地球化学循环。据统计，每年全世界由大陆流入海洋的磷酸盐大约为 1.4×10^7 t，与目前的磷矿开采量相当。磷素在循环流失过程中，因在淡水水域或海水局部水域的浓度过大，带来了水域富营养化等环境问题。

六、钾的地质大循环

钾是植物体内非常活泼的元素，是多种酶的活化剂，它具有促进植物光合作用、碳水化合物代谢、蛋白质合成和共生固氮等生理功能。作为植物三大营养元素之一的钾，在地壳中的储量排在第七位，平均丰度为 26g/kg。据推算，地壳中钾的储量为 6.5×10^{17} t，主要存在于岩浆岩和沉积岩中，花岗岩、正长石、黏质页岩含钾量均很高。矿质土壤中通常只含有 0.04%～3%的钾，说明了土壤形成过程中钾的淋失。土壤中的钾约 98%为矿物钾，2%为溶液和交换态钾。根据海水总量及海水中钾的平均浓度推算，海水中总钾量为 6.5×10^{11} t，再据海水中钾的平均存在时间 7.8×10^6 年计，每年成矿钾约为 8.3×10^4 t。由于自然界没有气态钾存在，所以大气圈中的钾主要是以尘埃的形式存在，存量较小（图 4-5）。

钾的地质大循环与磷的过程相似，均为沉积型循环，土壤圈中的钾是循环中最活跃的部分，同时每年约有 2.03×10^7 t（以 1991 年为例）钾肥施入土壤，作物吸收后进入生物圈。生物圈与土壤圈中的钾由于淋失和水土流失的方式，进入到淡水库并最终进入到海洋圈中。由于钾以活泼态的离子形式参与循环为主，因此比磷更易流失，循环中的流量大于磷。全球钾矿据估算约为 1250 亿吨，以目前的开采速度，可开采 400 年左右。

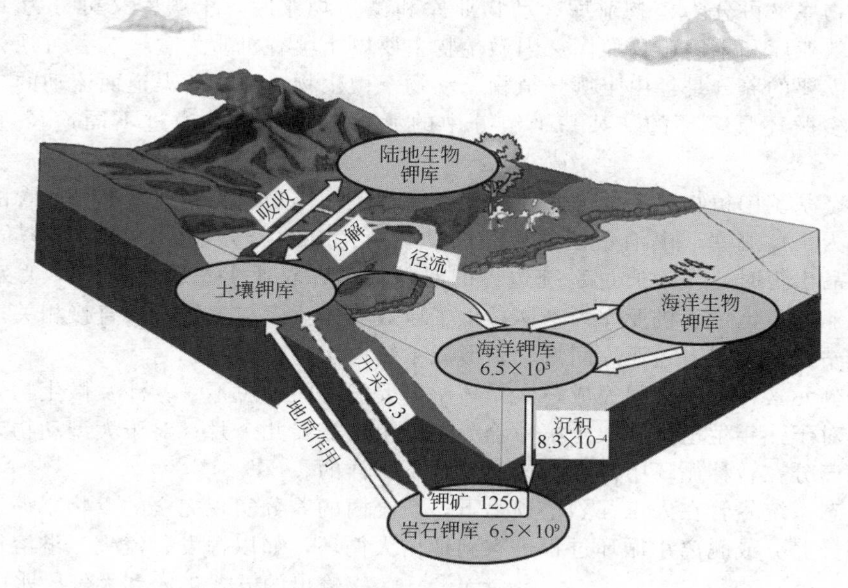

图 4-5　钾的地质大循环简图（单位：亿吨/年）

复习思考题

1. 简述人类活动对水的地质大循环的干扰及其对环境的影响。
2. 简述人类活动对碳的地质大循环的干扰及其对环境的影响。
3. 简述人类活动对氮的地质大循环的干扰及其对环境的影响。
3. 简述人类活动对磷循环的干扰及其对环境的影响。

任务二　植物生长系统养分循环与平衡

学习重点

◆ 农业生态系统养分循环与输入输出的一般模式。

◆ 农业生态系统中氮素、磷素的循环模式与特点。

◆ 有机质在农田养分平衡中的作用与利用。

学习难点

◆ 农业生态系统中氮素的主要输入途径。

◆ 农业生态系统中的磷素循环与平衡的特点。

一、农业生态系统养分循环与输入输出的一般模式

生物小循环的过程是与生物接邻的环境（土壤、水、大气）中元素经生物体吸收，在生态系统中被生产者、各级消费者相继利用，然后经过分解者的作用，回到环境后，很快再为生产者吸收、利用的循环过程。对陆地生态系统而言，生物小循环一般只涉及土壤圈与生物

圈，其中生物库又可分为植物亚库、动物亚库和微生物亚库，土壤库又可分为土壤有机亚库、土壤速效亚库和土壤矿物亚库。因微生物主要以土壤有机质为食，二者可视为一体。动植物生长所需要的养分是经由土壤→植物→动物→微生物→土壤的渠道而流动的。在大多数情况下，许多循环是多环的，某一个组分中的元素在循环中可通过不同途径进入另一个组分。

农业生态系统中植物亚库即为农业作物亚库，包括作物地上和地下部分所含的养分；动物亚库主要为畜禽亚库，由消费植物产品的动物所持有的养分组成，即活家畜体内所持养分，当畜产品出售时，作为通过系统边界的对外输出；农业生态系统中人单独列为一个亚库；微生物亚库与土壤有机亚库为一体；土壤速效养分亚库与生物循环直接相关，是物质再循环的中转站。养分在上述亚库间流动，形成系统内生物小循环。

各种养分元素在各库之间完成一次循环所需要的时间长短不一。涉及微生物转移只需要若干分钟；对于一年生植物吸取土壤中养分进行生长需要几个月；对于大型动物来说需要几年。同时，养分在转移循环中流量与速度也是不一样的。

农业生态系统尽管在人工强烈干预之下，系统内的养分实现完全的生物小循环也是很困难的。一部分养分或脱离小循环过程进入到地质大循环，如以挥发、流失、淋溶等非生产的输出的方式进入到大气、水圈等储存库中，或以农、畜产品的目标产品的方式输出进入到另一生态系统中。同时，也有养分逆向以肥料、饲料等的直接输入和灌溉、降水、生物固氮以及沉积物的间接输入等方式从其他农业生态系统或储存库进入到该系统中。这种输入输出现象在各个库、亚库中均存在。各种养分因分属于气相型循环和沉积型循环，输入输出途径或方式有所不同，但总体上可以归纳出农业生态系统中的养分生物小循环及系统输入输出一般模式，如图 4-6 所示。

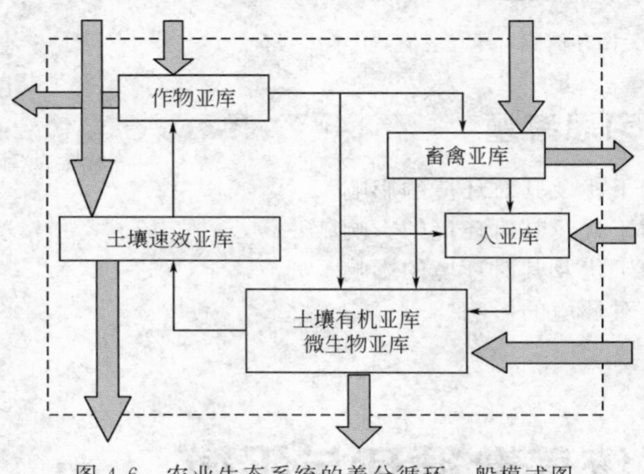

图 4-6　农业生态系统的养分循环一般模式图

二、农业生态系统中氮素循环模式与特点

1. 农业生态系统氮素循环与平衡一般模式

陆地农业生态系统中，氮素通过不同途径进入土壤亚系统，在土壤中经各种转化和移动过程后，又按不同途径离开土壤亚系统，进入以作物亚系统为主的其他系统，形成了“土壤-生物-大气-水体”紧密联系的氮素循环（图 4-7）。

归纳起来，一个陆地农业（农田）生态系统中氮素的流动大约可包括 30 条途径。除生物小循环的固定流以外，还有 10 条输入流（种苗、沉降、闪电固氮、生物固氮、化肥、风化、有机肥、食品、饲料及垫草）和 10 条输出流（农产品输出、残渣燃烧、厩肥氨挥发、畜产品输出、有机肥输出、淋溶、固定、径流、农田氨挥发、反硝化）。

2. 农业生态系统的氮素主要输入途径

大气库是农业生态系统的氮素主要源，输入到农业系统的生物小循环的途径主要有以下四种。

（1）生物固氮　即通过豆科作物和其他固氮生物固定空气中的氮。生物固氮主要有共生

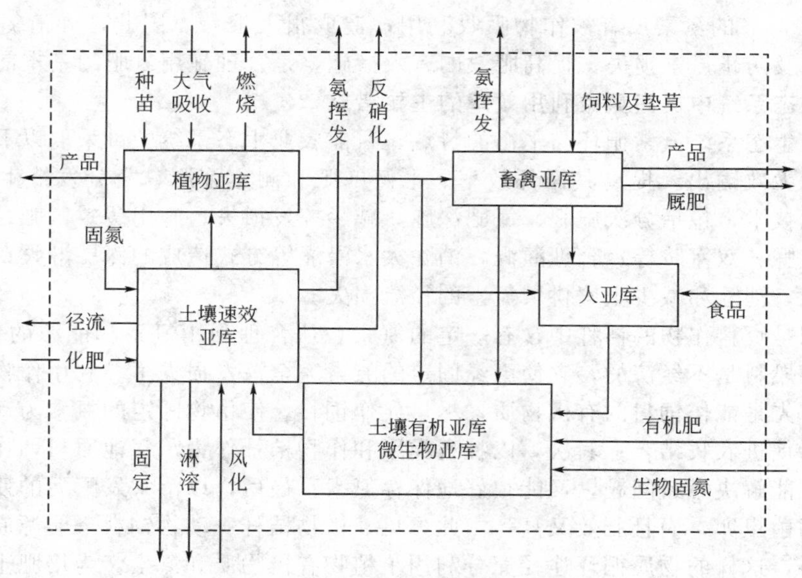

图 4-7 农田生态系统内的氮素循环与平衡图

固氮作用、自生固氮作用和联合固氮作用 3 种类型，其中共生固氮作用贡献最大。共生固氮是指某些固氮微生物与高等植物或其他生物紧密结合，产生一定的形态结构，彼此进行着物质交流的一种固氮形式。据估计，农业生态系统中的豆科植物——根瘤菌，其共生固氮量占整个生物固氮量的 70%。

（2）化学固氮　即通过化工厂将空气中的氮合成氨，然后进一步加工，制成各种氮肥。

（3）闪电固氮　闪电也会将少量氮氧化，形成硝酸，随降雨进入土壤。

（4）氮沉降　大气氮沉降是全球变化的重要现象之一。近几十年来，由于化肥使用增加和化石燃料燃烧造成氮沉降量迅速增加，带来的一系列生态问题日趋严重。过剩的氮沉降将增加 NH_4^+ 的硝化和 NO_3^- 的淋失，加速土壤的酸化，影响树木和作物的生长以及生态系统的功能和生物多样性，对农业生态系统产生危害作用。

自然界的自发固氮数量巨大，每年全球估计有 1 亿吨之多，为工业固氮的 3 倍，在这些固定的氮中，约有 10%是通过闪电完成的，其余 90%是由微生物完成的。从提高农业生态系统氮素循环及利用效率角度来看，应当积极种植豆科作物，培育其他固氮生物，合理施用化学氮肥，才能更好地实现系统的增产增效。

3. 农业生态系统氮素主要输出途径

农业生态系统中氮素输出的途径很多，但从服务于人类的角度看，非生产目标性的损失主要有四个方面，即挥发、淋失、径流和反硝化。

（1）挥发损失　即由于有机质的燃烧、分解或其他原因导致氮以氨的形态挥发损失。

（2）氮的淋失　主要是硝态氮由于雨水或灌溉水淋洗进入深层土壤或地下水而损失，这也是部分地区地下水污染的原因之一。

（3）径流损失　主要发生在南方水田地区或降水量较大地区，由于农田生态系统中氮素投入大，土壤含氮量在某些阶段偏高，易随田间径流进入到地表水中而损失，一定条件下造成地表水的富营养化问题。

（4）反硝化作用　在水田中或土壤通气不良时，硝态氮受反硝化作用而变成游离氮，导致氮素损失。

据近几年来的试验研究资料，我国几种主要氮肥的利用率一般为 25%～55%。也就是说，有 45%～75%的氮素没有被作物吸收利用，造成很大浪费。因此，弄清氮在土壤中的转化规律，以及防止氮素损失，提高肥效的有效措施，是合理施用氮肥的基本前提。

4. 农业生态系统中提高氮素利用效率的主要措施

依据农业生态系统氮素循环与平衡的特点，目前农业生态系统中可采取以下针对性措施控制系统氮素无效输出，提高其循环效率。平衡施肥和测土施肥，充分发挥生物固氮的作用；改进施肥技术，包括分次施肥、氮肥深施，减少挥发损失；施用缓效氮肥；使用硝化抑制剂如脒基硫脲、双氰胺等；合理灌溉，消除大水漫灌等方式造成的深层淋失；防止水土流失和土壤侵蚀，消除和减少土壤耕层氮素的径流损失。

秸秆特别是豆科作物的秸秆中含有一定的氮素，从合理利用氮素和能源的角度来考虑，以作物秸秆作燃料是不经济的，它使已经固定的氮素完全挥发损失了。利用作物秸秆比较有效的办法，首先是能作饲料的有机物质，尽量先作饲料，使植物固定的氮素为动物利用，以增加畜产品，促进农牧结合；其次，以牲畜粪尿和作物秸秆作为沼气池原料，在密闭厌氧条件下发酵，既能解决燃料问题，又能很好地保存氮素；最后，以沼气发酵后的残余物再作肥料，既减少病菌虫卵，而且肥效又高。由此可见，植物秸秆→动物饲料→能源原料→优质肥料→植物养料，这样的物质循环途径充分利用了植物有机物质和氮素，为培肥土壤和增加畜产品创造了有利条件。

三、农业生态系统中磷与钾的循环模式与特点

（一）磷素与钾素循环与输入输出模式图（图 4-8）

与氮素的气相型循环相比，属沉积型循环的磷与钾的生物小循环与输入输出模式相对简单，大体包括 24 条途径。除生物小循环的固定流外，还有 8 条输入系统的流（种苗、叶面喷施、化肥、风化、外源有机肥、食品、外源饲料及垫草）和 6 条输出系统的流（作物产品输出、畜产品输出、有机肥输出、淋失、固定、浸蚀）。

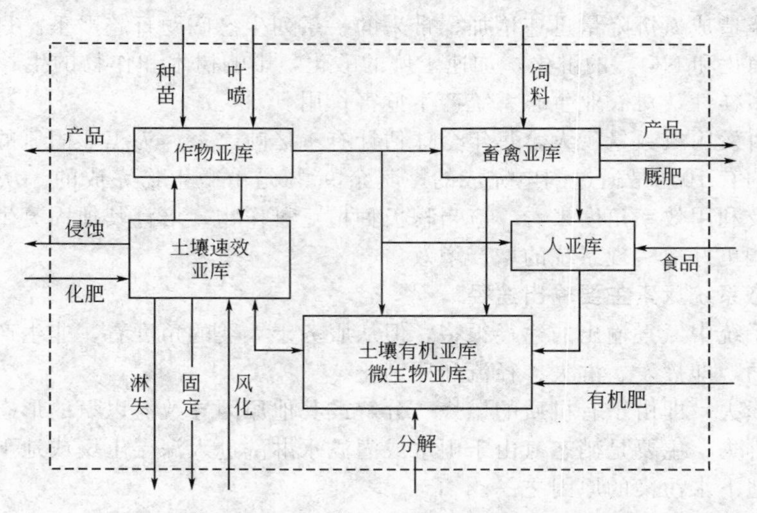

图 4-8 农田生态系统内的磷素与钾素循环与平衡图

（二）农业生态系统中的磷素循环与平衡的特点

磷的系统外输入主要有化肥输入、有机肥输入与风化三条途径。土壤中全磷含量虽较高，占土壤干重的 0.03%～0.35%（以 P_2O_5 计），但主要呈不溶态，风化速度较慢。能被植物利用的速效磷含量很低，中等肥力土壤溶解态磷仅为 5mg/kg，相当于全磷的 1/4000，

较肥沃的土壤也不过 20～30mg/kg。活的有机体和死亡的有机体中的有机磷在循环中占有极其重要的地位，有机磷易于转变为有效磷为植物利用，而且生物体及残茬的有机物能够促进土壤沉积态磷的有效化。

磷的输出中，农产品输出的纯磷总量约为 9.45×10^6t，但绝大部分农产品所带走的磷会以有机肥等方式返回到农田生态系统中。土壤的固定和侵蚀则是非目标性输出，是导致养分循环效率降低的两种主要途径。磷的固定即有效性无机磷无效化的过程，包括胶体代换吸附固定、化学固定和生物固定。弱酸性土壤中，水溶性磷酸根离子与 1∶1 型黏土矿物晶层间的氢氧根离子发生阴离子交换而被吸附固定；酸性土壤中，磷酸根离子与铁、铝离子作用生成磷酸铁、磷酸铝沉淀而被固定；石灰性土壤中，磷酸根离子则与钙离子作用生成磷酸三钙并可进一步转化为磷酸八钙、磷酸十钙等被固定下来。因此，土壤中的磷只有在中性条件下有效性才最高。土壤中的微生物也吸收有效磷，称生物固定，这种固定对磷素营养是有利的，微生物死亡后磷又被释放出来。土壤侵蚀是磷素损失的另一条重要途径。全球土壤侵蚀损失磷约 1.78×10^7t，相当于每年岩石风化释放磷的 2 倍，开采磷矿的 1 倍。

依据农业生态系统中磷的小循环及输出、输入特点，可以通过相应措施维持系统的磷平衡：①重视有机磷的归还，保持土壤持续的磷的有效性与供应；②减少土壤侵蚀，合理施肥，减少磷的固定，碱性土壤以施酸性肥料为宜，酸性土壤则适宜施用碱性肥料；③由于依靠风化难以满足作物对磷的需要，因此适当施用磷肥。

（三）农业生态系统中钾素循环与平衡的特点

1. 钾的输入

农业生态系统中钾的主要输入途径有矿物风化、作物残茬回田、有机肥以及钾肥施用。土壤中钾的含量比氮和磷丰富得多，通常介于土壤干重的 0.5%～2.5%之间（以 K_2O 计）。土壤中的钾可分为土壤速效钾、缓效钾和矿物性钾（难溶性钾）。矿物风化作用是指土壤中含钾的矿物，如正长石、斜长石、白云母等，在生物气候等外力因素长期作用下缓慢水解并放出钾离子，由矿物性钾或缓效钾向速效钾的转化比磷快。除一些根茎类作物外，作物体内钾大多含在茎叶中，因此残茬还田作用很大。

2. 钾的输出

农田生态系统中钾输出最主要的途径也是作物产品的输出、侵蚀、淋失和土壤固定，但与磷有所差异。钾的固定分三种形式：胶体吸附固定，是指溶液中的 K^+ 通过离子交换被胶体吸附；生物固定，即被微生物吸收固定在细胞内部，微生物死亡后再释放出来；钾的晶格固定，主要发生在 2∶1 型次生黏土矿物的晶层间，干湿交替有利于黏土矿物的晶格固定。侵蚀损失也是钾的非目标性输出的主要方式，除土壤侵蚀外，因为钾的易溶性、活泼性及在土壤中含量高，因而极易发生随灌水和降水淋失或径流而大量损失的情况。

保持农田生态系统钾素的生物小循环的循环效率及减少无效输出的核心是要注重秸秆的还田，具体措施包括：①尽量将作物秸秆还田及施用草木灰；②适当种植绿肥；③通过土壤耕作等措施促使土壤中难溶性钾有效化；④因地制宜，合理施用钾肥，并注意工业废渣的利用；⑤合理施肥与灌水，减少淋失。

四、农业生态系统养分循环的特点

农业生态系统是由森林、草原、沼泽等自然生态系统开垦而成的，在多年频繁的耕作、施肥、灌溉、种植与收获作物等人为措施的影响下，形成了以下不同于原有自然系统的养分循环特点。

1. 养分输入率与输出率较高

随着作物收获及产品出售，大部分养分被带到系统之外，同时，又有大量养分以肥料、饲料、种苗等形式被带回系统，使整个养分循环的开放程度较自然系统大为提高。

2. 库存量较低，但流量大、周转快

自然生态系统的地表有较稳定的枯枝落叶层以及土壤有机质的积累，形成了较大的有机养分库，并在库存大体平衡的条件下，缓缓释放出有效态养分供植物吸收利用。农业生态系统在耕种条件下，有机养分库加速分解与消耗，库存量较自然生态系统大为减少，而分解加快，形成了较大的有效养分库，植物吸收量加大，整个土壤养分周转加快。

3. 保持能力弱，容易流失

农业生态系统有机库小，分解旺盛，有效态养分投入量多。同时，生物结构较自然系统大大简化，植物及地面有机物覆盖不充分，这些都使得大量有效养分不能在系统内部及时吸收利用，而易随水流失。

4. 养分供求不同步

自然生态系统养分有效化过程的强度随季节的温湿度变化而消长，自然植被对养分的需求与吸收也适应这种季节的变化，形成了供求同步协调的自然机制。农业生态系统的养分供求关系是受人为的种植、耕作、施肥、灌溉等措施影响的，供求的同步性差，是导致病虫害、倒伏、养分流失、高投低效的重要原因。

农业生态系统是一个养分大量输入和输出的系统。大量农、畜产品作为商品输出，使养分脱离系统。产品输出得越多，被带走的养分越多。为维持农业生态系统的养分循环平衡，必须返回各种有机物质并投入大量化学肥料。因此，农业生态系统物质循环的封闭性远低于自然生态系统。但不同的农业生态系统，其封闭程度不同。自给农业耕地上的产品绝大部分作为系统内的食物、饲料或垫料，人、畜排泄物和褥草作为肥料归还农田。人和家畜是作为以作物为起始的草牧食物链上的一个环节参与养分循环，自给农业生产力虽低，只能养活较少人口，但物质循环的封闭性较高，能自我维持。现代化农业中大量产品流入市场，然后自市场返回肥料、种子、食物、农药等各种生产和生活物质。物质循环的开放程度大，生产力和商品率高，但缺乏自我维持能力，要靠大量投入物质才能维持系统的养分平衡。

五、有机质在农田养分平衡中的作用与利用

（一）有机质的作用

有机质是各种养分的载体，经微生物分解能释放出供植物吸收利用的有效氮、磷、钾等，增加土壤速效和缓效养分的含量；有机质能够为土壤微生物提供生活物质，促进微生物活动，加速微生物的矿化作用；有机质经过微生物作用能够转变成为腐殖质，从而增加土壤中腐殖质和腐殖酸的含量，改善土壤物理状况；有机质具有和硅酸盐同样的吸附阳离子的能力，有助于土壤中阳离子交换量的增加，又能与磷酸形成螯合物从而提高磷肥肥效，减少铁、铝对磷酸的固定，对于磷、钾、铁等易于固定的离子保持在缓效性状态有重要作用；有机质的还田与覆盖，一方面有吸附水分的作用，同时还能减少土壤水分的无效蒸发，因此具有一定的保水抗旱作用。

（二）有机质的开发途径

有机质主要包括粪、尿、土肥、堆肥、厩肥、秸秆及脱落物、根茬等。主要来源包括：①作物的根茬、落叶、落花；②秸秆直接还田和作饲料后以厩肥还田；③土壤中各种生物遗体和排泄物。要充分发挥农业生态系统内有机质的作用，提高营养系统内的循环效率，需要

做好以下工作。

1. 充分挖掘有机肥源

有机质最终来源于植物体，包括各种农作物有机体和非农业作物有机体。因此要注意农业作物有机体充分还田，同时大力开发非农作物体的利用。必须用于工业原料的有机体尽量就地加工，作为副产品的渣料用于还田。

2. 合理轮作，创造不同类型的有机质并种植归还率高的作物

各种作物的自然归还率是不同的，各种养分含量也差异较大。如油菜的秸秆和荚壳还田的养分占整株的50%；大豆、麦类和水稻的归还率为40%～50%。不同作物氮、磷、钾养分的理论归还率不同，如麦类分别为25%～32%、23%～24%、73%～79%，油菜分别为51%、65%、83%，水稻分别为39%～63%、32%～52%、83%～85%，大豆分别为24%、24%、37%。在轮作制度中，加入豆科植物和归还率高的植物，有利于提高土壤肥力，保持养分循环平衡。据华中三省稻田轮作试验，冬季绿肥、蚕豆、小麦、油菜轮换，春、夏、秋季为双季稻，轮作四年之后，土壤中有机质、速效磷、速效钾含量与单一作物连作相比都有所提高，土壤的非毛管孔隙也增多，土壤理化性状的双重改善促进了粮食产量增加。

3. 选择适宜的秸秆还田方式

秸秆是数量较大的有机物质，其还田对养分补偿特别是磷、钾具有重要作用。还田方式包括过腹还田、堆沤还田和直接还田三种，其中过腹还田效果最好但受畜牧业发展限制。堆沤还田能够改善有机肥的理化性质，增加了速效养分含量，同时因堆沤过程中的高温腐熟作用，杀死了有机质中携带的病毒、病菌，所以施肥效果也好于秸秆直接还田，但存在占地与费工的不利因素，建议在劳动力充裕的地区推广。

4. 农林牧结合，发展沼气

利用农林牧的废弃物制沼气，既可解决农村能源问题，减少用于燃料的秸秆数量，又可使废弃物中的养分变为速效养分，作为优质肥料施用。

5. 农产品就地加工，提高物质的归还率

花生、大豆、油菜、芝麻榨油后，返回的是油饼，则随油脂输出的仅仅是碳、氢、氧的化合物，氮、磷、钾营养元素可保留在生态系统内。交售给国家的皮棉50kg，含氮量仅相当于1kg硫酸铵，而棉花从土壤中吸收的大量营养元素都保存在茎、叶、铃壳和棉籽中。将棉籽榨油，棉籽屑养菇，棉籽饼作饲料或肥料，茎枝叶粉碎后作饲料，变为粪肥后又可还田。蚕豆、甘薯加工成粉丝出售，留下粉浆、粉渣喂猪，猪粪又可还田。

（三）有机质利用中需要注意的问题

有机肥（质）在农田中虽有多种作用，但在应用过程中也存在限制与问题。首先，其数量有限，好的有机质来源于农业产出，由于工业利用与农田养分无效损失的存在，单纯依靠有机肥的作用是不能实现农田养分完全循环与平衡的，需要与无机肥配合使用。美国在牧场进行的多年实验表明，1单位面积粮田在不施任何无机肥的情况下要实现养分平衡，需3单位面积的草地制造的有机肥供应。其次，有机肥在制造与施肥过程中可能存在一定程度的大气、土壤环境污染，特别是在大型养殖场周边有地下水硝酸盐污染的检出。最后，有机质中含有大量的碳源，是微生物的能量来源，有机质的大量还田必然带来土壤微生物的大量繁衍，导致在一定的时间段内微生物与作物争氮及其他营养元素的现象发生，农田大量秸秆还田后出现的黄苗现象就是这种竞争发生的典型症状。因此在有机质的还田过程中要注意适当的氮素及其他营养元素的补充。

复习思考题

1. 农业生态系统中提高氮素利用效率的主要措施有哪些？
2. 有机质的开发途径有哪些？
3. 有机质利用中需要注意的问题有哪些？

任务三 人类干扰物质循环导致的重大环境问题分析

学习重点

◆ 化肥、农药对环境污染的特点。

◆ 温室效应、水体富营养化、生物放大现象的特点。

学习难点

◆ 防止化肥、农药对环境污染的措施。

◆ 防止温室效应、水体富营养化、生物放大现象的措施。

在人类大规模的干预之前，各种物质、元素在五大物质库之间进行着相对稳定的循环转换，保持着相对的平衡。然而工业革命以来，由于各种生产和生活活动，对物质循环的库与流造成了各种影响，特别是对碳、水及氮等的循环影响最为剧烈，进而衍生出了人类正面临的诸多环境问题，如环境污染、温室效应、水体富营养化、生物浓缩等。

一、化肥对环境的污染

化肥对粮食的增产起着重要的作用，但是化肥的施用给环境造成了严重的影响，特别是过量施用化肥，不但不能使其增产，反而造成高浓度的危害，大量肥料白白浪费、流失，化肥对环境的污染可分为对土壤、水体、大气等的污染，同时化肥的施用还会影响作物对重金属元素的吸收。

（一）化肥对土壤的污染

磷肥、锌肥、硼肥是以矿产为原料，如磷矿、铅锌矿、硼矿等，这些矿石常含有数量不等的某些污染元素。其中锌肥和硼肥农业用量很少，所以对土壤造成污染的主要化学肥料是磷肥，磷肥的原料磷矿石，除富含 P_2O_5 外，还含有其他无机营养元素如钾、钙、锰、硼、锌等，同时也含有毒物质如砷、镉、铬、氟、钯等，主要是镉和氟，含量因矿源有很大差异。

（二）化肥对水体的污染

1. 施肥与水体富营养化

水体富营养化已成为严重的环境问题之一。化肥的施用不恰当是产生富营养化的主要原因，引起富营养化的关键元素是氮和磷。

2. 施肥与地下水污染

土壤包括施肥中的营养物质随水往下淋溶，通过土层进入地下水，造成地下水污染。而地下水在不少地方供人畜饮用，因此，地下水状况如何，对人畜健康有一定的影响。

在植物的大量营养元素中，钾进入地下水后对人畜基本无害。磷在淋溶通过土层时，绝

大部分与土壤中的 Ca^{2+}（在石灰性土壤）或 Fe^{3+}、Al^{3+}（在酸性土壤）等离子作用而沉积于土层中。施肥时使用的各种形态的氮在土壤中会由于微生物等作用而形成硝态氮，它不被土壤吸附，最易随水进入地下水。硝态氮进入地下水的量受外界环境、土壤性质、氮肥用量及农事活动的影响。在年降雨量大、山地、森林、人畜稀少的地区，地下水中硝酸盐含量常较低；而在年降雨量较小、平原区、耕地多、人畜稠密的农区，地下水中硝酸盐含量一般较高。农田施肥与淋溶氮量呈近似直线的正相关。

在硝态氮随水淋溶通过密实土层或土壤水分饱和缺氧时，会发生反硝化作用，减少了可进入地下水的硝态氮量。研究表明，反硝化作用的影响仅限于60～70cm以内的上层地下水，对更深层地下水影响很小。这说明地下水位较高，土壤耕层排出水中硝态氮浓度会大于地下水位低的地段。

（三）施肥与大气污染

与大气污染有关的营养元素是氮。氮对大气的污染是一种自然现象，但因人类的施肥活动而得到大大加强。1949年我国投入农田的总氮量仅162.2万吨，其中化肥氮仅0.6万吨。到1983年使用总氮量达1615.8万吨，增加了近10倍，其中化肥氮达到1192.5万吨，增加了1988倍。1990年化肥氮使用量达到1752万吨。如此大量的投入，会加重对大气的污染。施肥对大气的污染主要有 NH_3 的挥发、反硝化过程中生成的 NO_x 和沼气（CH_4）、有机肥的恶臭等。反硝化过程最终生成氮气，虽在经济上是一项损失，但不会污染环境。

在水饱和或质地密实的土壤中，或在富氮的水底层都可以发生反硝化作用。我国尤其是南方，稻田面积大，氮肥施用量大，降雨多，发生反硝化作用的区域面积大，生成的 NO_x 会扩散到大气层中，从而对同温层上臭氧含量产生不利影响。NO_x 与稻田产生的 CH_4 以及卤化烃等均是温室效应气体，这些气体浓度的增加提高了大气保持红外线辐射的能力，从而加强全球温室效应。

氨的挥发与有机肥恶臭主要来源于施肥不当，如有机肥施用后未及时翻入土壤中、氮素化肥表施等，挥发到大气中的氨通过降雨又回到土壤中再利用，回到河流、湖泊的部分会增加水体中氮的负荷。有机肥的恶臭主要来自其中的含硫化合物，在集中饲养禽、畜的地方特别突出，需要加以治理。

二、农药对环境的污染

1. 农药对大气的污染

农药通过各种途径进入大气，然后在大气中发生物理、化学变化。使大气中有害物质发生各种转化，转化的结果有利有弊，利的方面可使污染物浓度降低（通过降解和消除），弊的方面是向其他介质中转化，污染新的介质（土壤、水）或转化为更有害的物质。

在为防治作物、森林及卫生害虫、病菌、杂草和鼠类等有害生物而喷洒农药时，有相当一部分农药会直接飘浮在大气中，尤其以飞机喷洒或使用烟雾剂时进入大气的量最多。附着于作物体表的或落入土壤表层的农药也有一部分被浮尘吸附，并逐渐向大气扩散，或者从土壤表层蒸发进入大气中。由农药厂排放出的废气，也是大气中的农药污染源。

2. 农药对水体的污染

农药进入水中后，虽然其在水中的溶解度不高，但可吸附于水中的微粒上，随地表径流进入水体。农药对水体的影响，在一般情况下表现不明显，而是通过农药的存在直接对水生生物产生影响。农药在水体中极易进行水解，水解速率随水温的升高而加快，经水解常生成低毒物质。大多数磷酸酯类农药水解迅速，有机氯农药则较慢。多数农药在水溶液中还能发生光化学分解。

3. 农药对土壤的污染

农药进入土壤后，与土壤中的固体、气体液体物质发生一系列变化，包括物理、化学和生物化学反应，通过这些过程，土壤中的农药有以下三种归宿：①土壤的吸附作用使农药残留于土壤中；②农药在土壤中进行气迁移和水迁移，并被作物吸收；③农药在土壤中发生化学、光化学和生物降解作用，残留量逐渐减少。

首先农药通过土壤对它的吸附作用而蓄积在土壤中，农药被土壤吸附后，其移动性和生理毒性也将随之发生变化。从某种意义上来说，土壤对农药的吸附作用就是土壤对有毒物质的净化和解毒作用。但这种净化作用是不稳定的，也是有限度的。当吸附的农药被土壤溶液中的其他物质重新置换出来时，即又恢复其原来的毒性。随后，进入到土壤中的农药可以通过水迁移、气体扩散等方式在环境各要素之间运行。农药在土壤水分和土壤空气中扩散的强弱，依其溶解度和蒸气压的不同而不同。农药的迁移一方面使污染源的浓度降低，对降低污染起一定的积极作用，另一方面向外界迁移，使周围介质中污染物浓度增加，又造成一定的污染。这样的作用在迁移过程中相辅相成。只有通过最后农药在土壤中的化学转化与降解作用，消散农药的作用，才使土壤污染程度减轻。同样，在一些化学变化中，新的有毒物质又生成，土壤又受到一次污染。农药在土壤中的作用既繁杂又变化莫测。它对土壤的污染作用机理总的来说是在土壤中残留有毒物质。

三、温室效应

1. 温室效应的概念及产生

大气中的二氧化碳（CO_2）、甲烷（CH_4）、一氧化二氮（N_2O）、臭氧（O_3）、氯氟烃（CFCs）、水蒸气（H_2O）等可以使短波辐射通过，但却可以把长波辐射吸收，从而对地球有保温效果，类似温室的作用，故称上述气体为“温室气体”，温室气体产生的增温效应称为温室效应。

温室效应原本是一个自然过程，在人类大规模的干预之前，碳元素在岩石圈、水圈、生物圈、土壤圈和大气圈间循环流动，处于相对平衡状态。大气中的碳及其他温室气体也基本上稳定在一定的含量，其增温效果与地球热量的外溢保持平衡状态，因此维持着地球表面温度的恒定。然而，工业革命以来，人类大量燃烧化石燃料加速了碳从岩石库向大气库的转移，砍伐森林减缓了碳从大气库向生物圈进而向岩石库的流动，从而打破了碳素原有的平衡循环状态，使得大气圈的碳库存量增加，增温能力提高，导致温室效应加剧。

甲烷俗称沼气，其增温作用在温室气体中列第二位，并且随着世界人口的增长，大气中甲烷的浓度呈增长状态。甲烷是微生物在厌氧条件下产生的，人和草食动物（主要是反刍动物）的消化道、粪便、稻田、沼泽和泥塘是产生甲烷的源，其中通过泥塘、沼泽和苔原每年排放到大气中的甲烷约为115Tg，稻田排放量约为110 Tg，牲畜反刍约排放80 Tg，白蚁产生40 Tg，加上其他途径，年总排放量为300～700Tg。甲烷在排放过程中，约90%被氧化成水和CO_2，仅约10%留在大气中，然而由于排放量的不断增加，大气中甲烷呈净增长态势。据推算，如果今后甲烷的增长趋势与人口增长的相关性仍然同现在相似，则2030年大气中甲烷浓度可达到2.34μL/L，2050年将达到2.5μL/L。

2. 温室效应对环境及农业的影响

温室效应所导致的全球气候变化对农业会产生直接和间接的影响，而且影响结果有正、负效应之分。气候变暖引起种植制度变化，即引起种植制度的界限位移、季节安排的变动、作物和作物品种类型的重组。从经济的角度来看，全球变化对农业经济效益的影响主要是影响作物的产量和成本，从而影响农产品的价格。对作物产量的影响，因作物的种类和分布区域不同而异。例如，对 C_3 作物而言，二氧化碳会增加光合作用强度，导致局部增产；气体尘埃的增加会削弱光照强度，从而降低光合作用强度，C_3 作物的产量则是这二者综合效应的结果。由于 C_3 作物进行光合作用的另一个重要条件——水分，在全球变化过程中也会发生变化，在某些区域全球变化会使洪涝灾害增多，为了保证作物的正常生长，必须兴修水利工程；在另一些区域全球变化会引起局部严重干旱，为了保证作物正常生长，又必须修建灌溉设施；同时全球变化还可能带来作物病虫害的危害加剧、作物适应的种植范围减小或扩大、生物多样性变化和生态系统的破坏、其他方面投资增加等一系列影响，从而增加作物生产成本。

具体讲，温室效应可产生以下影响。

(1) 由于气温增高，水汽蒸发加速，全球雨量逐年减少，各地区降水形态将会改变。北半球冬季将缩短且更冷更湿，而夏季则变长且更干更热；亚热带地区将更干，而热带地区则更湿。据有关模型估算，温度升高 1℃，东亚年降水量增加，其中冬季增加 4.6%、夏季增加 3.8%。

(2) 改变植物、农作物的分布及生长力，并加快生长速度。对农业作物的直接影响：基本上起增产作用，特别是 C_3 作物可能增产 10%～50%，C_4 作物增产 0～10%。但因降水的影响，不同区域其对农业的影响不同，如中国，对东北部有利，而对南部和西北的农业发展不利。

(3) 病虫害发生变化。可能使一些病虫害减少，但许多害虫则可以多繁殖一代从而加重危害。

(4) 海洋温度升高，海平面将于 2100 年上升 15～95cm，导致低洼地区海水倒灌，全世界 1/3 居住在海岸边缘的人口将遭受威胁。

(5) 改变地区资源分布，导致粮食、水源等的供应不平衡，引发国际之间的经济、社会问题。

(6) 人体抗病能力降低。

(7) 生态系统受损，动物大迁移，生物多样性降低。

或许从整个地球生态系统的发展来看，温室效应是促进地球生态系统演替的一个重要因素，但是对现阶段的人类来说这是生存环境对自身的一个挑战，也许若干年后重新达到的平衡状态会把人类抛弃，所以人类是更倾向于选择通过一些改善措施尽量使得碳循环靠近温室效应加剧前的那个平衡状态，而不与整个生态系统一起等待下一个平衡状态。那么如何减轻温室效应呢，最直观的解决思路就是从原因出发，减缓碳向大气圈的转移速度，增加碳从大气圈的移出速度；寻找并利用新型非碳组成的能源，减少碳化合物向大气圈的排放；植树造林，减少水面污染，增加水生植物，加速碳从大气圈向生物圈的转移。

四、水体富营养化

1. 水体富营养化的概念及产生

水体富营养化是指在人类活动的影响下，生物所需的氮、磷等营养物质大量进入湖泊、河口、海湾等缓流水体中，引起藻类及其他浮游生物迅速繁殖、水体溶解氧量下降、水质恶化、鱼类及其他生物大量死亡的现象。工业和生活污水的排放、化肥的过量使用、毁林带来的水土流失等一系列人为原因都加速了氮、磷等元素向水圈的转移，而又没有采取相应的措施使其加速转出，因而造成了水体中营养物质的富集。其过程如图 4-9 所示。

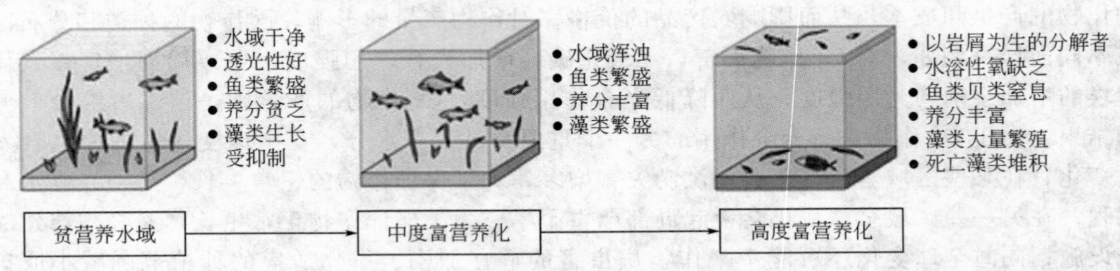

图 4-9 水体富营养化演替过程

农业用水、城市生活污水及工业废水的排入，地面径流和地下水的渗漏等，都可能使水体中的营养物质增加。究竟哪种形式起决定作用，要根据具体情况进行分析。要想精确估计农业施肥在富营养化中所起的作用是困难的，但也有不少人对此进行了研究，并做出粗略估计。如美国曾对威斯康星的门多塔湖进行调查，结果认为氮有 9%来自农田径流，2%来自地下水，2%来自降水，但其中未计沉积物的带入量。

2. 水体富营养化的危害

氮、磷等植物营养物质大量而连续地进入湖泊、水库及海湾等缓流水体中，将提高各种水生生物的活性，刺激它们异常繁殖（主要是藻类），这样就带来一系列严重后果。

（1）藻类在水体中占据的空间越来越大，同时衰死藻类沉积塘底，使鱼类活动的空间越来越小。

（2）藻类及水体微生物过度生长繁殖，它们呼吸作用和死亡的有机体的分解作用消耗大量的氧，在一定时间内使水体处于严重缺氧状态，严重影响鱼类的生存。

（3）随着富营养化的发展，藻类种类逐渐减少，并由以硅藻和绿藻为主转为以蓝藻为主，而蓝藻有一些种有胶质膜，不适于作鱼饵料。且其中有一些种属或其分解物是有毒的，对鱼类产生毒害作用，并给水体带来不良气味。

近年来，包括我国在内的全球水体富营养化问题日趋严重，如我国的太湖、洞庭湖等湖泊水体富营养化的发生，墨西哥湾赤潮的频发，对区域环境与渔业发展带来严重影响。从物质循环出发，减轻水体富营养化就是要减少氮、磷等营养元素向水体的输入，增加其输出，从而减少水体中的氮、磷等营养元素的浓度，到达治理的目标。但是鉴于目前的技术发展有限，从减少输入的方面更容易一些，可以尽量截断人为输入途径。

五、生物放大现象

生物体从周围环境中吸收某些元素或不易分解的化合物，这些污染物在体内积累并通过食物链向下传递，在生物体内的浓度随生物营养级的升高而升高，最终使生物体内某些元素或化合物的浓度超过了环境中的浓度并造成毒害的现象叫生物放大作用，又叫生物富集作用，也叫生物浓缩。

生物放大现象是 20 世纪 60 年代在日本发现的。20 世纪 50 年代日本水俣市发现猫、狗等家畜经常性跳水从而溺水而亡的事件，逐渐市民出现身体疼痒症状（称为水俣病），直到 60 年代才研究发现是由汞这种物质导致的。1923 年，水俣市的一个工厂生产氯乙烯与乙酸乙烯，其制造过程中需要使用含汞的催化剂。由于该工厂任意排放废水，这些含汞的剧毒物质流入河流，并进入食用水塘，转成甲基汞氯等有机汞化合物。经测定，水体内这些有机汞化合物并未达到污染标准，但被水生植物吸收后，经植物-虾-鱼-猫（人）的食物链逐级传递与放大，最终导致在鱼类体内汞含量高达几十毫克每千克，严重超出食品安全食用范围，从而导致了人和猫食用后的中毒现象。

很多物质主要存在于岩石圈，通过火山爆发等原因进入大气圈、水圈和土壤圈，进而进入生物圈。而加上人类干预后，这些物质进入生物圈的途径就变成了以下三条：大气圈→土壤圈→生物圈；水圈（废水）→生物圈；土壤圈（污染物）→生物圈。人类的干预活动增加了这些物质从岩石圈向生物圈转移的途径和速度，导致这个生态系统中的生物放大过程进程加快，严重时会造成物种灭绝，危害人类健康甚至导致死亡。难分解的物质进入生物体内，其浓度随着食物链逐级增加，这一过程对人类来说调控难度比较大，因此减轻生物放大带来的危害要从减少源头输入进行。

复习思考题

1. 防止化肥对环境污染的措施有哪些？
2. 防止农药对环境污染的措施有哪些？
3. 防止温室效应的措施有哪些？
4. 防止水体富营养化的措施有哪些？
5. 防止生物放大现象的措施有哪些？

任务四　植物化学诊断样品的采集和处理

一、任务目标

在作物化学诊断工作中，测定的样品要有代表性。除多点取样外，应避免采用田边、路边的植株。要预先在田间全面观察植株的长相长势，凡过大、过小以及受病虫害或机械损伤的植株均不宜采集。对缺素或有病植株的诊断，则应选取典型样品，并以无病正常植株作对照。取样数量，一般每份样品应在10株以上。总之，用于营养诊断来说最重要的是注意代表性，对于障碍因子诊断来说则力求典型性。

二、仪器与用具

铅笔、标签、直尺、记录本、塑料袋、塑料布（50cm×60cm）、硬质木棍、广口瓶、镊子、角勺、托盘天平（1%）。

三、任务实施

1. 取样时间

作物体内各种物质处在不断的代谢变化之中，在白昼和傍晚，在不同生育期，都有很大差异。因此，采样时间要尽量一致。一般在上午8：00～10：00进行取样为宜，这时作物的生理活动已趋于活跃，地下根系对养分的吸收速率和地上光合作用对养分的需要接近动态平衡，作物组织中的无机养料储量最能反映作物对养分的需求情况。同时，对照样品也必须在同一时间内采取，否则就失去了相互比较的意义。

取样时期应与作物发育一定阶段的施肥结合起来，一般在施肥前要采样测定，以便判断某一时期是否需要施肥以及需要量。此外，各种养分的测定还必须根据作物的生育期进行取样。

2. 取样部位

取样部位除了照顾生理年龄一致外，主要是选择植株被诊断元素丰缺程度的敏感部位。一般选取输导组织发达、叶绿素少的部位，它最能反映各种养分的丰缺情况。表 4-1 是几种作物主要养分测定的大致部位，供取样参考。

表 4-1 各种作物诊断取样部位

诊断成分	作物名称	采样部位
硝态氮	棉花	顶叶下 3～4 叶柄
	番茄	叶柄
	玉米	果穗相对应的叶片中脉(早期用下部基节)
	小麦	取第 2～3 茎节或心叶下 3～4 叶鞘
	大豆	心叶片
氮基态氮	水稻	心叶下第 2～3 片叶鞘。天门冬酰胺的测定,则取顶端未展开或半展开的针状叶
	棉花	叶柄
水溶性磷	番茄	叶柄
	玉米	幼玉米取茎部或果穗相对应的基部组织或叶脉、叶片
	棉花	顶叶下 3～4 叶柄
	大豆	植株上部叶柄或上部茎叶
	水稻	取基部茎鞘
	小麦	取第 2～3 茎节或心叶下 3～4 叶鞘
水溶性钾	玉米	幼玉米取基部茎节,老玉米取与果穗同高度叶片、中脉或茎秆,吐丝期取穗下的对生叶
	大豆	取植株顶端叶柄基部扩大处
	棉花	取植株主茎茎叶混合组织或主茎顶已展开叶片或叶柄
	水稻、小麦	取心叶下第 3～5 叶鞘或茎节

注：1. 水稻、苜蓿、紫花苜蓿、野豌豆和木本植物组织中没有硝态氮或微量，不作诊断对象。
2. 果树诊断一般取叶片分析，但应根据不同诊断目的确定取样部位和方法。

3. 样品的处理

(1) 植株样品的处理方法　进行作物诊断的样品，一般要求在田间测定。如有困难，最好带土盛在塑料口袋或水桶（水稻植株带土并放少量水）中带回室内，以免由于养料运输、水分蒸发或体内有机化合物的分解等原因造成测定误差。测定前先将样品中枯叶、断茎、霉鞘、残根等除去，再将沾染在植株上的土粒、灰尘等用干净湿布擦净；如果需要清洗，则在洗后用布或吸水纸揩干，最后将测定部位剪下，剪成小段用压榨工具压汁，立即进行诊断测定。一般在采样后 2h 完成。若不能立即测定，可暂时用清洁湿布包裹或放入塑料袋中，但这样做时间也不宜太长，以免养分转化或样品干燥压不出汁液来。

(2) 植株汁液和浸提液的制备　制取植株汁液的方法有三种：一是用压汁法将组织汁挤压出来，然后稀释到一定浓度进行测定，这叫压液稀释法；二是用提取剂浸提，可用热水、冷水或其他试剂；三是将汁液直接压在比色盘或纸上进行速测。

压汁法是将经处理后的植株样品，用干净剪刀把特定部位剪下，剪成小段，放入干净的塑料套管中进行压榨取汁，将汁液储于青霉素瓶中备用。压榨工具有两种，一种为金工用的手虎钳，另一种为特制的压汁钳。对于汁液较多的作物样品，则可将其放在塑料管中直接用手挤压，取其汁液。

四、任务报告

在当地进行植株化学诊断样品的采集和处理，并完成报告。

五、任务小结

总结学生实验情况，指出实验应重点注意的地方，增强学生的实验动手能力。

任务五　旱作物组织中硝态氮的测定

一、任务目标

作物根系从土壤吸收的硝态氮一部分很快参加蛋白质的合成，但仍有相当数量的硝态氮是在向地上部分逐步转化的，因此，植株体内经常可以检测出一定量的硝态氮，其浓度在一定范围内能反映当时作物体内的氮素营养水平和土壤的供氮状况。

二、仪器与用具

电子天平（感量0.01g），容量瓶（100mL、1000mL），刻度试管（5mL或10mL），比色盘（白色），大试管，剪刀，压汁钳。

三、任务原理

锌在酸性条件下产生氢气，将硝酸根还原成亚硝酸根，亚硝酸根离子与对氨基苯磺酸和α-萘胺作用，形成红色偶氮染料。在一定范围内红色越深，硝态氮越多，反之就少。根据颜色深浅，通过未知液与标准液比色，确定测定物质中硝态氮含量。

本法的灵敏度范围为0.5～200mg/L，其反应一定要在酸性条件（pH值=5左右）下进行，在碱性条件下不显色或显色不明显。本法优点是在植株体内含氯离子较高的情况下不致引起干扰，但其缺点是不够稳定。

四、任务实施

（一）试剂配制

1. 硝酸试粉

称硫酸钡50g，分成数份，分别与硫酸锰5g、锌粉1g、对氨基苯磺酸2g、α-萘胺1g在研钵中研细混匀，最后与37.5g柠檬酸一起研磨均匀储于暗色瓶中，防潮避光。此试粉呈灰白色，若变为粉红色，则不能使用。

2. pH值为5.0的柠檬酸缓冲液

称取化学纯柠檬酸4.31g、柠檬酸钠6.686g，溶于500mL蒸馏水中（溶液必须用新鲜酸制）。

3. 硝态氮标准溶液

称取7.22g分析纯硝酸钾，加水定容到1000mL，即为1000mg/L（硝态氮）。

4. 50%的乙酸

取冰醋酸加等体积蒸馏水稀释即可。

（二）硝酸试粉——压汁试管比色法

1. 作物组织汁液的提取

将田间新采集的样品（一般从采集到测定不超过1～2h），用湿布擦净，用干净剪刀剪成大小不超过1～2mm的小碎片，放入压汁钳中压榨榨汁备用。

2. 测定步骤

甲项：于10mL刻度试管中配制（1～10mg/L）硝酸态氮标准液阶，其配制方法如下。

(1) 取100mg/L的硝态氮标准液1、2、4、6、8、10滴，分别注入6支刻度试管。试管编号1～6。

(2) 在6支刻度试管中，各加入pH值为5.0的柠檬酸缓冲液至总体积为5mL。摇匀，则此液阶浓度分别为1mg/L、2mg/L、4mg/L、6mg/L、8mg/L、10mg/L。

乙项：于10mL刻度试管中，滴加作物组织汁液1滴，再加入pH值为5.0的柠檬酸缓冲液至总体积为5mL，摇匀。试管编号7。

丙项：于甲、乙两项中，同时加入0.2g硝酸试粉（可用特制的玻璃小勺取一平勺，不必每次称重），塞紧，上下摇动1min（200次/min），静置15min后比色。

3. 结果计算

$$组织汁液硝态氮含量(mg/L)= 相当标准色阶硝态氮(mg/L)\times V_1/V_2$$

式中，V_1为显色液的滴数（每毫升按20滴计）；V_2为所取汁液的滴数。

表4-2 植株硝态氮状况分级表（仅供参考）

标准色阶相当的硝态氮/(mg/L)	汁液中硝态氮/(mg/L)	硝态氮状况
1.0	100	极缺
2.5	250	较缺
5.0	500	中等
10.0	1000	高量

以上分级标准（表4-2）是对一般旱作物而言，对于不同旱作物、不同的农业区域，必须根据各地的实际情况，找出适合当地的诊断指标。

（三）硝酸试粉——浸提液比色法

1. 作物组织浸出液的制备

(1) 将田间新采集的样品组织用湿布擦净，用干净剪刀剪成大小不超过1～2mm的小碎片。

(2) 混匀后称取0.5g，放入小锥形瓶或试管中，加蒸馏水20mL，塞紧，用力上下摇动1min（200次/min），静置片刻即可吸取浸出液速测。如果溶液浑浊，应先过滤，再测定。浸出液不要放置太久，应在2～3h内测定（此浸出液可同时用来测定无机磷和钾）。

2. 测定步骤

甲项：于白瓷比色盘中配制（1～10mg/L）硝态氮标准液阶，其配制方法见表4-3。

表 4-3　硝态氮标准液阶配制方法

穴位编号	10mg/L 标准液加入滴数	蒸馏水加入滴数	标准液阶浓度/(mg/L)
1	1	9	1
2	2	8	2
3	4	6	4
4	6	4	6
5	8	2	8
6	10	0	10

乙项：吸取作物组织浸出液 10 滴，放入白瓷比色盘孔穴编号 7 中。

丙项：在甲、乙两项各孔穴中，同时加入 1 滴 50％的乙酸，搅匀，再加一耳勺（约 20mg）硝酸试粉，搅匀。约经 5min 后显色已趋稳定，在 15min 内应完成比色。

3. 结果计算

作物组织中硝态氮含量(mg/L)＝比色读数值(mg/L)×40(稀释倍数)

五、任务报告

在当地进行旱作物组织中硝态氮的测定，并完成书面报告。

六、任务小结

总结学生任务完成情况，要求学生勤练习，掌握旱作物组织中硝态氮的测定技术。指出完成任务应重点注意的地方，增强学生的实验动手能力。

任务六　植物组织中磷的测定

一、任务目标

作物根系自土壤中吸收的无机磷，大部分在作物体内迅速转化为有机磷，其余部分仍以水溶性状态留在体内，这部分水溶性磷的含量大体上能反映土壤磷素供应状况，故可作为检定作物磷素营养水平的指标。

二、仪器与用具

1/100 电子天平、10～15mL 比色管（5 支）、剪刀、表面皿、量筒、刻度吸管、软木塞、压榨钳、锥形瓶（50mL）、大试管、吸管、滴管、纱布、滤纸。

三、任务原理

在一定酸度条件下，磷酸与钼酸结合生成磷钼酸，磷钼酸在氯化亚锡还原剂的作用下产生蓝色的磷钼蓝。在一定含磷范围内，溶液蓝色的深浅与磷含量成正比。根据蓝色的深浅与标准色阶相比较，即可求出磷的含量。

四、任务实施

(一)组织碎屑比色法

1. 测定方法步骤

(1)作物组织测定

1)选取有代表性的植株，取基部混合叶蒜组织，剪成1mm左右的碎屑，混匀，称0.25g放入10～15mL的比色管中。

2)加入钼酸铵-盐酸溶液1.5mL，塞紧，上下用力摇动300次(约2min)。立即加水6mL，摇均匀并加入2.5%氯化亚锡-甘油1滴，5min后与同时配制的标准色阶比色，记下测得的比色读数值(mg/L)。

(2)配制系列标准溶液　系列标准色阶与作物组织测定的同时，于10～15mL比色管中，按表4-4用量比例配制系列标准溶液。

表4-4　酸浸比色法无机磷标准色阶

系列标准液中磷(P)浓度/(mg/L)		0	1	2	3	4
组成	5mg/L磷标准毫升数	0	1.5	3.0	4.5	6.0
	蒸馏水毫升数	6.0	4.5	3.0	1.5	0
钼酸铵-盐酸毫升数		1.5	1.5	1.5	1.5	1.5
氯化亚锡滴数		1	1	1	1	1

2. 结果计算

植株组织中无机磷(P)含量(mg/L)=比色读数值(mg/L)×30

此法也适用于水稻缺磷发僵的诊断。表4-5是其参考指标。

表4-5　水稻(分蘖期)缺磷发僵和组织中含磷浓度的关系

水稻缺磷发僵状况	极缺(发僵严重)	缺磷(有发僵症状)	潜在缺磷(有潜在或可疑症状)	正常苗
组织中含磷(P)浓度/(mg/L)	<30	30～60	60～90	90～120

3. 试剂配制

(1)1.5%钼酸铵-盐酸溶液　称取钼酸铵1.5g溶于约30mL温水中，冷却后，缓缓加入浓盐酸30mL，边加边搅拌，用水稀释至100mL，储于棕色瓶中。

(2)2.5%氯化亚锡-甘油溶液　称取氯化亚锡-甘油2.5g，加浓盐酸10mL，加热促进溶解(如有混浊，应过滤)，再加甘油90mL，混匀，储于棕色瓶中，存放在暗处，一般可存放半年左右。

(3)100mg/L标准磷(P)溶液　称0.2194g磷酸二氢钾溶液于400mL蒸馏水中，加入3.5mol/L硫酸溶液25mL(将4.9mL浓硫酸缓缓加入20mL蒸馏水中)，混匀，用蒸馏水定容至500mL，即为100mg/L的标准磷溶液。

10mg/L磷标准溶液：100mg/L标准磷溶液稀释10倍。

5mg/L磷标准溶液：10mg/L标准磷溶液稀释2倍。

（二）汁液或水浸液的比色盘点滴比色法

1. 作物组织的汁液或水浸出液的制备

（1）作物组织的汁液提取及测定稀释液的制备

1）作物组织汁液的提取　将欲测作物组织用湿布擦净，然后剪碎、榨汁。

2）测定稀释液的制备　取1滴组织液加蒸馏水稀释至2mL，摇匀，即稀释40倍。

（2）作物组织的水浸出液的制备　将欲测的作物组织剪碎，混匀，称取0.5g，放入小锥形瓶或大试管中，加蒸馏水20mL（即稀释40倍），塞紧，用力上下摇动1min（约200次/min）。静置片刻即可吸取浸出液速测。如果溶液浑浊，应先过滤，再测定。浸出液不要放置太久，应在2～3h内测定完。

2. 测定方法步骤

甲项：于白瓷比色盘穴中配制（0.5～10mg/L）磷（P）的标准液阶，其配制方法见表4-6。

表4-6　磷标准液阶配制方法

穴位编号	5mg/L标准液加入滴数	10mg/L标准液加入滴数	蒸馏水加入滴数	标准液阶浓度/(mg/L)
1	1	0	9	0.5
2		1	9	1
3		2	8	2
4		4	6	4
5		6	4	6
6		8	2	8
7		10	0	10

注：5mg/L标准液可用10mg/L标准液现用现稀释三倍即可配成。

乙项：用滴管吸取待测液10滴，于白瓷比色盘穴中，编号8。

丙项：于甲、乙两项白瓷比色盘穴中，同时加入钼酸铵-盐酸溶液1滴，搅匀后，再各加0.1%氯化亚锡-甘油液1滴，再次摇匀，放置5min。待显色稳定后比色。

3. 结果计算

$$汁液或作物组织中无机磷(P)含量(mg/L)=比色读数值(mg/L)\times 40$$

$$相当P_2O_5含量=纯磷(P)\times 2.3$$

（三）汁液或水浸液的试纸点滴法

1. 作物组织的汁液或水浸出液的制备

方法同点滴比色法。

2. 测定方法

（1）将长度约15cm、宽约2cm的滤纸折成10等份，并依次编号。在滤纸上按编号各加一滴钼酸铵-盐酸。

（2）在编号1～7滴加钼酸铵-盐酸的各点上按编号依次再滴加1滴0.5mg/L、1mg/L、2mg/L、4mg/L、6mg/L、8mg/L、10mg/L磷（P）的标准液。在编号8、9、10滴加钼酸铵-盐酸的各点上各加入1滴作物汁液待测液或浸出液。

3. 结果计算

$$汁液或作物组织中无机磷(P)含量(mg/L)=比色读数值(mg/L)\times 40$$

$$相当P_2O_5含量(mg/L)=纯(P)\times 2.3$$

五、任务报告

在当地进行植物组织中磷的测定，并完成书面报告。

六、任务小结

总结学生任务完成情况，要求学生勤练习，掌握植物组织中磷的测定技术。指出完成任务应重点注意的地方，增强学生的实验动手能力。

任务七 植物叶片中活性铁含量的测定

一、任务目标

铁是植物所必需的微量元素之一。在叶绿素形成时，铁起着决定性的触媒剂作用，因此，植物缺铁时会显出黄叶病。在果树发生缺铁症状时，可以结合对果树的叶片活性铁含量测定加以判断。

二、仪器与用具

1. 光电比色计或 722 型分光光度计。

2. 容量瓶（50mL8 个）、量筒（10mL）、试管、漏斗、吸管（1mL、5mL、10mL）、表面皿、剪刀。

3. 电子天平（感量 0.01g）。

三、任务原理

以盐酸羟胺为还原剂，将三价铁还原为二价铁。在 pH 值 2～9 的范围内，用邻菲罗啉络合二价铁，生成橙红色的络合物。

在一定浓度范围内，红色深浅与亚铁离子含量成正比。在显色溶液中铁含量为 0.1～6mg/L 时符合 Beer 定律，波长 530nm。

四、任务实施

1. 试剂配制

（1）10%盐酸羟胺溶液：称 10g 化学纯盐酸羟胺，溶于 100mL 蒸馏水中。

（2）0.1%邻菲罗啉显色剂：称 0.1g 邻菲罗啉，溶于 100mL 蒸馏水中。

（3）10%乙酸钠溶液：称 10g 乙酸钠固体，溶于水，定容至 100mL。

（4）6mg/L 盐酸溶液：量取 248mL（比重为 1.91）盐酸至 500mL 容量瓶中，加蒸馏水至刻度。

（5）0.2% 2,4-二硝基苯酚溶液：称取 0.2g 2,4-二硝基苯酚溶于 100mL 蒸馏水中（注：变色 pH 范围 2.8～4.4，颜色：无色—黄）。

（6）10mg/L 铁的标准溶液：称取 0.3511g $Fe(NH_4)_2(SO_4)_2 \cdot 6H_2O$（硫酸亚铁铵），溶于蒸馏水，移入 500mL 容量瓶，加蒸馏水定容，此溶液亚铁浓度为 100mg/L。

吸取浓度为 100mg/L 的铁的标准液 10mL 于 100mL 容量瓶中，加蒸馏水至刻度，此标准液亚铁浓度为10mg/L。

2. 测定步骤

(1) 测定液的制备

① 测样准备：取果树枝条梢上叶片10～100个（结果枝或不结果枝均可），先用自来水冲洗，除去叶面污染物，再用蒸馏水冲洗2～3次，擦干，将洗净的叶片切成1mm左右长的小段。

② 精确称取0.5g混合匀的测样，放入试管中。

③ 加入2mL 6mol/L的盐酸溶液，摇匀，静置30min。

④ 加5mL蒸馏水稀释，并过滤于50mL容量瓶中。

(2) 在测液容量瓶中，加入1mL 10%盐酸羟胺还原铁，反应时间2～3min。

(3) 加3滴2,4-二硝基苯酚指示剂，加20mL 10%的乙酸溶液，调节待测溶液的pH值为3.5左右，再加10mL 0.1%的邻菲罗啉水溶液，进行显色，加蒸馏水至刻度，摇匀，30min后比色。

(4) 在722型分光光度计上，选用530nm波长测定显色液的吸光度。

(5) 根据测得的吸光度值，在铁的标准曲线上查得测定液中铁的浓度。

3. 结果计算

果树叶片活性铁含量(mg/kg)＝测定液铁的浓度(mg/L)×100

4. 标准曲线的制作

(1) 铁的标准液阶的配制

① 吸取浓度为10mg/L的铁的标准液0、0.5mL、1mL、2.5mL、5mL、10mL，依次注入6个50mL的容量瓶中。

② 各加入5mL蒸馏水、2mL 6mg/L的盐酸溶液，1mL 10%的盐酸羟胺，2～3min后加3滴2,4-二硝基苯酚指示剂，用10%的碳酸钠溶液调节溶液至黄色为止，即溶液pH值为3.5左右，再加10mL 0.1%的邻菲罗啉水溶液进行显色，加蒸馏水至刻度，摇匀。

则上述溶液中铁的浓度分别为0、0.1mg/L、0.2mg/L、0.5mg/L、1mg/L、2mg/L。

(2) 在722型分光光度计上选用530nm波长分别测定各级标准液的吸光度。

(3) 根据色阶各级溶液铁的浓度与吸光度绘制标准曲线。

五、任务报告

在当地进行植物叶片中活性铁含量的测定，并完成书面报告。

六、任务小结

总结任务完成情况，应勤练习，掌握植物叶片中活性铁含量测定的技术。指出完成任务应重点注意的地方，增强实验动手能力。

项目五

植物生长土壤环境调控

项目目标

◆ 了解：土壤退化、污染和低产田的改良与开发。

◆ 理解：不同质地的农业生产特性、土壤有机质的转化及作用、土壤基本性质及对肥力的影响。

◆ 掌握：土壤肥力、土壤通气性、壤耕性等基本概念及土壤的基本组成及各组分的特性。

◆ 学会：土壤样品的采集、土壤含水量测定技术。

项目说明

土壤是岩石圈表面能够生长植物的疏松表层，它提供植物生活所必需的营养元素和水分，在植物和土壤之间有频繁的物质交换，彼此强烈影响，是植物生长所需的一个重要的生态因子。在控制环境以促进植物生长发育的过程中，常发现气候因素不易改变，但人类能够改变土壤因素，所以研究土壤因素有更实用的意义。

任务一 土壤的基本组成认知

学习重点

◆ 土壤的基本组成、土壤质地的类型及质地与土壤肥力的关系。

◆ 土壤有机质的转化及作用。

◆ 土壤通气性对植物生长发育的影响。

学习难点

◆ 土壤有机质的转化及作用。

◆ 土壤矿物质。

一、土壤、土壤肥力概念

1. 土壤概念

土壤即指覆盖在地球陆地表面上的能够生长绿色植物的疏松表层。

(1) 自然土壤 自然界尚未开垦种植的土壤。

(2) 农业土壤 在自然土壤基础上，人类开垦耕种和培育的土壤。

2. 土壤肥力的概念

土壤肥力是指在植物生长发育过程中，土壤不断地供给和调节植物所必需的水、肥、气、热等物质和能量的能力。

3. 土壤的组成

自然界土壤由矿物质和有机质（土壤固相）、土壤水分（液相）和土壤空气（气相）三相物质组成。

二、土壤矿物质

(一) 土壤矿物质的组成

土壤矿物质是岩石矿物质的风化产物，其颗粒大小差别很大。通常肉眼可见的大颗粒多是破碎的原生矿物，而细小的土粒则是经过化学风化作用改造形成的次生黏土矿物。

1. 原生矿物

原生矿物是在风化过程中没有改变化学组成而遗留在土壤中的一类矿物，主要有石英、长石、云母、辉石、角闪石、橄榄石等。

2. 次生矿物

次生矿物是原生矿物在风化和成土作用下，重新形成的一类矿物，主要有高岭石、蒙脱石、伊利石等次生铝硅酸盐矿物和铁、铝、硅等氧化物或含水氧化物（如三水铝石）。

(二) 土壤质地

土壤中各种粒级的配合和组合状况称为土壤质地，即土壤砂黏程度。土壤质地可划分为砂土、壤土和黏土三类。几种主要质地土壤的生产特性如下。

1. 砂质土

(1) 肥力特征 土壤砂粒多，大空隙多，小空隙少，故透水透气性强而保水保肥性差；砂土含养分少，有机质分解快，易脱肥，施用速效肥料往往肥力猛而不长，俗称“一烘头”。

砂土因水少气多，土温升降速度快，昼夜温差大，被称为“热性土”。

（2）生产特性　种子出苗快，发小苗不发老苗；易于耕作，但泡水后会淀浆板结，俗称闭砂；这类土壤宜种植生育期短、耐贫瘠、要求土壤疏松和排水良好的作物，如薯类、花生、芝麻、西瓜、果树等作物。

2. 黏质土

（1）肥力特征　黏粒含量较多，其粒间孔隙小而总孔隙度大，毛管作用强烈，透水透气性差，但保水保肥性强；黏质土矿质养分丰富，加之通气不良，有机质分解缓慢，肥效稳长后劲足；黏土水多气少，土温升降速度慢，昼夜温差小，被称为“冷性土”。

（2）生产特性　湿时泥泞，“天晴一把刀，落雨一团糟”，耕后大坷垃多，作物不易做到全苗齐苗；土性冷，肥效稳长，发老苗不发小苗；这类土壤宜种植水稻、小麦、玉米、高粱、豆类等生育期长、需肥量大的作物。

3. 壤质土

（1）肥力特征　兼有砂土与黏土的优点，通气透水性良好，保水保肥力强；有机质分解较快，供肥性能好；土温较稳定，耕性良好。

（2）生产特性　水、肥、气、热状况比较协调，适宜种植各种作物，发小苗也发老苗。

三、土壤生物和有机质

（一）土壤生物

土壤生物包括土壤动物、植物和微生物。

1. 土壤动物

（1）种类　土壤中有许多小动物，如蚯蚓、线虫、蚂蚁、蜗牛、蠕虫、螨类等。

（2）作用　粉碎土壤中的有机物残体，促进了微生物的分解作用；粪便排入土壤，提高土壤肥力；蚯蚓和蚂蚁在形成团粒结构方面有重要作用，常作为土壤肥力的标志之一。但有些动物对植物有害。

2. 土壤微生物

（1）种类　重要的类群有细菌、放线菌、真菌、藻类和原生动物及病毒等。

（2）作用　分解有机质，释放养分；分解农药等对环境有害的有机物；分解矿物养分；固定大气氮素，增加土壤氮素养分；利用磷、钾细菌制成生物肥料，施入土壤促进土壤磷、钾的释放；合成土壤腐殖质，培肥土壤；分泌大量的酶，促进土壤养分的转化；其代谢产物刺激作物生长，抑制某些病原菌活动。

（二）土壤有机质

土壤有机质是指来源于生物（主要指植物和微生物）且经过土壤改造的有机化合物。

1. 土壤有机质的来源与组成

（1）来源　施用的有机肥料、作物的秸秆以及残留的根茬等，此外，土壤动物残体和微生物、一些生物制品的废弃物、工业废水、废渣及污泥等也是土壤有机质的重要来源。

（2）元素组成　C、O、H、N，分别占52%～58%、34%～39%、3.3%～4.8%和3.7%～4.1%，其次是P和S。

（3）物质组成　碳水化合物（单糖、多糖、淀粉、纤维素、果胶物质等）、木质素、蛋白质、树脂、蜡质等占10%～15%；腐殖质占土壤有机质的85%～90%，是土壤有机质的主体。

（4）转化过程　矿质化过程是将有机质分解为简单的物质，释放出大量的能量，是释放养分和消耗有机质的过程；腐殖化过程是微生物作用于有机物质，使之转变为复杂的腐殖质，是积累有机质、储存养分的过程。

2. 土壤有机质的作用

（1）提供作物需要的养分。

（2）增加土壤保水、保肥能力。

（3）形成良好的土壤结构，改善土壤物理性质。

（4）促进微生物活动，活跃土壤中养分代谢。

（5）其他作用。腐殖质有助于消除土壤中的农药残毒和重金属污染，起到净化土壤的作用。腐殖质中某些物质如胡敏酸、维生素、激素等还可刺激植物生长。

3. 土壤有机质的管理

增施厩肥、堆肥、种植绿肥、水田放养绿藻、秸秆还田等措施来进行。同时结合耕作、排灌等措施，调节土壤水、气、热等状况。

四、土壤水分和空气

土壤水分和空气存在于土壤孔隙中，二者彼此消长，即水多气少，水少气多。

1. 土壤水分

土壤水并不是纯水，而是含有多种无机盐与有机物的稀薄溶液。

2. 土壤空气

（1）组成特点　土壤空气中CO_2含量高于大气；土壤空气中的O_2含量低于大气；土壤空气中的水汽含量高于大气；土壤空气中还原性气体高于大气；土壤空气成分随时空变化而变化。

（2）土壤通气性

① 概念　土壤空气与大气之间常通过扩散作用和整体交换形式不断地进行气体交换，这种性能称之为土壤通气性。

② 作用　影响种子萌发；影响植物根系的发育与吸收功能；影响土壤养分状况；影响作物的抗病性。

③ 调节　通过深耕结合施用有机肥料、合理排灌、适时中耕等措施来调节土壤的通气状况，改善土壤水、肥、气、热条件，给植物生长创造适宜的环境条件。

复习思考题

1. 土壤由哪几部分组成？
2. 各质地土壤的农业生产特性如何？
3. 土壤生物有哪些作用？
4. 什么叫土壤通气性？对植物生长发育有哪些重要作用？

任务二　土壤的基本性质认知

学习重点

◆ 土壤结构的类型。

◆ 土壤团粒结构在土壤肥力上的作用及创造土壤团粒结构的农业措施。

◆ 土壤耕性的判断与改良。

学习难点

◆ 土壤结构的类型与特点。

◆ 土壤胶体。

土壤物理性质包括土壤孔隙性、土壤结构性、土壤物理机械性和土壤耕性等，土壤化学性质包括土壤保肥性、土壤供肥性、土壤酸碱性、土壤缓冲性等。

一、土壤孔隙性与结构性

（一）土壤孔隙性

1. 概念

土壤孔隙性是土壤孔隙的数量、大小、比例和性质的总称。

2. 土壤密度

土壤密度是指单位体积土粒（不包括粒间孔隙）的烘干土质量，单位是 g/cm^3 或 t/m^3。一般情况下，把土壤的密度视为常数，即为 $2.65g/cm^3$。

3. 土壤容重

土壤容重是指在田间自然状态下，单位体积土壤（包括粒间孔隙）的烘干土质量，单位也是 g/cm^3 或 t/m^3。

4. 土壤孔隙度

土壤孔隙度是指单位体积土壤中孔隙体积占土壤总体积的百分数。实际工作中，可根据土壤密度和容重计算得出。土壤孔隙度的变化范围一般在 30%～60%之间，适宜的孔隙度为 50%～60%。

5. 土壤孔隙类型

根据土壤孔隙的通透性和持水能力，将其分为三种类型，如表 5-1 所示。

表 5-1　土壤孔隙类型及性质

孔隙类型	通气孔隙	毛管孔隙	无效孔隙(非活性孔隙)
当量孔径	>0.02mm	0.002～0.02mm	<0.002mm
土壤水吸力	<15kPa	15～150kPa	>150 kPa
主要作用	此孔隙起通气透水作用,常被空气占据	此孔隙内的水分受毛管力影响,能够移动,可被植物吸收利用,起到保水蓄水作用	此孔隙内的水分移动困难,不能被作物吸收利用,空气及根系不能进入

6. 土壤孔隙性与植物生长的关系

适宜于植物生长发育的耕作层土壤孔隙状况为：总孔隙度为 50%～56%，通气孔隙度在 10%以上，如能达到 15%～20%更好，毛管孔隙度与非毛管孔隙度之比为 2∶1 为宜，无效孔隙度要求尽量低。对于植物生长发育而言，在同一土体内孔隙的垂直分布应为“上虚下实”。

（二）土壤结构性

1. 概念

土壤中的土粒，一般不呈单粒状态存在（砂土例外），而是相互胶结成各种形状和大小不一的土团存在于土壤中，这种土团称为结构体或团聚体。土壤结构性是指土壤结构体的种类、数量及其在土壤中的排列方式等状况。

2. 土壤结构体的类型及特性

按照结构体的大小、形状和发育程度可分为以下几类（图 5-1）。

（1）团粒与粒状结构　团粒结构是指近似球形且直径大小在 0.25～10mm 之间的土壤结构体，俗称“蚂蚁蛋”“米糁子”等，常出现在有机质含量较高、质地适中的土壤中。

（2）块状与核状结构　这两种结构近似立方体形状。一般块状结构大小不一，边面不明

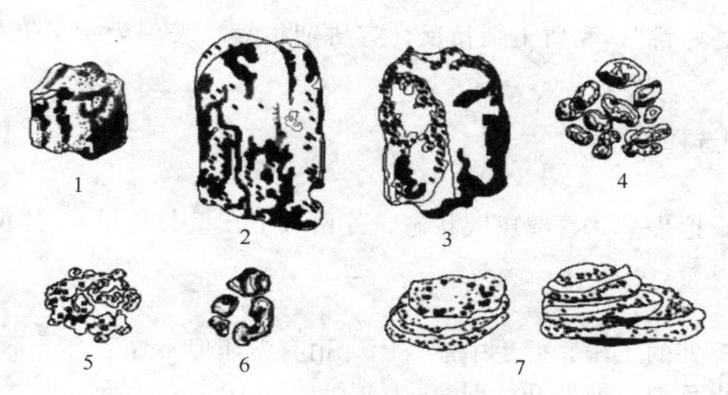

图 5-1　土壤结构的主要类型

1—块状结构；2—柱状结构；3—棱柱状结构；4—团粒结构；5—微团粒结构；6—核状结构；7—片状结构

显，结构体内部较紧实，俗称“坷垃”。而核状结构的直径一般小于 3cm，棱角多，内部紧实坚硬，泡水不散，俗称“蒜瓣土”，多出现在有机质缺乏的黏土中。

（3）柱状与棱柱状结构　是指近似直立、体形较大的长方体结构，俗称“立土”。如果顶端平圆而少棱的称柱状结构，多出现在典型碱土的下层；如果边面棱角明显的称棱柱状结构，多出现在质地黏重而水分又经常变化的下层土壤中。

（4）片状结构　是指形状扁平、成层排列的结构体，俗称“卧土”。如果地表在遇雨或灌溉后出现结皮、结壳，称为“板结”现象。

3. 团粒结构

（1）形成　团粒结构一般要经过多次（多级）的复合、团聚才能形成，可概括为如下几步：单粒→复粒（初级微团聚体）→微团粒（二级、三级微团聚体）→团粒（大团聚体）。

（2）作用　团粒结构土壤的大小孔隙兼备；能够协调水分和空气的矛盾；能协调保肥与供肥性能；具有良好的物理性和耕性。

（3）培育　通过深耕，使土体破裂松散，通过适时适当耕、锄、耱、镇压等耕作措施，结合施用有机肥料促进团粒结构的形成；通过种植绿肥或牧草，实行合理轮作、倒茬增加团粒结构；采用沟灌、喷灌、滴灌和地下灌溉等节水灌溉技术，并结合深耕进行晒垡、冻垡，可充分利用干湿交替、冻融交替作用，促进团粒形成；施用胡敏酸、树脂胶、纤维素黏胶等土壤结构改良剂来促进团粒结构的形成。

二、土壤耕性

（一）土壤耕性的含义

土壤耕性是指耕作土壤中土壤所表现出来的各种性质以及耕作后土壤的生产性能。它是土壤各种理化性质，特别是物理机械性在耕作时的表现；同时也反映土壤的熟化程度。

（二）土壤耕性的表现

1. 耕作的难易程度

群众常将省工、省劲、易耕的土壤称为“土轻”“口松”“绵软”，而将费工、费劲、难耕的土壤称为“土重”“口紧”“僵硬”。

2. 耕作质量的好坏

耕性良好的土壤，耕作时阻力小，耕后疏松、细碎、平整，有利于作物的出苗和根系的发育。

3. 宜耕期的长短

宜耕期是指保持适宜耕作的土壤含水量的时间。如砂质土宜耕期长，表现为“干好耕，湿好耕，不干不湿更好耕”；黏质土则相反，宜耕期很短，表现为“早上软，晌午硬，到了下午锄不动”。

（三）宜耕期的选择

1. 看土验墒

雨后或灌溉后，地表呈“喜鹊斑”状态，外白（干）里灰（湿），外黄里黑，半干半湿，水分正相当，此时可耕。

2. 手摸验墒

用手抓起二指深处的土壤紧握手中能成团，稍有湿印但不黏手心，不成土饼，呈松软状态；松开后土团自由落地，能散开，即宜耕。

3. 试耕

耕后土壤不黏农具，可被犁抛散，即可耕。

（四）土壤耕性的改良

改良耕性的措施有：增施有机肥料，因为有机质可降低黏土的黏结性和黏着性，减少耕作阻力；通过掺砂掺黏，改良土壤质地；创造良好的土壤结构；掌握宜耕含水量和宜耕时期。

三、土壤保肥性与供肥性

（一）土壤胶体

1. 概念

土壤胶体是指1～1000nm（长、宽、高三个方向上至少有一个方向在此范围内）的土壤颗粒。

2. 种类

根据微粒核的组成物质不同，可以将土壤胶体分为三大类：无机胶体、有机胶体、有机-无机复合胶体。

3. 土壤胶体特性

（1）有巨大的比表面和表面能。

（2）带有一定的电荷，根据电荷产生机制不同，可将土壤胶体产生的电荷分为永久电荷和可变电荷。

（3）具有一定的凝聚性和分散性。

4. 土壤吸收性能

根据土壤对不同形态物质吸收、保持方式的不同，可分为以下五种类型。

（1）机械吸收作用　机械吸收作用是指土壤对进入土体的固体颗粒的机械阻留作用。

（2）物理吸收作用　物理吸收作用是指土壤对分子态物质的吸附保持作用。

（3）化学吸收作用　化学吸收作用是指易溶性盐在土壤中转变为难溶性盐而保存在土壤中的过程，也称化学固定。

（4）离子交换吸收作用　离子交换吸收作用是指土壤溶液中的阳离子或阴离子与土壤胶粒表面扩散层中的阳离子或阴离子进行交换后保存在土壤中的作用，又称物理化学吸收作用。离子交换吸收作用是土壤保肥供肥最重要的方式。

（5）生物吸收作用　生物吸收作用是指土壤中的微生物、植物根系以及一些小动物可将土壤中的速效养分吸收保留在体内的过程。

（二）土壤保肥性

土壤保肥性是指土壤吸收保持各种离子、分子、气体和粗悬浮物质的能力。阳离子交换吸收作用是土壤保肥的主要机理。

1. 阳离子交换吸收作用

(1) 概念　阳离子交换吸收作用是指土壤溶液中的阳离子与土壤胶粒表面扩散层中的阳离子进行交换后保存在土壤中的作用。

(2) 特点　可逆反应；等电荷交换；反应迅速；受质量作用定律支配。

2. 阴离子交换吸收作用

(1) 概念　阴离子交换作用是指土壤中带正电荷胶体所吸收的阴离子与土壤溶液中的阴离子相互交换的作用。

(2) 类型　根据被土壤吸收的难易程度可分为以下三类。

① 易被土壤吸收的阴离子，如磷酸根离子（$H_2PO_4^-$、HPO_4^{2-}、PO_4^{3-}）、硅酸根离子（$HSiO_3^-$、SiO_3^{2-}）及某些有机酸的阴离子。

② 很少被吸收甚至不能被吸收的阴离子，如 Cl^-、NO_3^-、NO_2^- 等。

③ 介于上述二者之间的阴离子，如 SO_4^{2-}、CO_3^{2-}、HCO_3^- 以及某些有机酸的阴离子。

3. 离子交换作用对土壤肥力的影响

(1) 影响土壤保肥性与供肥性。

(2) 影响土壤酸碱性。

(3) 影响土壤物理性质和耕性。

(4) 影响土壤缓冲性和稳肥性。

（三）土壤供肥性

1. 概念

土壤在作物整个生育期内，持续不断地供应作物生长发育所必需的各种速效养分的能力和特性，称为土壤供肥性。

2. 土壤供肥性表现

(1) 作物长相。

(2) 土壤形态。

(3) 施肥效应。

(4) 室内化验结果。

3. 原理

土壤供肥性常与土壤中速效养分含量、迟效养分转化成速效养分的速率、交换性离子有效度等有关。

(1) 迟效养分的有效化　迟效养分包括矿物态养分和有机态养分。矿物态养分经过风化释放多种可溶性矿质养分，层状硅酸盐中养分有效化主要来自层间离子释放；有机态养分主要依靠微生物分解而释放使其有效化。

(2) 交换性离子有效度　交换性离子对植物的有效性，主要取决于饱和度效应、陪补离子效应和阳离子非交换吸附的有效性。

（四）土壤保肥性与供肥性的调节

1. 增加肥料投入，调节土壤胶体状况

增施有机肥料、秸秆还田和种植绿肥，提高有机质含量；翻淤压砂或掺黏改砂，增加砂土中胶体含量；适当增施化肥，以无机促有机，均可改善土壤保肥性与供肥性。

2. 科学耕作，合理排灌

合理耕作，以耕促肥；合理灌排，以水促肥，也可改善土壤保肥性和供肥性。

3. 调节交换性阳离子组成，改善养分供应状况

酸性土壤施用适量石灰、草木灰；碱性土壤施用石膏，可调节其阳离子组成，改善土壤保肥性与供肥性。

四、土壤酸碱性及缓冲性

土壤酸性或碱性通常用土壤溶液的 pH 值来表示。我国一般土壤的 pH 值变动范围为 4～9，多数土壤的 pH 值为 4.5～8.5，极少有低于 4 或高于 10 的。

1. 土壤酸碱性

（1）概念　土壤酸碱性是指土壤溶液中的 H^+ 和 OH^- 浓度比例不同所表现的酸碱性，常用 pH 值表示。

（2）分级　土壤 pH 值和酸碱性反应的分级见表 5-2。

表 5-2　土壤 pH 值和酸碱性反应的分级

土壤 pH 值	＜4.5	4.5～5.5	5.5～6.5	6.5～7.5	7.5～8.5	＞8.5
级　别	极强酸	强酸性	微酸性	中性	微碱性	强碱性

（3）与土壤肥力关系　土壤酸碱性与土壤肥力的关系见表 5-3。

表 5-3　土壤酸碱性与土壤肥力的关系

<table>
<tr><td colspan="2">土壤酸碱性</td><td>极强酸性</td><td>强酸性</td><td>酸性</td><td>中性</td><td>碱性</td><td>强碱性</td><td>极强碱性</td></tr>
<tr><td colspan="2">pH 值</td><td colspan="7">3.0　4.0　4.5　5.0　5.5　6.0　6.5　7.0　7.5　8.0　8.5　9.0　9.5</td></tr>
<tr><td colspan="2">主要分布区域或土壤</td><td>华南沿海的泛酸田</td><td colspan="2">华南黄壤、红壤</td><td>长江中下游水稻土</td><td>西北和北方石灰性土壤</td><td colspan="2">含碳酸钙的碱土</td></tr>
<tr><td rowspan="9">肥力状况</td><td>土壤物理性质</td><td colspan="4">越酸，钙、镁离子减少，氢离子增多，土壤结构易破坏，妨碍土壤中水分和空气的调节</td><td colspan="3">盐碱土中由于钠离子的作用，土粒分散，湿时泥泞不透水，干时坚硬</td></tr>
<tr><td>微生物</td><td colspan="3">越酸，有益细菌活动越弱，而真菌的活动越强</td><td colspan="2">适宜于有益细菌的生长</td><td colspan="2">越碱，有益细菌活动越弱</td></tr>
<tr><td>氮素</td><td colspan="3">硝态氮的有效性降低</td><td colspan="2">氨化作用、硝化作用、固氮作用最为适宜，氮的有效性高</td><td colspan="2">越碱，氮的有效性越低</td></tr>
<tr><td>磷素</td><td colspan="3">越酸，磷越易被固定，磷的有效性降低</td><td>磷的有效性最高</td><td colspan="2">磷的有效性降低</td><td>磷的有效性增加</td></tr>
<tr><td>钾、钙、镁</td><td colspan="3">越酸，有效性含量越低</td><td colspan="2">有效性含量随 pH 值增加而增加</td><td colspan="2">钙、镁的有效性降低</td></tr>
<tr><td>铁</td><td colspan="3">越酸，铁越多，作物易受害</td><td colspan="4">越碱，有效性越低</td></tr>
<tr><td>硼、锰、铜、锌</td><td colspan="3">越酸，有效性越高</td><td colspan="4">越碱，有效性越低（但 pH 值 8.5 以上，硼的有效性最高）</td></tr>
<tr><td>钼</td><td colspan="3">越酸，有效性越低</td><td colspan="4">越碱，有效性越高</td></tr>
<tr><td>有毒物质</td><td colspan="3">越酸，铝离子、有机酸等有毒物质越多</td><td colspan="4">盐土中过多的可溶性盐类以及碱土中的碳酸钠对植物有不良反应</td></tr>
<tr><td colspan="2">指示植物</td><td colspan="3">酸性土：铁芒箕、映山红、石松等</td><td colspan="4">钙质土：蜈蚣草、铁丝蕨、南天竺等；盐土：虾须草、盐蒿、扁竹叶、柽柳等；碱土：剪刀股、碱蓬、牛毛草、麻陆等</td></tr>
<tr><td colspan="2">化肥施用</td><td colspan="3">宜施用碱性肥料</td><td colspan="4">宜施用酸性肥料</td></tr>
</table>

（4）调节　因土选种适宜的作物；化学改良。酸性土壤通常通过施用石灰质肥料等进行改良，碱性土壤一般通过施用石膏、磷石膏、明矾等进行改良。

2. 土壤缓冲性

（1）概念　土壤具有抵抗外来物质引起酸碱反应剧烈变化的性能，称为土壤缓冲性。

（2）机理　土壤胶体的缓冲作用；弱酸及其盐类的缓冲作用；土壤中的两性物质作用，如胡敏酸、氨基酸、蛋白质等物质，既能中和酸，又能中和碱，从而起到缓冲作用。

（3）影响因素　土壤缓冲性大小取决于黏粒含量、无机胶体类型、有机质含量等。

（4）调节　在农业生产上，可通过砂土掺淤、增施有机肥料和种植绿肥，提高土壤有机质含量，增强土壤的缓冲性能。

复习思考题

1. 土壤胶体有哪些类型？它的基本性质表现在哪些方面？
2. 简要回答土壤吸收作用的五种形式。
3. 简述土壤结构的类型有哪些。
4. 团粒结构在土壤肥力上的作用有哪些？农业生产上如何促进土壤团粒结构的形成？
5. 什么叫土壤耕性？它的内容有哪些？
6. 土壤酸碱性与土壤肥力及植物生长有何关系？

任务三　土壤资源的开发与保护

学习重点

- ◆ 土壤剖面。
- ◆ 高产肥沃土壤培肥的措施。
- ◆ 低产田的改良与开发。

学习难点 

- ◆ 土壤退化、水土流失的危害性。
- ◆ 水土保持的措施。

一、土壤剖面

从地表向下所挖出的垂直切面叫土壤剖面。

1. 自然土壤剖面

自然土壤剖面一般可分为四个基本层次：腐殖质层，淋溶层，沉积层，母质层（图 5-2）。

2. 旱地耕作土壤的剖面

旱地耕作土壤剖面一般也分为四层：即耕作层（表土层）、犁底层（亚表土层）、心土层及底土层（图 5-3）。

（1）耕作层　指经常被耕翻的土壤表层，厚 15～20cm。

（2）犁底层　是受农具耕犁压实在耕作层下形成的紧实亚表层，厚约 10cm。

（3）心土层　是介于犁底层和底土层之间的土层，也叫半熟化土层，一般厚度为 20～30cm。

（4）底土层　位于心土层以下的土层，一般在地表 50～60cm 以下。

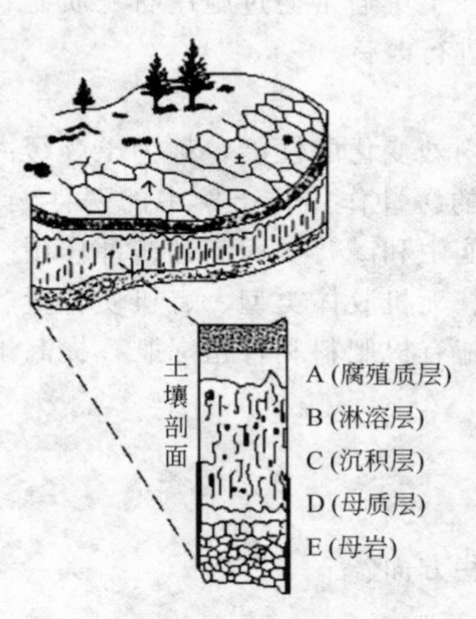

图 5-2 自然土壤剖面示意图

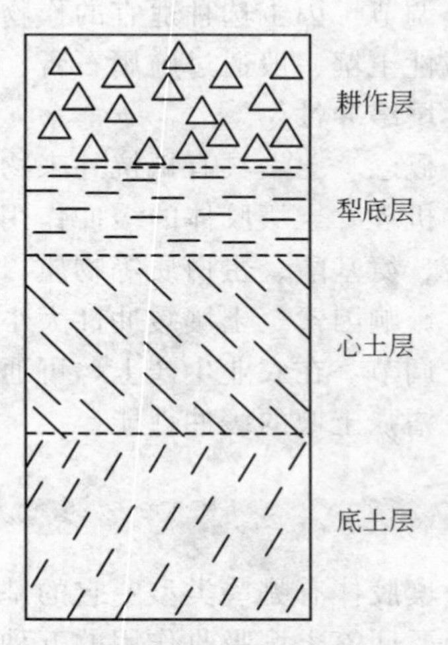

图 5-3 耕作土壤剖面示意图

3. 水田土壤的剖面

(1) 耕作层 通常厚 12～18cm，多锈斑。

(2) 犁底层 厚 10cm 左右，青灰色，也多锈斑，可防止水分渗漏过快。

(3) 渗育层 是受灌溉水浸润或淋洗影响而形成的土层，厚 10～20cm，颜色灰白，夹有少量锈纹、锈斑或铁结核。

(4) 潴育层 是受水分侵润、含铁矿物水化而显黄和灰颜色的土层，有大量的锈纹、锈斑或铁锰结核。

(5) 潜育层 是由于水温、土温过低，通透性不良，还原性物质积聚的土层。

二、我国主要农业区土壤

1. 我国的土壤资源特点

我国的土壤资源综合起来有以下几个特点。

(1) 土壤类型多 我国最新土壤分类系统（1995 年）将我国土壤分为 14 个土纲、39 个亚纲、141 个土类、595 个亚类，足以说明这一点。

(2) 山地面积大 我国山地占国土面积的 66%。

(3) 人均占有量低，低产土壤面积大 人均占有耕地约为 0.0934 公顷，是世界平均数的 26%，耕地中存在各种障碍因素的低产田约占 1/3，这是开发中的一个不利因素。

(4) 土壤资源的不合理利用 如耕地不断减少，土壤肥力减退，土壤沙化、污染、侵蚀、盐渍化等土壤退化问题越来越严重。

2. 我国主要农业区土壤与植物生长

我国主要农业区土壤与植物生长的关系如表 5-4 所示。

表 5-4 我国主要农业区土壤与植物生长的关系

土壤	分布	特 点	利 用
红黄壤	热带、亚热带地区	质地黏重而耕性差，酸性强（pH 值≤5.5）而易产生铝毒，氧化物矿物多易产生磷的固定，养分贫瘠而作物生产受到限制	山地上部宜造水土保持林和用材林，山地中部宜发展油茶、茶叶、板栗等经济林，下部则宜发展农作物

续表

土壤	分布	特　点	利　用
黄土	黄土高原和华北地区	土层深厚、疏松、质地细匀，透水性强，耕性良好，微碱性，含较多石灰质，但土壤结构性差，有机质含量低，养分贫瘠，易发生水土流失	一般宜种植牧草、植树造林来防治水土流失，并以种植耐旱作物如谷子为主
干旱区土壤	干旱和半干旱地区	土壤盐碱化、干旱	一般为种草种树，防治水土流失；种植绿肥，合理轮作，采取旱耕技术；农、牧结合，适当种植耐旱作物
东北森林草原土壤	东北地区	土层深厚，有机质含量高，颜色黝黑，疏松而富有团粒结构，极为肥沃	在低山丘陵区发展林果业，山前平原和坡地宜种植农作物，在土质瘠薄山地则发展林牧业
水稻土	秦岭、淮河以南	独特的剖面特征，耕作层通常厚12～18cm，多锈斑，犁底层青灰色，厚度仅10cm左右，也多锈斑，渗育层可见明显灰色胶膜与铁锰淀积	应发展粮饲、粮经集约经营，长江中下游实行小麦-玉米-水稻三熟制有发展前途

三、高产肥沃土壤的培育

1. 高产肥沃土壤的特征

(1) 良好的土体构造　高产肥沃的旱地土壤一般都具有上虚下实的土体构造。高产肥沃的水稻土一般都具有松软肥厚的耕作层和既滞水又透水作物发育良好的犁底层。

(2) 适量协调的土壤养分　有机质含量、全氮含量、速效磷和速效钾（K）含量、阳离子交换量高。

(3) 良好的物理性质　肥沃土壤一般都具有良好的物理性质。

2. 高产肥沃土壤培肥措施

(1) 增施有机肥料，培育土壤肥力　应每年向土壤中输入一定数量的有机肥料，不断更新与活化土壤腐殖质。

(2) 发展旱作农业，建设灌溉农业　从农业技术方面考虑，建设灌溉农业应注意：重视灌水与其他增产措施的配合；改进灌溉技术，节约用水；保护地下水资源，防止次生盐渍化；防止次生潜育化。

(3) 合理轮作倒茬，用地养地结合　根据作物茬口特性，实行粮食作物与绿肥作物轮作、经济作物与绿肥作物轮作、豆科作物与粮棉作物轮作、水旱轮作等。

(4) 合理耕作改土，加速土壤熟化　深耕结合施用有机肥料。

(5) 防止土壤侵蚀，保护土壤资源　应运用合理的农、林、牧、水利等综合措施，防止土壤侵蚀、土壤沙化、土壤退化、土壤污染，保护土壤资源。

四、低产土壤的改良和农业开发

1. 盐碱土的改良和利用

改良盐碱地，要采取综合治理措施，以水利为基础，以改土培肥为中心，改良与利用相结合，实行农、林、水、牧综合治理。

(1) 水利措施　主要有排水降盐、灌水压盐、引洪放淤、种稻改良、蓄淡养鱼等。

(2) 农业措施　主要有平整土地，深耕深翻；培肥改土；选种耐盐作物、躲盐巧种；植树造林，营造农用防护林等。

(3) 化学改良　在水利、农业改良的基础上，施用石膏、硫酸亚铁、硫磺等化学改良剂也能起到改碱效果。

2. 障碍层土壤的改良和开发

（1）紫色土　改良和开发途径有水土保持；合理施肥，培育土壤；因地制宜，合理利用等。

（2）白浆土　主要改良措施有深耕打破白浆层；秸秆还田，种植绿肥，补充有机质；有机-无机-生物复合施肥和多元素配方施肥；因土种植，对草甸白浆土和潜育白浆土，种植水稻可有效发挥土壤潜力。

（3）风沙土　改良利用的基本途径有封沙育草，造林固沙；林果结合，大力发展果树生产；调整作物布局，发挥沙区优势；增施有机肥料，种植绿肥，秸秆直接还田，提高土壤肥力；引洪灌淤，客土压沙，改良土质，提高风沙土蓄水、保肥、抗风能力。

3. 低产水稻田改良和开发

水稻田中有许多低产田，如冷浸田、沤田、砂土田等。

（1）冷浸田　根治的途径有排除水害、犁冬晒白、熏田、掺砂入泥、施用热性肥和磷肥等进行改良培肥。

（2）沤田　改良措施有掺砂改善质地；增施有机肥料，翻压绿肥；适时晒垡和冻垡；适时耕作等。

（3）砂土田　主要改良措施有砂土掺黏；加深耕层厚度，增施有机肥料；搞好农田基本建设，改善农业生产基本条件，如修塘蓄水、开辟水源、改善灌排等措施。

五、土壤退化污染与防治

（一）土壤沙化与防治

1. 概念

土壤沙化是指在沙漠周边地区，由于植被破坏，或草地过度放牧，或开垦为农田，土壤变得干燥，土粒分散缺乏凝聚，被风吹蚀，而在风力过后或减弱的地段，风沙颗粒逐渐堆积于土壤表层从而使土壤沙化。

2. 危害

使大面积土壤失去农、牧生产能力；使大气环境恶化；土壤沙化的发展，造成土地贫瘠、环境恶劣，威胁人类生存。

3. 防治途径

主要有营造防沙林带；实施生态工程；建立生态复合经营模式；合理开发水资源；完善法制，严格控制农垦和破坏草地等措施。

（二）土壤流失与防治

1. 危害

主要危害有土壤薄层化、土壤质量下降、生态环境进一步恶化等。

2. 防治

树立保护土壤、保护生态环境的全民意识；植物措施，如选择耐旱、耐瘠薄、适应性强而且生长快的树种，营造乔木林、灌木林、乔灌混交林等；土壤保持耕作法；先保护后利用。

（三）土壤潜育化与防治

1. 概念

土壤潜育化是土壤处于地下水分饱和或过饱和、长期浸润状态下，在1m内土体中某些土层因还原而生成灰色斑纹层，或腐泥层，或青泥层，或泥炭层的土壤形成过程。

2. 危害

土壤中还原性有害物质较多，土性冷，养分转化慢，不利于水稻生长。

3. 防治措施

主要措施有开沟排水，消除渍害；多种经营，综合利用；合理施肥；开发种植耐渍水稻品种等。

（四）土壤污染与防治

1. 危害

土壤污染不但直接表现在土壤生产力的下降，而且还通过土壤-植物-动物-人这一生物链，使有害物质富集起来，从而对人类产生严重危害；土壤污染由于得不到及时防治，已成为水和大气污染的来源。

2. 来源

土壤中污染物的来源具有多源性，主要是工业“三废”，即废气、废水、废渣，以及化肥农药、城市污泥、垃圾等。

3. 预防

采取“先防后治，防重于治”的战略，首先要严格遵守国家有关污染物排放标准；建立土壤污染监测、预测与评价系统；发展清洁生产工艺，加强“三废”治理，有效地消除、削减控制重金属污染源。

4. 治理

对于已污染的土壤要根据实际情况进行治理。

（1）重金属污染土壤的治理措施　通过农田的水分调控，调节土壤 Eh 值来控制土壤重金属的毒性；施用石灰、有机物质等改良剂；客土、换土法；生物修复。

（2）有机物（农药）污染土壤的防治措施　主要治理措施有增施有机肥料，提高土壤对农药的吸附量，减轻污染；调控土壤 pH 值，加速农药降解。

复习思考题

1. 改良盐碱地的农业措施有哪些？
2. 低产水稻田中沤田的改良措施有哪些？
3. 土壤沙化的危害有哪些？如何防治？
4. 土壤流失对农业生产及生态环境有什么不良影响？如何防治？
5. 重金属污染的土壤如何治理？

任务四　城市土壤认知

学习重点

◆ 土壤污染的主要类型及特点。
◆ 土壤污染的治理方法。
◆ 土壤坚实度与园林植物的关系。

学习难点

◆ 土壤污染的危害。
◆ 土壤污染的治理技术。

自然界中的土壤是地壳表面的岩石经过长时期风化、淋溶过程逐步形成的。土壤由矿物质、有机质、水分、土壤生物和空气五种物质组成，是地球上陆生植物立地和生长发育的基础。

城市土壤由于深受人类各种活动的影响，其物理、化学和生物学特性都与自然状态下的土壤有较大差异。

一、土壤污染

（一）土壤污染的定义

当土壤中的有害物质含量过高，超过土壤的自净能力时，会导致土壤自然功能失调，肥力下降，影响植物的生长和发育，或污染物在植物体内积累，通过食物链危害人类健康，称为土壤污染。

（二）土壤污染的类型

根据土壤污染物的来源及污染途径可将土壤污染分为水质污染型、大气污染型、固体废物污染型、生产污染型、综合污染型五种。

1. 水质污染型

污染源主要是工业废水、城市生活污水和受污染的地面水。污染途径主要为污水灌溉，污水的直接排放、渗漏都会使土壤遭受污染。污染物种类复杂，重金属、酸、碱、盐及有机物都可能造成较严重的土壤污染。

2. 大气污染型

大气污染型的土壤污染可表现在很多方面，但以大气酸沉降（酸雨）、工业飘尘（散落物）及汽车尾气等几种情况最为普遍。

3. 固体废物污染型

固体废弃物包括工矿业废渣、城市垃圾（建筑垃圾、生活垃圾）和污泥，固体废弃物的种类和数量已成为城市土壤分类的依据之一。

城市固体废弃物就地填埋，土壤的自然层次被破坏；砖瓦、煤灰渣、玻璃、塑料、石灰、水泥、沥青等混入土壤，极大地改变自然土壤的特性；各种地下构筑物如热力、煤气、排污管道等，严重地破坏了土壤的物理性状；富含有机质的表土在城市土壤中大都不复存在。

4. 生产污染型

生产污染是指化肥、农药使用不当导致的土壤污染。化肥既是植物生长必需营养元素的供给源，又是日益增长的环境污染因子。化肥中常含有不等量的副成分，如重金属元素、有毒有机化合物及放射性物质等。长期施用化肥，化肥中的副成分在土壤中积累，产生土壤污染。如磷、钾肥中，砷、镉、铬、铅等重金属含量较高。

5. 综合污染型

在现实中，土壤污染的发生往往是多源性的。对于同一区域受污染的土壤来说，污染源可能来自水污灌、大气酸沉降和工业飘尘、垃圾或污泥堆肥以及农药、化肥等。土壤污染经常是综合性的。

土壤污染防治工作也要对症下药，采取综合措施。

二、土壤污染的治理

土壤污染与大气污染、水污染不同。土壤中的污染物许多被土壤胶体吸附，运动速度非常缓慢，特别是化学性质稳定的污染物（如重金属）可在土壤中不断积累，达到很高的浓度。

土壤污染的治理相当困难。方法有排土与客土改良、施用化学改良剂、生物改良等。

1. 排土与客土改良

（1）挖去污染土层，用清洁土壤改造污染土壤，效果好，但投入大。

（2）要求客土有良好的土壤结构，疏松，中性或弱酸、弱碱性，有机质、有效养分丰富，适宜植物生长发育。注意客土不要被污染，避免毁坏农田和郊区的重要景观。

（3）大面积土壤每次填至厚约10cm时，需用2t重的滚压机适当压实，注意土壤不能过湿，平整地面后即可栽植园林植物。

2. 施用化学改良剂

应用化学改良剂可使重金属成为难溶性化学物质，减少危害。

（1）在镉污染土壤每公顷施用石灰1.8～2.0t，中和土壤的酸性，使镉沉淀下来而不易被植物吸收。

（2）镉、铜、铅等在土壤厌氧条件下易生成硫化物沉淀，灌水并施用适量硫化钠可获得较好的效果。

3. 生物改良

栽种对重金属元素有较强富集能力的植物，使土壤中重金属转移到植物体内，然后对植物集中处理。

（1）一些蕨类植物对许多重金属有极强的吸附能力，植株体内的重金属含量可达土壤中的几倍甚至十几倍。

（2）一些木本植物也对重金属有较强的抗性和富集能力，如加拿大杨对镉的富集作用。

生物改良是一种环境上最安全有效的方法，又称为植物修复技术，近年来开始受到重视。包括利用植物固定或修复重金属污染的土壤、净化水体和空气、清除放射性核元素和利用植物及其根际微生物共存体系净化环境中有机污染物等方面。

三、土壤坚实度

土壤坚实度是衡量土壤的重要物理指标，可用单位体积或面积土壤所能承受的重量（土壤硬度）或单位体积自然干燥土壤的重量（土壤容重）等参数表示。

在城市地区，由于人流的践踏和车辆的辗压，土壤的坚实度明显大于郊区土壤，一般愈靠近地表坚实度愈大。

土壤坚实度增大，空隙度相应减小，通气性下降，导致土壤中氧气含量严重不足，抑制树木根系呼吸作用，严重时可使根组织窒息死亡。土壤坚实度增大，机械阻抗增大，妨碍树木根系的延伸，树木根系会明显减少。土壤容重越小，土壤越疏松，土壤坚实度越小。

城市土壤坚实度大，会限制根系生长，不少深根树种变为浅根生长，根量明显减少。一方面减少根系的有效吸收面积，使树木生长不良；另一方面使树木稳定性减小，易受大风危害被刮倒。坚实度大的土壤保水、透水性能差，降雨时下渗水减少，地表径流增大。坚实度大，土壤微生物减少，土壤中有机质分解减慢，有效养分减少。

为减少土壤坚实对城市植物生长的不良影响，可通过往土壤中掺入碎树枝、腐叶土等多孔性有机物，或混入适量的粗沙改善通气状况；对根系分布范围内的地面设置围栏、种植绿篱或铺设透气砖等措施以防止践踏。

四、土壤贫瘠化

市区内植物的枯枝落叶常作为垃圾而被清除运走，使土壤营养元素循环中断，同时又降低了土壤有机质含量。

行道树周围的混凝土、沥青等封闭地面，使土壤中缺乏氧气，不利于土壤中有机物质的分解，减少了养分的释放，也是土壤养分缺乏的一个原因。

复习思考题

1. 城市土壤污染的种类有哪些？
2. 简述城市土壤污染的治理技术。

任务五 土壤样品采集与制备

一、任务目标

土壤样品的采集是土壤分析工作中一个重要的环节，是关系到分析结果和由此得出的结论是否正确、可靠的一个先决条件。为使分析的少量样品能反映一定范围内土壤的真实情况，必须正确采集与处理土样。通过实验，使学生掌握正确采集与处理土壤样品的方法。

二、仪器与用具

土钻、手铲、铁锹、铅笔、标签、直尺、记录本、布土袋、塑料袋、晾土盘、塑料布（50cm×60cm）、硬质木棍、广口瓶、镊子、药匙、托盘天平（1%）、土筛（2mm、1mm、0.25mm、0.1mm）。

三、任务实施

（一）采样点的分布方法

（1）对角线法　适用于地形平坦、采样面积较小、土壤肥力较均匀的长方形田块。

（2）棋盘式　适用于地形较平、采样面积较大、土壤肥力不均匀的长条状田块。

（3）“S”形（“之”字形）采样法　适用于地形不平坦、采样面积较大、地形多变的地块。

采样时切忌在粪堆、坟头、渠旁、田边、废渠、路旁、场院、新填土坑、新平整地段、挖方地等处布点。

（二）土壤样品的采集

1. 土壤剖面样品的采集

在研究土壤发生分类和剖面理化性状时，常按土壤剖面的发生层采样，先挖好1m×1.5m（或1m×2m）土壤剖面，然后根据土壤剖面颜色、结构、质地、松紧度、湿度、植物根系分布等自上而下划分层次进行观察记录，观察记录后，在发生层的典型部位采集样品。

为了避免上下层混杂，应自下而上逐层采集，分层装袋，每袋土质量约1kg，填好标签，土袋内外各挂一个，该土样备作常规分析用。

2. 土壤物理性质样品的采集

若进行土壤物理性质的测定，必须采集原状样品。如测定土壤容重、孔隙度，其样品可直接用环刀在各土层中取样。对于研究土壤结构性的样品，采集时需注意土壤湿度不宜过干、过湿，最好在不粘铲的情况下采取。在采集过程中必须保持土块不受挤压，不使样品变形，保留原状土样，然后携带回室内进行处理。

3. 土壤盐分动态变化样品的采集

在研究盐分动态变化时应定位、定点、定期取样，上密下稀，但取样土层厚度不得超过50cm，通常为0～5cm、5～10cm、10～20cm、20～40cm、40～60cm、60～100cm、100～150cm。

在研究作物耐盐能力时，应紧靠作物根系钻取土样，其深度应考虑作物根系活动层及盐分在土体中的分布情况，一般应按0～2cm、2～5cm、5～10cm、10～20cm、20～40cm、40～60cm取土，在作物的各个生育期分次采样。

4. 混合土样的采集

为了解某地区或地块耕地土壤肥力状况，需要采集混合土样。采样时间在施肥前或收获后一星期，土壤养分变动较小、相对稳定时进行采土。每30～50亩[1]面积可采一个土样，每个土样至少9个以上样点（一般采奇数点）。每个样点的取土深度、重量要尽量保持均匀一致，上下层的比例大致相同，采样器应垂直地面入土，深度一般为0～20cm、20～40cm。每个土壤样品约取1kg装入布土袋中，用钢笔写好标签，注明采集地点、日期、编号、土类名称、采样者姓名等，土袋内外各挂一个标签。

5. 养分动态变化土样的采集

可根据研究养分动态问题的要求进行布点取样，如研究条施磷肥的水平方向移动距离时，可以施肥沟为中心，在沟的一侧或两侧按水平方向每隔一定距离同一深度处取样，将所取的相应同位土样进行多点混合。同样在研究氮肥的垂直方向移动时，应以施肥层为起点，向下每隔一定距离深度取样，将不同样点相同深度采集的土样混合成混合土样。

6. 其他特殊样品的采集

测定土壤微量元素的土样采集，采样工具要用不锈钢土钻、土刀、塑料布、塑料袋等，忌用报纸包土样，以防污染。

（三）土壤样品的处理

1. 样品的风干

采回的土样放在木板或塑料布上摊成薄层，标签压在土下，置于室内阴凉、干燥、通风处风干。风干时要经常翻动，捏碎大块，同时挑出石粒、砖块、植物根等非土部分和新生体。切忌在阳光下直接暴晒，防止灰尘、酸碱等污染。

2. 研磨过筛

取适量风干土样，平铺在木板或塑料板上，用木棒辗碎过筛。过筛时先通过2mm孔径筛，未通过2mm筛的如石砾、新生体等应称量，计算其所占土样总质量的百分数，超过5%者，应作为石质土分类的依据。

将剩余的通过2mm筛孔的土样继续压碎，使之完全通过1mm筛孔，充分混匀后，用四分法分取2/3装入250mL广口瓶中（或牛皮纸装、塑料袋中），贴好标签（注明土样编号、采集地点、土壤名称、采样深度、筛孔、采样人和采样日期），放在样品架上，尽量避免日光、高温、潮湿、酸碱等影响。备作测定pH值、交换量、速效养分含量、全盐量等用。

将剩余的1/3土样继续研磨，使之全部通过0.25mm筛孔，混匀后装入100mL广口瓶（或牛皮纸、塑料袋中），备作分析全量养分、有机质用。

---

[1] 15亩=1公顷。

四、任务报告

在当地进行土壤样品的采集与制备，并完成报告。

五、任务小结

总结实验情况，指出实验应重点注意的地方，增强动手能力。

任务六 野外土壤质地的鉴定

一、任务目标

土壤质地对土壤的理化性质、肥力因素、植物生长以及微生物活动等都产生巨大的影响。因此，了解土壤矿物质颗粒的组成并确定土壤质地，在农业生产上具有重要意义。通过该野外鉴定，学习利用手和眼的感觉对土壤质地的简易测定。

二、任务原理

根据土壤的物理机械特性——黏结性和可塑性，其表现的程度来进行土壤质地的简易测定。

三、仪器与用具

土钻、手铲、铁锹、铅笔、标签、直尺、记录本、布土袋、塑料袋、晾土盘。

四、任务实施

(1) 将土块完全捏碎到没有结构，取一部分放在手掌中捏时有均匀、柔软的感觉或某种粗糙的感觉。

(2) 将土壤用水浸湿，加水时要逐渐少量地加入，用手指将湿土调匀，拌水过多或未充分湿润的土样均不适用，所加水量要恰以土壤和匀后不粘手为宜。当土团具有可塑性时，将土团尽量做成小球，或搓成土条并将土条弯曲成土环，以决定土壤的质地。判断标准参见下表（表 5-5）。

表 5-5 田间土壤质地鉴定规格

质地名称	土壤干燥状态	干土用手捏时的感觉	湿润土用手指搓捏时的成形性	放大镜或肉眼观察
砂 土	散碎	几乎全是砂粒，极粗糙	不成细条，亦不成球，搓时土粒自散于手中	主要为砂粒
砂壤土	疏松	砂粒占优势，有少许粉粒	能成土球，不能成条(破碎为大小不同的碎段)	砂粒为主，杂有粉粒
轻壤土	稍紧，易压碎	粗细不一的粉末，粗的较多，粗糙	略有可塑性，可搓成粗 3mm 的小土条，但水平拿起易碎断	主要为粉粒
中壤土	紧密，用力方可压碎	粗细不一的粉末，稍感粗糙	有可塑性，可成 3mm 的小土条，但弯曲成 2～3cm 小圈时出现裂纹	主要为粉粒

续表

质地名称	土壤干燥状态	干土用手捏时的感觉	湿润土用手指搓捏时的成形性	放大镜或肉眼观察
重壤土	更紧密，用手不能压碎	粗细不一的粉末，细的较多，略有粗糙感	可塑性明显，可搓成1～2mm的小土条，能弯曲成直径2cm的小圈而无裂纹，压扁时有裂纹	主要为粉粒，杂有黏粒
黏　土	很紧密，不易敲碎	细而均一的粉末，有滑感	可塑性、黏结性均强，可搓成1～2mm的土条，弯成的小圆圈压扁时无裂纹	主要为黏粒

五、任务报告

在当地进行野外土壤质地的鉴定，并完成报告。

六、任务小结

总结实验情况，检察技术操作是否规范，实验内容是否掌握。

任务七　室内土壤机械组成分析

一、任务目标

土壤由固体、液体和气体三相所组成，土壤矿物质占土壤固相的绝大部分。测定土壤矿物质颗粒的大小及其组合比例叫土壤机械分析，根据机械分析结果来确定土壤质地。

通过室内分析，进一步测定土壤机械组成。

二、任务原理

根据斯托克斯定律，球体在介质中沉降，其沉降速度与球体半径的平方成正比，而与介质的黏滞系数成反比。在不同温度下，不同直径的土颗粒在水中沉降一定距离所需的时间不同。

(1) 大颗粒的土粒在悬液中沉降速度快，而小颗粒土粒就沉降慢，这说明，土粒粒径的大小不同，其沉降速度也不同。

(2) 黏滞系数与温度有关。温度高，黏滞系数小，沉降速度快；相反，温度低，黏滞系数大，沉降速度慢。

(3) 当土粒运动到一定时间内，用特制的土壤甲种比重计可测得悬浮在比重计所处深度（L）的悬液的土粒含量（特别强调，在不同的时间所测得的比重是不同的），如测定时比重计读数为20时，即表示某粒径土粒沉降距离S（或L）为20cm深度时，这一级的土粒质量为20g。

现在当我们要测定物理性黏粒<0.01mm的某粒级土粒含量时，简易比重计法——就是将一定数量的土样经化学与物理处理，使其充分分散为单粒，置于沉降筒中，分散土粒在悬液内自由沉降，根据不同的时间用比重计测定悬液的比重，比重计读数直接指示出悬浮液在比重计所处深度处的土粒含量，因此，根据某粒径土粒在每L悬浮液中的质量，通过计算即可求出小于某粒级土粒质量的百分数，依据卡琴斯基质地分类表，确定质地名称。

三、任务仪器

刻度范围 0～60 的甲种比重计（鲍氏比重计）、带橡皮头的玻棒、250mL 瓷蒸发皿、1000mL 量筒、0～50℃温度计、电子天平（精确 0.01g）。

四、任务实施

1. 试剂配制

（1）氢氧化钠溶液（0.5mol/L）：称取 20g 氢氧化钠（化学纯）溶于蒸馏水中，稀释至 1L（用于酸性土壤）。

（2）草酸钠溶液：称取 35.5g 草酸钠（化学纯）溶于蒸馏水中，稀释至 1L（用于中性土壤）。

（3）六偏磷酸钠溶液：称取 51g 六偏磷酸钠（化学纯），溶于 1000mL 蒸馏水中，摇匀（用于碱性土壤）。

（4）过氧化氢溶液（6%）：取 200mL 30%过氧化氢稀释至 1L。

（5）双氧水。

2. 操作步骤

（1）取过 1mm 筛孔的风干土样 50g（精确到 0.01g）置于 250mL 蒸发皿中，若含有机质 1%以上应做洗盐及去除有机质处理。

（2）加 0.5mol/L 六偏磷酸钠 60mL，用橡皮头玻璃棒研磨 15min。

（3）用蒸馏水将土液洗入 1000mL 量筒中并加水至 1000mL。

（4）测定悬液的温度，用搅拌器搅拌 1min（上下各 30 次），记录开始时间，按表 5-6 所列温度与土壤颗粒沉降规定时间，提前 30s 将比重计慢慢插入悬液中，到规定时间，记录比重计读数。

3. 读数校正

（1）比重计读数温度校正（表 5-6）。

表 5-6 甲种比重计温度校正值

温 度	校正值	温 度	校正值
10	－2.0	21	＋0.3
11	－1.9	22	＋0.6
12	－1.8	23	＋0.9
13	－1.6	24	＋1.3
14	－1.4	25	＋1.7
15	－1.2	26	＋2.1
16	－1.0	27	＋2.5
17	－0.8	28	＋2.9
18	－0.5	29	＋3.3
19	－0.3	30	＋3.7
20	0.0		

（2）分散剂校正 分散剂校正值（g/L）＝分散剂的毫升数×分散剂浓度×摩尔质量

（3）校正后读数＝原读数－分散剂校正值±温度校正值

4. 结果计算

$$<0.01\text{mm 颗粒土粒含量}(\%)=\frac{\text{校正后读数}}{\text{烘干土质量}}\times 100$$

$$\text{烘干土质量}=[\text{风干土质量}/(100+W)]\times 100$$

式中，W 取 3%（计算时不带%号）。

根据计算土粒含量（%），查卡琴斯基质地分类表（表 5-7），确定该土壤为中壤土（查草原土类型）。

表 5-7 卡琴斯基质地分类表

土壤质地名称	物理性黏粒（<0.01mm）的含量/%			物理性砂粒（>0.01mm）的含量/%		
	灰化土类型	草原土类型红壤黄壤	碱土和强碱化土壤	灰化土类型	草原土类型红壤黄壤	碱土和强碱化土壤
松砂土—nP	0～5	0～5	0～5	100～95	100～95	100～95
紧砂土—nCB	5～10	5～10	5～10	95～90	95～90	95～90
砂壤土 C	10～20	10～20	10～15	90～80	90～80	90～85
松壤土—CJI	20～30	20～30	15～20	80～70	80～70	85～80
中壤土—Ccp	30～40	30～45	20～30	70～60	70～55	80～70
重壤土—C_M	40～50	45～60	30～40	60～50	55～40	70～60
轻黏土—$r\mu$	50～65	60～75	40～50	50～35	40～25	60～50
中黏土—rcp	65～80	75～85	50～65	35～20	25～15	50～35
重黏土—r_m	>80	>85	>65	<20	<15	<35

五、任务报告

在当地进行土壤机械组成分析，并完成报告。

六、任务小结

总结实验情况，检察技术操作是否规范、实验内容是否掌握。

任务八 土壤酸碱度的测定

一、任务目标

土壤酸度对土壤肥力有重要的影响，特别是对土壤中养分存在状况和有效程度、土壤的生物学过程、微生物活动及植物本身等都有显著影响。如施入土壤中的磷酸盐肥料在 pH 值为 6.5～7.5 时肥效最高；pH 值超过 7.5 时，形成磷酸钙盐而降低了肥效；pH 值<6.5 时，则有可能形成磷酸铁、磷酸铝，也降低其溶解度。硝化作用只有在 pH 值 6.5 以上才能进行。土壤中绝大多数微生物都适宜在中性或微碱性条件下生活。各种植物对土壤反应的适应程度也不同，大多数农作物均喜欢中性土壤；有耐酸的植物，如马尾松、茶、草莓等；也有耐碱的植物，如碱蓬、芨芨草等。

不同土壤由于形成过程不同，因此其酸碱程度也有差异。同一土壤的不同土层，其反应也有所不同。例如灰化石、红壤都属于酸性土，而灰化层为强酸性反应，沉积层则为近中性或弱碱性反应。华北平原褐土则为碱性反应。

二、仪器与用具

烧杯（50mL），酸度计，玻璃电极，饱和甘汞电极或 pH 复合电极。

三、任务原理

电位测定法是将玻璃电极和甘汞电极同时插入土壤悬浊液和浸出液中，构成一电池反应，两者之间产生一个电位差。电位差的大小取决于溶液中氢离子的活度。经过与标准溶液校正后，待测液的 pH 值就可直接从仪器上读取（氢离子活度的负对数）。测定时，土壤水土比对测定结果影响较大。尤其是对石灰性土壤，稀释效应更为显著。所以采用小比例的水土比更接近于野外田间的 pH 值，故本方法采用 1∶1 的水土比。

四、任务实施

1. 试剂配制

（1）pH 值为 6.87 的标准缓冲液：称取 3.53g 经 130℃下烘干的磷酸氢二钠和 3.39g 50℃下烘干的磷酸二氢钾，溶于 800mL 蒸馏水中，定容至 1L。

（2）pH 值为 9.18 的标准缓冲液：称取 3.80g 硼砂，溶于无二氧化碳的蒸馏水中，定容至 1L。

2. 操作步骤

（1）待测液的制备　称取通过 1mm 筛孔的风干土样 20g（精确到 0.01g）于 50mL 烧杯中，加入 20mL 无二氧化碳蒸馏水（此时应避免空气中的氨或挥发性酸的影响），用搅拌器搅拌 1min，使土粒分散均匀，放置 30min 后测定。

（2）仪器的校准　各种仪器和电位计的使用应严格按照仪器使用说明书的要求进行，待测液与标准缓冲液的温度应在同一温度，并将温度补偿器调到该温度。用标准缓冲液校正仪器时，两个标准缓冲液（pH 值为 6.87 和 pH 值为 9.18）之间的允许偏差为 0.1pH 单位。反复几次至读数稳定，方可用于样品测定。

（3）土壤浸出液 pH 值的测定　将电极插入待测液中（玻璃电极球泡下部位于土液界面处，甘汞电极插入上部清液中），轻轻摇动烧杯以除去电极上的水膜，促进其快速平衡。静止片刻后打开读数开关，待读数稳定时，记录 pH 值。关闭读数开关，取出电极，洗净，用滤纸吸干水分后，进行第二个样品的测定。每测 5～6 个样品，需用 pH 标准溶液检查校准一次。

3. 结果计算

用酸度计测定 pH 值时，可直接读数，不必计算。

两次平行测定结果，绝对偏差＜0.2pH 单位（报出结果保留一位小数）。

4. 注意事项

（1）标准溶液在室温下一般可保存 1～2 个月，在 4℃冰箱中可延长保存期限。

（2）使用玻璃电极应注意：①干燥的玻璃电极在使用前应在蒸馏水中浸泡 24h，使之活化。②使用前应轻轻振动电极以排除气泡。③玻璃电极表面不能沾有油污，忌用洗液清洗电极表面，不能用强碱及含氟化物的介质。也不能在黏土等胶体体系中存放过久，以免导致其反应迟缓。

（3）甘汞电极应随时由电极侧口补充饱和氯化钾和氯化钾固体。不用时可存放在饱和氯化钾溶液中或前端用橡皮塞塞紧干燥放置。使用时将电极侧口的橡皮塞拔下，切记氯化钾溶液维持一定的流速。不要长时间浸泡在待测溶液中，以防污染待测溶液。

（4）pH 值为 9.18 或 pH 值为 6.87 标准缓冲液在使用过程中 pH 值会随温度变化而变化，须随时校正。

五、任务报告

在当地进行土壤采集，然后测定土壤的酸碱度，并完成书面报告。

六、任务小结

总结任务完成情况，应勤练习，掌握测定土壤酸碱度的技术。指出完成任务应重点注意的地方，增强实验动手能力。

任务九　土壤含水量测定与田间验墒技术

一、任务目标

我国北方农民把土壤含水量状况简称为土壤墒情。测定土壤墒情的方法很多，一般可分为两类：一类是借助于工具仪器，如烘干法、酒精燃烧法；另一类是不借助于任何仪器工具，只是根据土壤的湿润程度、颜色深浅和揉捏形变等感官来判断土壤的含水量，即田间验墒技术。由于田间验墒技术简便、快速、易行，所以是测定土壤墒情的重要方法之一。本任务介绍烘干法和土壤田间验墒技术。

二、任务原理

在 105℃±2℃温度下，水分从土壤中蒸发。将土壤样品烘至恒温，通过烘干前后质量之差，可计算出土壤水分的质量分数。

三、任务仪器

仪器、药品及用具：天平、恒温干燥烘箱、有盖铝盒、土钻或土铲等。

四、任务实施

1. 土壤含水量测定

（1）取有盖铝盒，洗净，烘干，然后在天平上称重（W_1）。注意底、盖编号配套，以防混淆。

（2）按工作要求，用土钻或土铲取不同深度的土样，放入铝盒中，取样量以约占铝盒体积的 2/3 为宜。立即将铝盒盖上，带回实验室称重（W_2）。

（3）将铝盒盖子打开，放入烘箱中，在 105℃±2℃温度下烘 6h 左右。

（4）关闭烘箱，盖上铝盒盖子，待冷却至室温后称重。

（5）打开铝盒盖子，放入烘箱中再烘 2h，冷却，称至恒重（W_3）（即前后两次质量差$<$0.03g）。

2. 田间验墒技术

旱作土壤墒性一般可分为五种类型，即汪水、黑墒、黄墒、潮干土、干土面。田间验墒技术见表5-8。

表5-8 土壤墒情的类型和性状

类 型	土色	湿润程度(手捏)	含水量/%(质量分数)
黑墒以上(汪水)	暗黑	湿润,手捏有水滴出	23以上
黑墒	黑—黑黄	湿润,手捏成团,落地不散,手有湿印	20~23
黄墒	黄	湿润,手捏成团,落地散碎,手微有湿印和凉爽之感	10~20
潮干土(灰墒、燥墒)	灰黄	潮干,半湿润,捏不成团,手无湿印,而有微温暖的感觉	8~10
干土面	灰—灰白	干,无湿润感觉,捏散成面,风吹飞动	8以下

五、结果计算

$$土壤含水量\ w=\frac{湿土质量-烘干土质量}{烘干土质量}\times 100\%=\frac{W_2-W_3}{W_3-W_1}\times 100\%$$

六、任务小结

总结实验情况，检察技术操作是否规范、实验内容是否掌握。

项目六
植物生长水环境调控

项目目标

◆ 了解：气孔对蒸腾作用的调节及影响蒸腾作用的条件。

◆ 理解：降水、空气湿度的表示方法；影响根系吸水的主要因素；提高水分利用率的途径。

◆ 掌握：水对植物的生理作用；植物吸水的原理、根系吸水的动力和蒸腾作用的概念及生理意义；土壤水分的类型及有效性。

◆ 学会：降水量与空气湿度的观测方法。

项目说明

大气中的水、热相互作用，产生变化万千的气候特征，使地球表面水的分布极不均衡。水量的多少直接影响植物的生存与分布，同时植物也以各种各样的方式适应不同的水环境。所以，了解水分的来源、能量状态、液态水运动规律特点和我国农业水资源状况是很有必要的。

任务一　植物对水分的吸收

学习重点

◆ 水对植物的生理作用。
◆ 植物细胞与根系对水分的吸收。
◆ 蒸腾作用的概念及生理意义。
◆ 植物的需水规律及合理灌溉的指标。

学习难点

◆ 气孔对蒸腾作用的调节及影响蒸腾作用的条件。
◆ 影响根系吸水的主要因素。

一、植物对水分的吸收概述

“水是生命的源泉”，水是生命起源的先决条件，没有水就没有生命，人们常说“水是农业的命脉”。

1. 植物的含水量

（1）不同植物的含水量不同。一般植物组织含水量占鲜重的75%～90%，木本植物<草本植物，陆生植物<水生植物。

（2）同一种植物生活在不同环境（干旱与适宜）中，含水量也不同。

（3）同一株植物中，不同器官和不同组织的含水量也不相同（生命活跃组织大于衰老组织）。

2. 植物体内水分存在的状态

水分子在植物生命活动中的作用不仅与其数量有关，也与它的存在状态有关。植物细胞的原生质、膜系统以及细胞壁都是由蛋白质、纤维素等大分子组成，含有大量的亲水基团，这些亲水基团对水分子有很大的亲和力，容易发生水和作用。原生质的主要化学成分是蛋白质，它能溶于水成为一种亲水的胶体，原生质胶体的颗粒叫胶粒。

水分在植物组织和细胞中通常以束缚水和自由水两种状态存在。

（1）束缚水　指比较牢固地被细胞中胶体颗粒吸附而不易自由流动的水分。

（2）自由水　指距离胶体颗粒较远而可以自由移动的水分。

自由水参与植物体内的各种代谢过程，它的数量制约着植物的代谢强度；束缚水则与植物的抗性大小有密切关系，束缚水含量高，植物的抗逆性（如抗寒性、抗旱性等）强，束缚水含量低，则植物抗逆性就差。

自由水含量多，胶体呈现溶液状态，这种状态的胶体称为溶胶；自由水含量少，胶体便失去流动性而凝结为近似固体的状态，这种状态的胶体称为凝胶。

3. 水分在植物生命活动中的作用

水分在植物生命活动中的作用主要有：水是原生质的主要成分；水是某些代谢过程的反应物质；水是植物体进行代谢过程的介质；水分能使植物保持固有的姿态；水分可以调节植物体的温度。

二、植物细胞对水分的吸收

植物细胞吸水主要有3种方式：扩散、集流和渗透作用，最后一种方式是前两种方式的组合，在细胞吸水中占主要地位。其实植物细胞吸水有两种方式：吸胀性吸水（未形成液泡之前细胞的吸水方式）和渗透性吸水（液泡出现以后的吸水方式）。

（一）扩散

扩散是物质分子从高浓度（高化学势）区域向低浓度（低化学势）区域转移，直到均匀分布的现象。扩散速度与物质的浓度梯度成正比。扩散适合水分的短距离移动。

（二）集流

集流是液体中成群的原子或分子在压力梯度作用下共同移动的现象。水分在植物细胞膜系统内移动的途径有两条，一种是单个水分子通过膜磷脂双分子层的间隙进入细胞；另一种是水集流通过质膜上水孔蛋白中的水通道进入细胞。

1. 水孔蛋白的定义

水孔蛋白又称为水通道蛋白，植物细胞的水通道是由位于膜中的分子量为25～30kD的通道蛋白组成，这种通道蛋白具有选择性的高效运转水分子的功能，特称水孔蛋白。

2. 水孔蛋白的“水漏”模型

1994年，Jung等提出“水漏模型”。水孔蛋白有6个跨膜结构区域，形成5个环，其中B环和E环最为重要。当蛋白质发生折叠时，B环和E环迁入膜中的磷脂双分子层，并形成一狭窄的水分子通道。

水孔蛋白的一级结构为跨细胞膜6次的单肽链。虽然其单体可形成独立的水转运通道，但其结构的稳定和功能的正确行使则需要蛋白在膜上的四级组装（四聚体），通过膜冰冻蚀刻技术观察，4个水孔蛋白单体组成一个跨膜结构，中间形成一个孔道。

3. 水孔蛋白的功能

水孔蛋白的嵌入使生物膜上形成了水的通道，因而使生物膜对水的通透能力大大提高。但通过改变水孔蛋白的活性，可以在很大程度上快速而灵活地调节水分子的跨膜运转。

4. 水分子运转的调节机理

快速调节水分子运转的一个重要方式是水孔蛋白的磷酸化。

5. 水孔蛋白的生理意义

水孔蛋白的发现及功能确定，对于研究植物与水分的关系、研究水孔蛋白对植物水分利用方面的作用都有重要意义。

三、细胞的渗透性吸水

1. 自由能和水势

根据热力学原理，在一个系统中物质的总能量可分为自由能和束缚能两部分。

（1）自由能　在温度恒定的条件下可以用于作有用功的能量。

（2）束缚能　不能转化为用于作功的能量。

（3）化学势　每一摩尔任何物质的自由能称为该物质的化学势。

（4）水的化学势　每一摩尔水具有的自由能即为水的化学势。它是指水中能够用于作功的能量的度量。但是，在植物生理学中，一般并不以水的化学差的大小来指示水分运动的方向和限度，而是以水势的大小来指示的。

（5）水势　每偏摩尔体积水的化学势（差）即水势。即任一体系水的化学势和纯水的化学势之差，用水的偏摩尔体积去除所得到的商值，以希腊字母Ψ（Psi）或Ψ_w表示。

（6）水的偏摩尔体积　指在温度、压强和其他组成不变的条件下，在无限大的体系中加入1mol水时，对体系体积的增量。

由于纯水的自由能最大，所以水势也最高。但是，水势的绝对值不易测得，故人为地将标准状况下（1个大气压下，引力场为0，与体系同温度）纯水的水势规定为0；而溶液水势与纯水水势比较，由于溶液中的溶质颗粒降低了水的自由能，因而溶液水势低于纯水水势，成为负值。溶液越浓，水势越低。

2. 渗透作用

（1）渗透系统　当两个不同浓度的溶液被一个选择透过性膜隔开，则分别透性膜及其两边的溶液被称为渗透系统。

（2）渗透作用的定义　在一个渗透系统中，水分从水势高的溶液通过分别透性膜向水势低的溶液移动的现象，被称为渗透作用。

3. 植物细胞是一个渗透系统

植物细胞的质膜和液泡膜都是选择透过性膜，因此可以将原生质层（包括质膜、细胞质和液泡膜）当作一个分别透性膜来看待，液泡内含有一定数量的可溶性物质，具有一定的水势。这样，细胞液、原生质层和环境中的溶液之间就会发生渗透作用。所以，一个具有液泡的植物细胞与周围溶液一起构成一个渗透系统。

质壁分离及其复原可以证明植物细胞是一个渗透系统。植物置于浓溶液中，由于细胞壁的伸缩性有限，而原生质层的伸缩性较大，当细胞继续失水时，原生质层便和细胞壁慢慢分离开来，这种现象被称为质壁分离。把发生了质壁分离的细胞浸在水势较高的稀溶液或清水中，外液中的水分又会进入细胞，液泡变大，原生质层很快会恢复原来的状态，重新与细胞壁相贴，这种现象称为质壁分离复原。利用细胞质壁分离和质壁分离复原的现象可以判断细胞的死活状态。

4. 细胞的水势

一个典型的植物细胞的水势由以下三部分组成。

（1）渗透势　渗透势又称溶质势（Ψ_s），是指由于溶质颗粒的存在而引起那部分纯自由水水势的降低值，是负值，溶质颗粒越多、溶液越浓，Ψ_s 越低。

由于纯水的水势为0，而溶液的水势又低于纯水的水势，所以溶液的溶质势为负值。溶质势表示了溶液中水分潜在的渗透能力的大小，因此又称之为渗透势。

（2）压力势　压力势（Ψ_p）指外界压力影响体系水势变化的势值，或由于外界压力的作用而使细胞水势发生的变化。

（3）衬质势　衬质势（Ψ_m）是指由于细胞胶体物质亲水性和毛细管对自由水的束缚而引起水势的降低值。衬质势的大小取决于：亲水胶体的多少；毛细管的多少和水合数。

亲水胶体丰富，毛细管很多，水合度却很低。这样的物质有风干的种子、干燥的黏土。衬质势常常很低，如苍耳种子的 Ψ_m 接近－100MPa，故具有很强的吸水力。

亲水胶体丰富，毛细管很多，水合度非常高。这样的物质在自然界中普遍存在，其衬质势非常高，接近于0（如已形成液泡的细胞的衬质势为－0.01MPa，其绝对值很小）。只占整个水势的微小部分，通常可忽略不计。因此，成熟的植物细胞的水势公式就可简化为：

$$\Psi_w = \Psi_s + \Psi_p$$

即一个成熟的植物细胞的水势通常是由 Ψ_s 和 Ψ_p 这两部分组成。

① 细胞初始质壁分离时，压力势为0，$\Psi_w = \Psi_s$，两者都是最小值。

② 当细胞吸水体积增大时，Ψ_w、Ψ_s 和 Ψ_p 三者均增大；当细胞失水体积减小时，Ψ_w、Ψ_s 和 Ψ_p 三者均减小。

③ 当细胞吸水达到饱和时，$|\Psi_s| = |\Psi_p|$（但符号相反），$\Psi_w = 0$，不吸水。

④ 当叶片细胞剧烈蒸腾时（即气相状态下），Ψ_w、Ψ_s 和 Ψ_p 三者均为负值，但 $\Psi_w < \Psi_s$。

5. 细胞间水分的移动

相邻两细胞间的水分移动，决定于两细胞间的水势差（$\Delta\Psi_w$）。水势高的细胞中的水分向水势低的细胞方向移动。

当有多个细胞连在一起时，如果一端的细胞水势较高，另一端水势较低，顺次下降，形成一个水势梯度，那么水分便从水势高的一端流向水势低的一端。植物器官之间水分流动的方向依据的就是这个规律。

在同一植株上，地上器官的水势较根部的水势低；导管液的水势比根表皮细胞的低；即使是叶片，其水势也是随着距离地面的高度而降低。所以，根细胞吸水可以经导管向上送到植物的各部分。

四、细胞的吸胀吸水

细胞的吸胀吸水是指未液泡化细胞的吸水。

1. 吸胀作用

亲水胶体吸水膨胀的现象称为吸胀作用。

2. 吸胀作用的影响因素

吸胀作用的大小取决于衬质势的高低。细胞在形成液泡之前的吸水主要靠吸胀吸水。

五、植物根系对水分的吸收

（一）根系吸水的部位

根系的吸水主要在根尖进行，根尖的根毛区是植物根系吸水能力最强的部位。主要是因为以下几点。

（1）根毛多，增大了吸收面积（5～10 倍）。

（2）细胞壁外层由果胶质覆盖，黏性较强，有利于和土壤胶体黏着吸水。

（3）输导组织发达，水分转移的速度快。

由于植物吸水主要靠根尖，因此，在移栽时尽量保留细根，可以减轻移栽后植株的萎蔫程度。

（二）根系吸水的途径

根据原生质的有无将根部分为质外体和共质体两部分。

1. 质外体

质外体（又称外质体、无质体）是指（根系）无原生质的部分。由（根内）所有自由空间组成，主要包括细胞壁、细胞间隙和木质部的导管等，它是植物体中“死”的部分，水分和溶质可以在其中自由通过。但质外体是不连续的，由于内皮层凯氏带的存在，将质外体分为内皮层以内和内皮层以外两个区域。内皮层将质外体分成的两部分构成了一个渗透系统。

内皮层上有围着细胞壁的凯氏带，它是由木栓（化）和木质（化）构成的带状增层物，环绕着内皮层细胞的左右和上下（径向壁和横壁），且与细胞壁牢固结合，没有空间，水和溶质只能通过细胞质进入中柱，所以内皮层在根部吸水过程中具有控制水分运转的功能。

2. 共质体

共质体是指所有活细胞里原生质部分被胞间连丝连成的一个连续的体系。故共质体包括所有细胞的细胞质，它是有生命的部分。

3. 水分迁移

水分在从表皮向内皮层以及从内皮层向导管的迁移过程中，均可通过以下三条途径。

（1）质外体途径　水分完全通过细胞壁和细胞间隙移动，不越过任何膜。水分移动阻力小，速度慢。

（2）共质体途径　水分依次从一个细胞通过胞间连丝进入另一个细胞。

（3）越膜途径　水分从一个细胞的一端进入，从另一端流出，并进入第二个细胞，依次进行下去。在此途径中，每通过一个细胞，水至少要越过两次膜，即进出细胞时两次越膜，也有可能还要通过液泡膜。

共质体途径和越膜途径统称为细胞途径。

由此可见，水分在根中的径向移动是一个复杂的过程。为简便起见，可以将根毛到根木质部的整个途径看作只是一层膜，对于水的移动也只有单一的阻力。实际上，根的整个行为也类似于一层具有选择透过性的膜。

4. 吸水过程

土壤溶液中的水和离子可以沿着质外体向内扩散，到达内皮层时，由于凯氏带的存在而阻碍了水和离子的通过，但其中的离子可以通过主动转运进入内皮层细胞原生质中，即进入共质体中，最后进入内皮层以内的质外体，直至木质部导管，离子进入导管后，离子浓度增大，水势降低；内皮层以外质外体（皮层）离子浓度下降，水势升高，这样就形成了一个水势差，于是水经过内皮层（通过渗透作用）进入中柱导管，水进入中柱导管就产生了一种静水压力，即根压，于是水沿木质部导管上升。

（三）根系吸水的动力

即细胞与细胞或细胞与外液的水势差（$\Delta\Psi_w$）。根系吸水的动力有两种：根压和蒸腾拉力。

1. 根压

根压是根系与外液水势差的表现和度量。植物根系可以利用呼吸作用释放的能量主动将土壤溶液中的离子吸收转运到根的木质部导管中，使导管溶液的浓度升高，这样导管溶液的渗透势便降低，使导管的水势低于土壤的水势，土壤中的水分顺水势梯度通过渗透作用进入导管。与此同时，导管内的水分也向导管外部移动，但由于进入的水分子多于移出的水分子，于是产生了由外向内的压力差，这就是根压。

根压的大小取决于导管与土壤的水势差，导管水势与土壤相比越低，则产生的根压就越大。根压可高达 0.5MPa，但通常低于 0.2MPa。

2. 伤流

从受伤或折断的植物组织溢出液体的现象称为伤流。伤流是由根压引起的。把丝瓜茎在近地面处切断后，伤流现象可持续数日。从伤口流出的汁液叫伤流液。葫芦科植物伤流液较多。伤流液中除含有大量水分之外，还含有各种无机物、有机物和植物激素等。凡是能影响植物根系生理活动的因素都会影响伤流液的数量和成分。所以，伤流液的数量和成分可作为根系活动能力强弱的生理指标。

不少伤流液是重要的工业原料，如松脂、生漆、橡胶等。松脂一般采自松科植物特别是马尾松茎干上；生漆是采自漆树的一种树脂，耐酸碱，绝缘性好，是一种很好的涂料；橡胶是高分子不饱和碳氢化合物，具有高弹变形的性能。工业用的橡胶主要采自大戟科的橡胶树。

3. 吐水

从未受伤植物的完整叶片的尖端或边缘向外溢出液滴的现象称为吐水。作物生长健壮，根系活动较强，吐水量也较多，吐水现象可以作为根系生理活动的指标，能用以判断苗长势的强弱。吐水汁液的化学成分没有伤流那样复杂，因为吐水是经细胞渗出，许多有机物和盐类已被细胞有选择地截留了。

4. 蒸腾拉力

蒸腾拉力是叶组织与茎导管之间的水势差。当叶片蒸腾时，气孔下腔附近的叶肉细胞因蒸腾失水而导致水势下降，因而从邻近细胞吸水，邻近细胞又从其毗邻细胞吸水，顺次传递，直到从导管吸水，然后又促使根系从土壤中吸水，好似存在一种拉力，将水从根部拉到叶片。这种因叶片蒸腾作用而产生的一系列水势梯度使导管中水分上升的力量，称为蒸腾拉力。蒸腾拉力是根系被动吸水的动力。

（四）影响根系吸水的外界条件

土壤温度、土壤中的水分状况以及土壤的通气条件均对根系的吸水有影响。

1. 土壤温度

在适宜温度条件下，一般土温与水温越高，根系吸水越多，土温降低则吸水减少。

（1）土温低时根系吸水下降的原因：水黏度增加，扩散速率降低；根系呼吸速率下降，主动吸水减弱；根系生长缓慢，有碍吸水面积的扩大。

（2）土温过高时对根系吸水也不利，其原因：提高根的木质化程度，加速根的老化，根细胞中各种酶蛋白变性失活。

喜温植物和生长旺盛的根系吸水易受低温影响，特别是骤然降温，如在烈日下用冷水浇灌，对根系吸水不利（“午不浇园”）。

2. 土壤水分状况

土壤中的水分对植物来说并不是都能利用的。

（1）有效水　能被植物吸收的水分称为有效水。

（2）无效水　不能被植物吸收的水分称为无效水。

（3）萎蔫　指植物水分缺失时，细胞失去膨胀状态，叶片和茎的幼嫩部分下垂的现象。

（4）永久萎蔫　当蒸腾很弱时，萎蔫的植株也不能恢复正常状态，此时称为永久萎蔫。

（5）永久萎蔫系数　当植物发生永久萎蔫时，土壤中的含水量与土壤干重比值的百分数称为永久萎蔫系数。

3. 土壤的通气状况

土壤若通气不良则会使根系吸水量减少。这是由于土壤中氧气缺乏而二氧化碳浓度过高。短期缺氧气和高二氧化碳环境，可使细胞呼吸减弱，影响主动吸水；时间较长后，则细胞进行无氧呼吸，产生和积累较多的乙醇（酒精），使根系中毒受伤，吸水更少。

4. 土壤溶液浓度

通常土壤溶液浓度较低，水势较高，根系易于吸水。但在盐碱地上，水中的盐分浓度高，水势低（有时低于－10MPa），作物吸水困难。在栽培管理中，如施用肥料过多或过于集中，也可使土壤溶液浓度骤然升高，水势下降，阻碍根系吸水，甚至还会导致根细胞水分外流，而发生“烧苗”现象。

复习思考题

1. 植物细胞吸水的方式有哪些？有什么主要区别？
2. 什么叫质壁分离现象？如何设计一个实验来验证这一现象的存在？
3. 试述水分对植物的作用。
4. 简述植物体内水分存在状态及其与代谢的关系。
5. 试述气孔运动机理。

任务二 植物的蒸腾作用

学习重点

◆ 蒸腾作用的概念及生理意义。
◆ 植物的需水规律及合理灌溉的指标。
◆ 影响蒸腾作用的内外条件。
◆ 合理灌溉的生理基础。

学习难点

◆ 气孔对蒸腾作用的调节及影响蒸腾作用的条件。
◆ 影响蒸腾作用的主要因素。

一、蒸腾作用的概念、意义和指标

植物吸收的水分只有一小部分（1%～5%）用于代谢，绝大部分都散失到体外去了。水分从植物体中散失到外界去的方式有两种：吐水和蒸腾。

1. 蒸腾作用的概念及蒸腾部位

（1）概念　指水分以气体状态通过植物体的表面，从体内散失到体外的现象。

（2）蒸腾部位　植物幼小时，暴露在地面上的全部表面都能进行蒸腾；植物长大后，主要在叶片上进行蒸腾。茎枝上的皮孔可以蒸腾，但非常微小，约占全部蒸腾量的0.1%。

2. 蒸腾方式

叶片的蒸腾方式有角质蒸腾、气孔蒸腾两种方式。

3. 生理意义

（1）通过蒸腾作用（失水）使土壤-植物-大气系统形成一个水势差，而水势差是植物吸收水分和运输水分的动力。

（2）有利于矿质盐类和有机物的吸收及其在植物体内的传导和分布。

（3）能够降低植物体和叶片的温度。

4. 表示方法（或指标）

蒸腾作用的强弱是植物水分代谢的一个重要生理指标。常用的蒸腾作用的量的表示方法有以下三种。

（1）蒸腾速率或蒸腾强度　植物在一定时间内单位叶面积蒸发的水量。

（2）蒸腾比率或蒸腾效率　植物每消耗1kg水所形成的干物质克数。

（3）蒸腾系数或需水量　植物制造1g干物质所需（或消耗）水分的克数。

二、气孔蒸腾

气孔是植物叶子与外界发生气体交换的主要通道，因而影响着蒸腾、光合和呼吸等过程。掌握其运动规律就能调节植物的蒸腾作用和光合作用。

（一）气孔的大小、数目和分布

气孔是植物叶表皮组织上由两个保卫细胞包围形成的小孔，一般长7～40μm，宽3～20μm，多分布于叶片的上、下表皮。一般单子叶植物上、下表皮的气孔相反，双子叶植物气孔主要分布于下表皮。叶片上气孔的数目很多，每平方厘米叶面积上分布几千至几万个。

（二）气孔扩散的边缘效应（即气孔扩散的小孔律）

气体通过气孔表面扩散的速率不与小孔的面积成正比，而与小孔的周长成正比，这就是边缘效应或小孔律。

经小孔的扩散速度不与孔的面积成正比，而与孔的周长成正比，因此，小孔扩散也称为周长扩散。

叶子上的气孔是很小的孔，正符合小孔扩散规律，所以在叶片上水蒸气通过气孔的扩散速度要比同面积的自由水表面蒸发速度快得多。

（三）气孔运动

1. 保卫细胞的特点

① 具有不均匀加厚的细胞壁（即壁厚薄不均匀）。

② 保卫细胞具有叶绿体，能进行光合作用。

2. 气孔运动的原因

引起气孔运动的原因主要是保卫细胞的吸水膨胀或失水收缩。因此，气孔运动又称为膨压运动。

气孔运动与保卫细胞内外壁厚薄不均匀有关，但最根本的结构基础是保卫细胞中径向排列的微纤丝，这些微纤丝以气孔口为中心呈辐射状径向排列，由于这些微纤丝难以伸长，所以就限制了保卫细胞沿短轴方向直径的增大。

双子叶植物保卫细胞吸水膨胀时，所有的细胞壁都受到来自细胞内部与细胞壁垂直的指向细胞外部的压力。外壁在压力作用下沿纵轴方向伸展，表面积增大，同时有向外扩展的趋势，但由于微纤丝的限制，使向外的扩展受到抑制，这时作用在外壁上的向外的压力通过微纤丝传递到内壁，成为作用于内壁的指向气孔口外方的拉力。内壁同时受到指向气孔口的压力和背离气孔口的拉力。由于通过相同微纤丝联系的外壁的表面积大于内壁的表面积，这样前者受到的总压力就大于后者受到的总压力，而通过微纤丝的传递，就使得内壁受到的拉力大于压力，于是内壁被拉离气孔口，气孔张开。

在单子叶植物（哑铃形）保卫细胞的壁上也存在径向排列的微纤丝，当保卫细胞吸水膨胀时，微纤丝限制了细胞纵向伸长，细胞两端的薄壁区横向膨大，这就将两个保卫细胞的中间（部）推离开，于是气孔张开。当保卫细胞失水时会发生相反的过程，气孔关闭。所以，气孔开闭就是保卫细胞的特殊结构和膨压变化所引起的。

（四）气孔运动的机理

气孔开闭主要取决于保卫细胞膨压的变化，而保卫细胞的膨压又是由保卫细胞的水势决定的。故气孔运动是由保卫细胞水势的变化所引起的。

1. 淀粉-糖互变学说（又称 pH 值控制论）

（1）要点　淀粉与可溶性糖之间的变化和相对含量决定着保卫细胞水势的变化（升高或降低），从而使气孔张开或关闭。

（2）具体内容　保卫细胞中含有叶绿体，白天有光时进行光合作用，产生较多的糖类，其中一部分是可溶性糖如蔗糖，直接降低了保卫细胞的水势，一部分转化为淀粉，由于光合作用要消耗一部分 CO_2，使细胞酸度下降，pH 值升高，当 pH 值到 7 左右时（pH 值 6.1～7.3），就有利于淀粉磷酸化酶把淀粉水解成可溶性糖，也降低了保卫细胞的水势。由于水势差，保卫细胞附近的水分便进入保卫细胞，于是膨压增大，气孔张开。到了夜晚，光合作用停止，呼吸作用仍然进行，呼吸作用产生的 CO_2 使 pH 值下降到 5 左右（pH 值 2.9～6.1），有利于淀粉磷酸化酶把一部分葡萄糖-1-磷酸（G-1-P）又合成为不溶性淀粉，这时保卫细胞水势升高，水分便从保卫细胞排出（去到邻近表皮细胞或副卫细胞），于是膨压下降（细胞壁松弛），气孔关闭。

2. K^+泵学说或无机离子泵学说（无机离子吸收学说）

（1）要点　保卫细胞中K^+浓度的高低调节着保卫细胞水势的变化，从而控制气孔的开闭。

（2）具体内容　保卫细胞质膜上具有光活化的H^+泵ATP酶（H^+-ATP酶），它可被蓝光和红光激活，利用保卫细胞中氧化磷酸化和光合磷酸化产生的ATP将H^+从保卫细胞运到周围细胞中，这使得保卫细胞的pH值升高，周围细胞的pH值降低，同时使保卫细胞的质膜超级化，就是使质膜内膜的电势变得更负。它驱动K^+从周围细胞经过位于保卫细胞质膜上的内向K^+通道进入保卫细胞，再进一步进入液泡；同时，在光下，保卫细胞中积累的淀粉可以降解，产生PEP（磷酸烯醇式丙酮酸），它在PEP羧化酶的作用下与HCO_3^-结合形成OAA（草酰乙酸），并进一步转变为Ma（苹果酸）。从苹果酸解离出来的H^+被H^+泵运出保卫细胞，苹果酸根进入液泡，与K^+在电学上保持平衡。在K^+进入的同时，还伴随着Cl^-进入，以保持保卫细胞的电中性。这样，主要由于K^+进入保卫细胞液泡，以及Cl^-和苹果酸根的进入，使保卫细胞水势降低，进而吸水膨胀，气孔张开。在黑暗条件下，光活化的H^+-ATP酶失去活性，使保卫细胞的质膜去极化，使K^+向K^+通道移出，水势升高，失水收缩，气孔关闭。

总之，这两个学说均能说明和解释光照、CO_2浓度降低以及pH值升高都能够使气孔张开的原因。它们的本质都是通过渗透调节来控制保卫细胞的水势，即通过糖、苹果酸、K^+、Cl^-等进入保卫细胞，使保卫细胞水势下降，吸水膨胀，气孔张开。

（五）缺点

但是气孔运动是一个非常复杂的问题，仅用以上几个学说并不能解释所有的现象。

（1）CAM植物（景天科酸代谢植物）的气孔夜间开放，白天关闭（与光无关，而以上几个学说均强调光的作用）。

（2）气孔运动有一种内生近似昼夜节奏，就是把植物放于连续光照或连续黑暗的条件下，气孔仍会随着一天的时间进程而开闭，这种节律可维持数天。

（3）同一叶片不同侧的气孔对于同一外界条件的反应程度不同。由此可见，气孔运动的机理问题还需要进一步深入研究和探讨。

（六）气孔运动的调控

（1）内源节律对气孔运动的调节　人们很早就发现，气孔运动有一种内源的昼夜节律，就是说，即使把植物放在连续光照或者连续车载黑暗的条件下，气孔仍然会随着一天的昼夜更替而进行开闭运动。据观察，这种内源节律一直可持续数天才消失。就整个高等动物而言，这种内源节律的机理尚不清楚。

（2）植物激素对气孔运动的调节　CTK（细胞分裂素）促进气孔开放，而ABA（脱落酸）则引起气孔关闭。有人认为，ABA是调节气孔运动所必需的内在因子。

（3）环境因子对气孔运动的调节　光照、温度、水分以及CO_2浓度等环境因子均能影响气孔运动。

完全日照（全日照、全光照、全光）：它是日光强度的一个表示法，指的是6月21日（即夏至，夏至是每年中白天最长的一天）晴天中午在北纬42°处所测到的一个日光强度。相当于3万～4万米烛光（lx）。

三、影响蒸腾作用的内外条件

植物体内水分通过气孔蒸腾的过程分两步进行：首先是水分从湿润的细胞壁蒸发到细胞间隙的内部空腔；其次是水蒸气从这些内部空腔通过气孔下腔和气孔扩散到叶面的扩散层，再由扩散层扩散到空气中去。

蒸腾速率取决于水蒸气向外扩散的力量和扩散途径阻力。蒸腾速度与叶内外蒸气压差成正比，与扩散途径的阻力成反比。凡是影响这些条件的因素均影响蒸腾速度。

1. 内部因素对蒸腾速度的影响

内部因素主要有叶片内表面面积（即叶片内部面积，指内部暴露的面积，或细胞间隙的面积）；气孔下腔（即气室）的容积；气孔频度（叶片的气孔数目/cm^2）；气孔的大小；气孔开度；气孔的特殊构造。

2. 外界条件对蒸腾作用的影响

（1）光照　光照对蒸腾的影响首先是引起气孔开放，其次才是提高叶片和大气温度，增加叶内外蒸气压差，加大蒸腾速率。

（2）相对湿度　当空气相对湿度增大时，空气蒸气压也增大，叶内外蒸气压差就小，蒸腾变慢。所以空气相对湿度直接影响蒸腾速度。

（3）温度　当相对湿度相同时，温度越高，蒸气压越大；当温度相同时，相对湿度越大，蒸气压就越大。由于叶片气孔下腔的相对湿度和温度原来都比空气高，所以当大气温度升高时，气孔下腔蒸气压的增加大于空气蒸气压的增加，所以叶内外的蒸气压差加大，有利于水分从叶内逸出，蒸腾加强。

（4）风　微风促进蒸腾，而强风则使蒸腾变慢。

3. 减小蒸腾速率的途径（蒸腾作用的人工调节）

主要途径有减少蒸腾面积；尽量避免促进蒸腾的外界条件；应用抗蒸腾剂（代谢型抗蒸腾剂、薄膜型抗蒸腾剂、反射型抗蒸腾剂）。

四、植物体内水分的运输

1. 水分运输的途径

土壤中的水分→根毛→根的皮层、内皮层→根的中柱鞘、中柱薄壁细胞→根的导管→茎的导管→叶柄导管→叶脉导管→叶肉细胞→叶肉细胞间隙→气孔内室（气室）→气孔→空气。

由此可见，土壤-植物-空气三者之间水分是具有连续性的，故这个系统又称之为土壤-植物-空气连续系统（SPACS）（soil-plant-air continual system）。

水分在植物体内的运输可区分为细胞外与细胞内两条途径。细胞外运输主要是根部；细胞内运输根、茎、叶等部位都存在。细胞内运输又可分为两种：第一种，经过活细胞的短距离运输；第二种，经过死细胞的长距离运输，包括根、茎、枝、叶的导管和管胞。

2. 水分运输的动力——水势差（$\Delta\Psi_w$）

水势差的存在是水分在植物体内运输的驱动力。

可以把根、茎、叶导管内的液泡看作是一个连续的水柱，水柱的上端与叶片的薄壁细胞相连接（好像是上端悬挂在叶肉细胞上），下端被根系的活细胞所包围。因此，水分沿导管和管胞上升的动力具体来说有两种，其上端为蒸腾拉力，下端为根压。

在正常情况下，蒸腾拉力使水分沿着茎部上升，导管内的水分必须形成连续的水柱。如果水柱一旦中断，蒸腾拉力就无法把下部的水分拉上去。那么，导管内的水如何维持其连续而不断裂呢？这可用内聚学说来解释。

叶片因蒸腾失水而向导管或管胞吸水，使导管或管胞的水柱产生张力，由于水分子内聚力大于水柱张力，保证水柱的连续性而使水分子不断上升。这就是内聚学说，也称为蒸腾-内聚力-张力学说。

内聚力即相同分子之间相互吸引的力量。

张力即水柱一端受到叶片蒸腾失水后的蒸腾拉力，与此同时，水柱本身重量又使水柱下降，这样上拉下坠便使水柱产生了张力。即蒸腾拉力与水柱重力之间形成的力。

关于内聚力学说近几十年来争论较多，目前此学说仍是唯一被认为足以给植物体内水分上运提供一个合理解释的学说。

3. 水分运输的速度

水分在活细胞内流动慢，在1个大气压下（101.325kPa），每小时水分经过原生质的距离只有10^{-3}cm，即10^{-3}cm/h。

水分在死细胞内流动快，在1个大气压下（101.325kPa），每小时可达3～45m，即3～45m/h。

五、合理灌溉的生理基础

合理灌溉的目的或基本任务就是用最少量的水取得最大的效果。

1. 作物的需水规律

（1）作物的需水量（即蒸腾系数） 作物的需水量因作物的种类而异。一般C_3植物的需水量较C_4植物的大。

（2）作物需水量与生育期的关系 在作物一生中，各个生育期需水量不同。

① 植物的水分临界期是指植物对水分不足特别敏感的时期。一般来说，作物一生中常有一个或两个以上的水分临界期。例如小麦一生中就有两个水分临界期，第一个是分蘖末期——抽穗期；第二个是开始灌浆期——乳熟末期。各种作物的水分临界期也大都在转向生殖生长的阶段。

② 植物的最大需水期是指植物生活周期中需水量最多的时期。如小麦最大需水期为灌浆开始到乳熟末期。这个时间，营养物质从母体运往籽粒。

（3）生理需水 指直接用于植物生命活动和保持植物体内水分平衡所需要的水，可分为组成水与消耗水。组成水包括：①参与原生质、生物膜和细胞壁组成的水；②参与光合、呼吸、有机物合成与分解等生化反应的水；③作为各种物质溶剂的水。消耗水则是指植物根系所吸收的通过叶片散失到大气中的水。

（4）生态需水 指为维持植物正常生长发育所必需的体外环境所消耗的水。这部分水不仅能调节大气的温度与湿度，还能调节土壤的温度、通气、供肥、微生物区系等等。

因此，对于植物完成生活史来说，生态需水与生理需水同样重要。

2. 合理灌溉对植物的影响（即合理灌溉增产的原因）

（1）灌溉能防止土壤干旱，改变田间小气候，降温保温，使植株生长加强。

（2）合理灌溉能加强根系的发育，使根系深而广，总吸收面积增大。

（3）在灌溉条件下，叶片水分充足，叶面积加大，光合面积增加，光合速度加快。

（4）在灌溉条件下，作物茎叶的输导组织发达，水分和同化物的运输加快，改善光合产物的分配。

由此可见，合理灌溉可以改善作物的各种生理功能（特别是光合作用），还可以改善作物生长的生态环境，所以增产效果十分显著。

3. 合理灌溉的生理基础

总的说是“看天、看地、看庄稼”。根据植物本身的变化进行灌溉的指标有以下两类。

（1）形态指标　即植物缺水时外部形态发生的变化。主要表现在幼嫩的茎叶易发生萎蔫、茎叶颜色转深（为暗绿）、茎叶颜色有时变红、植株生长速度下降等方面。

（2）生理指标　目前常用的生理指标有叶片水势、渗透势、气孔开度和细胞汁液浓度。

① 叶片水势　当植物缺水时，叶片水势很快降低，如果在清晨或傍晚甚至夜间，叶片水势仍不能达到较高水平，说明应该及时灌水。

② 渗透势　当细胞液水分缺失时，细胞液渗透势下降。

③ 气孔开度　当水分充足时气孔是张开的，随着水分的减少，气孔的开张度逐渐缩小，而当土壤中可利用水分用尽时，气孔完全关闭。因此，应在气孔缩小到一定程度之前进行灌溉。

④ 细胞汁液浓度　当水分缺失时，细胞汁液浓度就会增大，当汁液浓度超过一定限度时，就会阻碍植物的生长。

4. 灌溉的方法

（1）地面灌溉法　有漫灌、畦灌和沟灌三种。

（2）喷灌　利用专门的设备将有压水送到灌溉地段，并喷射到空中，散成细小水滴均匀下落到植物和土壤中。

（3）滴灌　将水或肥料溶液沿着低压塑料管道系统，按时定量缓慢地、有时连续地送到滴头，通过滴头形成水滴，滴入土壤中（植物根系处），使土壤局部处于润湿状态。

复习思考题

1. 已知小麦的蒸腾系数为 500，经济系数为 0.3，现要求小麦籽粒产量达到 400 千克/亩（15 亩＝1 公顷，后同），如不考虑降水、干旱和土壤渗透等因素。试问每亩小麦田最低需灌水多少立方米（写出计算过程）。

2. 将紫鸭跖草叶圆片悬浮于 10～3mol/L KCl 溶液中，当加入 ATP 时可检测到溶液 pH 值下降、K^+ 浓度降低，试解释这一现象。

任务三　植物生产的水环境

学习重点

学习难点

◆ 降水、空气湿度的表示方法。

◆ 土壤水分的类型及有效性。

◆ 空气湿度的表示方法。

◆ 空气湿度的时间变化规律。

一、降水

1. 降水形成的原因

大气降水的形成，就是云层中水滴或冰晶增长到一定程度，在不断下降的过程中不因蒸发而导致水分耗尽，降落到地面以后即成为降水。

（1）对流降水　地面空气受热以后，因体积增大而不断上升，到一定高度又冷却，水汽凝结而形成的降水。

（2）地形降水　在山区，暖湿空气受山地阻挡，被迫抬升到一定高度，因水汽饱和而形成的降水。

（3）锋面降水　暖湿空气沿锋面上升，因绝热冷却，水汽凝结而形成的降水。

（4）台风降水　在台风影响下，因空气绝热上升，水汽凝结后而产生的降水。

2. 降水类型

（1）按降水性质分类　连续性降水、间歇性降水、阵性降水、毛毛状降水。

（2）按降水物态形式分类　雨、雪、霰、雹。

（3）按降水强度分类　小雨、中雨、大雨、暴雨、大暴雨、特大暴雨、小雪、中雪、大雪等。

3. 降水的表示方法

（1）降水量　降水量是指一定时段内从大气中降落到地面未经蒸发、渗透和流失而在水平面上积聚的水层厚度。通常以日为最小单位进行降水日总量、旬总量、月总量和年总量的统计。

（2）降水强度　降水强度是指单位时间内的降水量。根据降水强度大小，可将降水划分为若干等级。

（3）降水变率　有绝对降水变率和相对降水变率两种。

（4）降水保证率　降水保证率是指降水量高于或低于某一界限降水量的频率的总和。

二、空气湿度

1. 空气湿度的表示方法

空气湿度是指表示空气中所含水汽量和空气潮湿程度的物理量。常用水汽压、绝对湿度、相对湿度、饱和差和露点温度来表示。

2. 空气湿度的时间变化

近地面空气湿度有一定的日变化和年变化规律，尤以水汽压和相对湿度最为明显。

（1）水汽压的时间变化　水汽压的日变化有两种基本形式，一种是单峰型，另一种是双峰型。

单峰型的日变化与气温日变化相似，一日中水汽压最大值出现在14：00～15：00，最低值出现在日出之前。单峰型日变化主要发生在海洋上、潮湿的陆地上及乱流交换较弱的季节。

双峰型有两个极小值和两个极大值。一个极小值出现在日出之前气温最低的时候；另一个出现在15：00～16：00。第一个极大值出现在8：00～9：00；第二个极大值出现在20：00～21：00。双峰型日变化多发生在内陆暖季和沙漠地区。

水汽压的年变化与气温年变化相似，在陆地上，最大值出现在7月，最小值出现在1月；在海洋上，最大值出现在8月，最小值出现在2月。

（2）相对湿度的时间变化　在大陆内部，其日变化与气温日变化相反，最大值出现在日出前后气温最低的时候；最小值出现在气温最高的14：00～15：00。沿海地区相对湿度的日变化表现为日高夜低，与气温日变化一致。

相对湿度年变化的位相一般与气温年变化的位相相反，温暖季节相对湿度较小，寒冷季节相对湿度较大。

三、土壤水分

1. 土壤水分的存在形态

（1）吸湿水　吸湿水是指土粒表面靠分子引力从空气中吸附的并保持在土粒表面的水分。属无效水。

（2）膜状水　膜状水是指土粒靠吸湿水外层剩余的分子引力从液态水中吸附的一层极薄的水膜。吸湿水和膜状水又合称为束缚水。

（3）毛管水　毛管水是指土壤依靠毛管引力的作用将水分保持在毛管孔隙中的水分。分为毛管悬着水和毛管上升水两种。

（4）重力水　重力水是指存在于土壤大孔隙中，受到重力作用又能向下移动的水分。

2. 土壤水分的有效性

（1）水分常数　包括土壤吸湿系数、萎蔫系数、毛管持水量、田间持水量、全蓄水量等土壤水分常数。

（2）水分有效性　通常情况下将萎蔫系数看作土壤有效水的下限，将田间持水量看作土壤有效水的上限，二者的差值称为土壤有效最大含水量。

3. 土壤含水量的表示方法

（1）质量含水量

$$\text{土壤质量含水量}(\%)=\frac{\text{土壤水质量}}{\text{烘干土质量}}\times100\%=\frac{W_1-W_2}{W_2}\times100\%$$

（2）容积含水量

$$\text{土壤容积含水量}(\%)=\frac{\text{土壤水容积}}{\text{土壤总容积}}\times100=\text{质量含水量}(\%)\times\text{容重}$$

（3）相对含水量　土壤绝对含水量与土壤饱和含水量或田间持水量的比值。

复习思考题

1. 降水形成的原因有哪些？
2. 降水有哪些类型？其表示方法有哪些？
3. 什么叫空气湿度？常用的表示方法有哪些？
4. 试述土壤水分的存在形态有哪些。土壤含水量的表示方法有哪些？

任务四　提高水分利用率的途径

学习重点

◆ 节水灌溉技术的种类和特点。
◆ 保墒技术的特点。
◆ 水土保持技术的特点。

学习难点

◆ 节水灌溉技术的应用。
◆ 水土保持技术的应用。

一、集水蓄水技术

1. 沟垄覆盖集中保墒技术

基本方法是平地（或坡地沿等高线）起垄，农田呈沟、垄相间状态，垄作后拍实，紧贴垄面覆盖塑料薄膜，降雨时雨水顺薄膜集中于沟内，渗入土壤深层。

2. 等高耕作种植，截水增墒

基本方法是沿等高线筑埂，改顺坡种植为等高种植，埂高和带宽的设置要有效地拦截径流。

3. 微集水面积种植

我国的鱼鳞坑就是其中之一。在一小片植物或一棵树周围，筑高 15～20cm 的土埂，坑深 40cm，坑内土壤疏松，覆盖杂草，以减少蒸腾。

二、节水灌溉技术

1. 喷灌技术

喷灌是利用专门的设备将水加压，或利用水的自然落差将高位水通过压力管道送到田间，再经喷头喷射到空中散成细小水滴，均匀散布在农田上，达到灌溉目的。

2. 地下灌技术

地下灌技术是一种把灌溉水输入地下铺设的透水管道或采用其他工程措施普遍抬高地下水位，依靠土壤的毛细管作用浸润根层土壤，供给植物所需水分的灌溉技术。

3. 微灌技术

微灌技术是一种新型的节水灌溉工程技术，包括滴灌、微喷灌和涌泉灌等。

4. 膜上灌技术

这是在地膜栽培的基础上，把以往的地膜旁侧改为膜上灌水，水沿放苗孔和膜旁侧灌水渗入进行灌溉。

5. 植物调亏灌溉技术

调亏灌溉是从植物生理角度出发，在一定时期内主动施加一定程度的有益的亏水度，使作物经历有益的亏水锻炼后，达到节水增产、改善品质的目的，通过调亏可控制地上部分的生长量，实现矮化密植，减少整枝等工作量。

三、少耕免耕技术

1. 少耕

少耕的方法主要有以深松代翻耕、以旋耕代翻耕、间隔带状耕种等。

2. 免耕

国外免耕法一般由三个环节组成：利用前作残茬或播种牧草作为覆盖物；采用联合作业的免耕播种机开沟、喷药、施肥、播种、覆土、镇压一次完成作业；采用农药防治病虫、杂草。

四、地面覆盖技术

1. 沙田覆盖

沙田覆盖是将细沙甚至砾石覆盖于土壤表面，抑制蒸发，减少地表径流，促进自然降水充分渗入土壤中，从而起到增墒、保墒作用。此外沙田还有压碱、提高土温、防御冷害作用。

2. 秸秆覆盖

利用麦秸、玉米秸、稻草、绿肥等覆盖于已翻耕过或免耕的土壤表面；在两茬植物间的休闲期覆盖，或在植物生育期覆盖；可以将秸秆粉碎后覆盖，也可整株秸秆直接覆盖，播种时将秸秆扒开，形成半覆盖形式。

3. 地膜覆盖

地膜覆盖可以提高地温、防止蒸发、湿润土壤、稳定耕层含水量，起到保墒的作用，从而显著增产。

4. 化学覆盖

利用高分子化学物质制成乳状液，喷洒到土壤表面，形成一层覆盖膜，抑制土壤蒸发，并有增湿保墒作用。

五、保墒技术

1. 适当深耕

深耕再结合施用有机肥，还能有效地提高土壤肥力，改善植物生活的土壤环境条件。

2. 中耕松土

通过适期中耕松土，疏松土壤，可以破坏土壤浅层的毛管孔隙，使得耕作层的土壤水分不容易从表土层蒸发，减少了土壤水分消耗，同时又可消除杂草。

3. 表土镇压

对含水量较低的砂土或疏松土壤，适时镇压，能减少土壤表层的空气孔隙数量，减少水分蒸发，增加土壤耕作层及耕作层以下的毛管孔隙数量，吸引地下水，从而起到保墒和提墒的作用。

4. 创造团粒结构体

在植物生产活动中，通过增施有机肥料、种植绿肥、建立合理的轮作套作等措施，提高土壤有机质含量，再结合少耕、免耕等合理的耕作方法创造尽量多的土壤团粒结构体。

5. 植树种草

植树造林能涵养水分、保持水土。

六、水土保持技术

1. 水土保持耕作技术

主要有两大类：一是以改变小地形为主的耕作法，包括等高耕种、等高带状间作、沟垄种植（水平沟、垄作区田、等高沟垄、等高垄作、蓄水聚肥耕作、抽槽聚肥耕作等）、坑田、半旱式耕作、水平犁沟等；二是以增加地面覆盖为主的耕作法，包括草田带轮作、覆盖耕作（留茬覆盖、秸秆覆盖、地膜覆盖、青草覆盖等）、少耕（少耕深松、少耕覆盖等）、免耕、草田轮作、深耕密植、间作套种、增施有机肥料等。

2. 工程措施

主要措施有山坡防护工程（梯田、拦水沟埂、水平沟等）、山沟治理工程（沟头防护工程、谷坊等）、山洪排导工程（排洪沟、导流堤等）、小型蓄水工程（小水库、蓄水塘坝等）。

3. 林草措施

主要措施有封山育林、荒坡造林（水平沟造林、鱼鳞坑造林）、护沟造林、种草等。

复习思考题

1. 提高水分利用率的途径有哪些？

2. 保墒技术有哪些？

任务五　园林植物的水环境

学习重点

◆ 水对园林植物的生态作用。
◆ 园林植物对水分条件的适应。
◆ 园林植物对水分的调节作用。

学习难点

◆ 城市水环境特点。
◆ 水对园林植物的生态作用。

水量的多少直接影响植物的生存与分布，同时植物也以各种各样的方式适应不同的水环境。城市地区水环境有其特殊性，园林植物对城市水环境具有一定的调节作用。

一、城市水环境

城市地区降水主要受所处地理位置影响，同时由于城市下垫面与自然地面存在很大差异，又由于市区人口密集，耗水量大，污染严重，城市地区的水环境不同于周围农村，有其特殊性。

（一）水污染严重、水质恶化

水体污染是指进入水体的污染物质超过了水体的自净能力，使水的组成和性质发生变化，从而使动植物生长条件恶化，人类生活和健康受到不良影响。

城市地区的工业废水、生活污水多，目前我国污水处理率低，相当部分的污水直接排入水体，造成水体污染，水质恶化。包括水体富营养化、水体被有毒物质污染、水体热污染等。

1. 水体富营养化

水体富营养化是指水体中氮、磷、钾等营养物质过多，致使水中的浮游植物（藻类）过度繁殖。

水体富营养化后，过度繁殖的大量浮游植物有机物残体分解、浮游植物的呼吸也大量消耗氧气，导致水体溶氧量显著减少，透明度降低，严重时导致鱼类窒息死亡，水体腥臭难闻，有些水生藻类死亡后残体分解还会产生毒素，贝类积累藻类毒素，通过食物链毒害其他动物及人类。

2. 有毒物质的污染

一类是汞、铬、铝、铜、锌等重金属的污染，主要来自工矿企业排放的废水，重金属被水中的悬浮物吸附后沉入水底，成为长期的次生污染源。

另一类是有机氯、有机磷、芳香族氨基化合物等化工产品，如有机氯农药、合成洗涤剂、合成染料等，它们不易被微生物分解，有些是致癌、致畸的物质，被生物吸收后难以排出体外，在体内富集达到非常高的浓度，通过食物链对其他生物造成危害。

3. 热污染

许多工业生产过程产生的废余热散发到水体中，会使水体温度明显提高，影响水生生物的正常生长发育，这是水体热污染。

水中有原核微生物、真核微生物、原生动物、藻类、真菌等，各类生物都有自己的生长上限温度。研究表明，水体温度的微小变化会影响到生物多样性。

（二）城市水资源短缺

城市水资源是指供城市工业、郊区农业和城市居民生活所需水的资源，也包括工业及生活污水经过处理后再回用于工农业及其他方面的用水。

我国目前700多个城市中，一大半城市缺水，其中百万以上人口城市的缺水程度严重。如天津是一个资源性缺水城市，天津市水资源拥有量为11.7亿立方米（地表水和地下水），人均水资源占有量160立方米，远低于联合国发布的发展中国家人均水资源占有量1000立方米的指标，也低于小康社会最低人均300立方米的指标。每年引黄河入津水量7.5亿立方米，实现南水北调以后，人均用水量将达到380立方米/年。

我国人均水资源是世界平均水资源的1/4，且分布不均匀（总量与结构上的严重短缺）。随着经济规模不断扩大，人口增加，耗水量逐年增加，使城市地区人均水资源拥有量不断下降，而水污染严重则进一步加剧了城市的水资源短缺。近年城市的绿化用水呈迅速上升趋势，特别是大草坪的盲目发展，消耗大量的水资源。

（三）城市降雨量高

城市地区建筑物多，提高了城市下垫面的粗糙度，特别是一些高层建筑强烈阻碍流过城市的气流，在小区域产生涡流，导致气流“堆积”。堆积的气流在丰富的凝结核作用下易形成降水，因此城市地区的降水强度和降水频率都比郊区高。

（四）城市径流量增加

郊区的地表植被多、土壤结构好，有良好的透水性和较大的孔隙度，降水的一部分渗入地下补给地下水，一部分涵养在地下水位以上的土壤孔隙中，一部分填洼和蒸发，其余部分形成地表径流。

在市区，由于人类活动的影响，自然土壤地面少，排水系统管网化，降水渗入地下的部分减少，直接排入河流，加上人类对城市地区河道的整治改造，自然河道和低洼地的调蓄能力下降，近2/3的雨水会形成地表径流。

（五）城市的空气湿度低

城市下垫面相对于自然环境发生了巨大变化，建筑物和路面多数为不透水层，降雨后很快形成径流，由排水系统排出，雨停后路面很快干燥，加之城市植物覆盖面积小，所以城市的蒸散量较小，城市的空气湿度比郊区低，形成“干岛效应”。

城市地区一般雾多，是由于大气污染颗粒物质为雾的形成提供了丰富的凝结核；建筑群增加了下垫面的粗糙度、降低风速，为雾的形成提供了合适的风速条件。城市的大雾阻滞空气中污染物的稀释和扩散，加重大气污染，减弱太阳辐射，降低能见度。

污染物与水汽凝结成小水滴，与城市烟尘一起悬浮在城市低空，形成雾障。

二、水对园林植物的生态作用

1. 水是植物生存的重要条件

（1）水是植物体不可缺少的重要组成部分。

（2）水是代谢过程的反应物质，是光合作用的原料，光合作用、呼吸作用、有机物合成与分解都需要水的参与，没有水这些生理代谢过程将不能进行。

（3）水是植物进行生理生化反应的溶剂，一切代谢活动都必须以水为介质，植物体内营养的吸收、运转等各种生理过程，都必须在水溶液中进行。

（4）水可产生静水压，维持细胞和组织的紧张度，使植物保持固有的状态，维持正常代谢。

（5）水能调节植物体和环境的温度，水的热容量大，水的温度变化比大气小，为生物创造了一个相对稳定的温度环境。水在植物生态中起重要的作用，植物通过蒸腾作用降低体温，可使植物免受烈日、高温危害。

2. 植物体内的水分平衡

植物体内水分平衡即植物在生命活动中，吸收的水分和消耗的水分之间的平衡。

植物只有在吸水、输导和蒸腾三方面的比例适当时，才能维持植株体内的水分平衡，进行正常的生长发育。

水分的流向为土壤→植物根系→茎→叶片→大气。

植物在长期进化过程中具备了自我调节水分的吸收和消耗、维持植物体内水分平衡的能力。气孔自动开闭调节水分的消耗，水分充足时气孔张开，水分和空气畅通，缺水时气孔关闭，减少水分消耗。当土壤水分严重不足或大气干旱持续时间长时，蒸腾大于根系吸水，破坏植物体内水分平衡，植物萎蔫，进一步失水时，植物永久萎蔫。

3. 水对植物生长发育的影响

降水量与植物生长量密切相关，一般降水量大，植物生长量大，这在树木径向生长上表现得尤其明显。雪对植物的生态作用具有两面性。“瑞雪兆丰年”，降雪对植物有利的方面表现为保护植物越冬、补充土壤水分，有利于第二年春天的生长；但降雪也会造成植物的雪害（雪压、雪折、雪倒）。暴雨、冰雹会造成植株体损伤。降水量与植被分布关系密切，如影响物种数量、群落结构，我国400mm的等雨量线是森林和草原的分界线。

三、园林植物对水分条件的适应

不同地区水资源的供应存在很大差距，植物长期适应不同的水分条件，从形态和生理特性两方面发生变异，并形成了不同的类型。根据对水分的需求量和依赖程度，植物可分为水生植物、陆生植物。

（一）水生植物

1. 水生植物

水生植物所有生活在水中的植物的总称。

2. 水生植物的特点

（1）生理方面　细胞具有很强的渗透调节能力，特别是生活在咸水环境中的植物，其渗透调节能力更强。

（2）生态方面　发达的通气组织；植物机械组织（如导管等）不发达甚至退化、植物有弹性和抗扭曲能力；水下的叶片多分裂成带状、丝状，而且很薄。

3. 水生植物的分类

（1）沉水植物　植株沉没水下，根退化或消失，为典型的水生植物。如金鱼草、狸藻和黑藻等。

（2）浮水植物　叶片漂浮在水面上，气孔在叶片上面，根悬浮或伸入水底。如浮萍、凤眼莲、睡莲、王莲等。

（3）挺水植物　植物体大部分挺出水面，根系浅。如荷花、香蒲、芦苇等。

（二）陆生植物

1. 湿生植物

在潮湿环境中生长，不能忍受较长时间的水分不足，根系不发达，通气组织发达。如水松、水杉、池杉、落羽杉、赤杨、枫杨、垂柳、秋海棠、马蹄莲、龟背竹、翠云草、华凤仙、竹节万年青等。

2. 中生植物

生长在水分条件适中环境中的植物，具有完整保持水分平衡的结构和功能，绝大多数园林树木和陆生花卉都属于中生植物。如油松、侧柏、桑树、紫穗槐、月季、茉莉、棕榈、君子兰和大多数草花、宿根及球根花卉等。

3. 旱生植物

生长在干旱环境中，能长期耐受干旱环境且能维持水分平衡的植物，多分布在干热草原和荒漠区。如马尾松、雪松、构树、化香、石楠、旱柳、沙柳、白兰、橡皮树、枣树、骆驼刺、木麻黄、天竺葵、天门冬、杜鹃、山茶、锦鸡儿、肉质仙人掌等。

四、园林植物对水分的调节作用

（一）增加空气湿度

城市园林植物具有很好的增加空气相对湿度的效应，园林树木能遮挡太阳辐射，降低风速，阻碍水蒸气迅速扩散，还有很强的蒸腾作用。

如1公顷阔叶林一天蒸腾2500t水，比同面积裸露土地的蒸发量高20倍，相当于同面积水库的蒸发量。

城市公园的相对湿度比城市其他地区夏季高30%～40%，春秋季高20%～30%，冬季高10%～20%。

（二）涵养水源、保持水土

园林植物与绿地能改变降水的去向，一般绿地土壤入渗量比裸露地高、比地表径流量小，从而发挥涵养水源、保持水土的效益。

1. 林冠截留

林冠截留降水，减弱雨水对地表的冲刷，减少水土流失，林内降雨先落到树叶、枝和干等树体表面，再流到林地表面，还有一部分降水未接触树体，直接落到林地。林冠截留还使水质发生变化，通过林冠叶、枝和树干的降水，将积累在这些部位和幼嫩枝叶释放出来的养分一起淋溶下来，林内雨含有较多的养分。在连续降水的一段时间内，林冠上部或空旷地雨量称为林外雨量。

2. 地被物层吸水保土

下渗是指降水向土壤渗透的过程。

在降水下渗过程中，先接触地被物层，土壤表面的枯枝落叶等枯死地被层，结构疏松，表面粗糙，对降水有吸收和拦截作用，防止雨滴击溅土壤，提高土壤下渗能力。

不同森林的枯枝落叶层截留量有较大差异，随着林龄的增加，枯落物积累加厚，持水量也相应提高，有利于降水缓慢下渗，起到涵养水源的作用。

3. 增加地表水的吸收和下渗

绿地土壤孔隙度高、结构好，入渗量比裸露地高，可以减少地表径流量，增加植物可利用水量，防止水土流失。

4. 对融雪的调节作用

绿地内土壤温度变化小，冬春季融雪时间比林外晚，融雪速度慢，同时绿地内的土壤冻结比绿地外浅，这样就有利于融雪水的渗透和被土壤吸收，减少地表径流量。

森林群落可大量地储存水分在森林内部，减少地表径流，从而发挥保持水土、涵养水源、调节周围小气候的作用。

（三）净化水体

植物对水污染的净化作用主要表现在两方面。一是植物的富集作用，植物可以吸收水体中的溶解物质，植物体对元素的富集浓度是水中浓度的几十至几千倍，对净化城市污水有明显的作用。如水葫芦能从污水中吸收金、银、汞、铅等重金属物质。芦苇能吸收酚及其他二十几种化合物，所以有些国家把芦苇作为污水处理的最后阶段。二是植物具有代谢解毒的能力。在水体的自净过程中，生物体是最活跃、最积极的因素。如水葱、灯心草等可吸收水体中或水底土中的单元酚、苯酚、氰化物，氰化物是一种毒性很强的物质，但通过植物的吸收，与丝氨酸结合变成腈丙氨，再转变成天冬酰胺，最终变为无毒的天冬氨酸。

复习思考题

1. 水对园林植物的生态作用有哪些？
2. 简述园林植物对水分条件的适应特点。
3. 园林植物对水分的调节作用有哪些？

任务六　蒸腾作用的测定

一、任务目标

蒸腾作用虽是一个简单的过程，但它却是许多因素相互作用的结果。因为，光合强度、叶面温度、风的速度等都影响植物蒸腾强度。蒸腾强度是植物的重要水分生理指标之一。它能准确地反映植物的特征和外界环境因子对植物水分消耗的影响。测定植物蒸腾强度，对于植物生理、生态、植物栽培育种等都是很重要的。

二、任务原理

离体的植物叶片由于蒸腾作用逐渐失重，质量的减少与蒸腾强度成正比。

三、仪器与用具

1. 仪器及用具：扭力天平、打孔器、秒表。
2. 材料：任何新鲜植物叶片。

四、任务实施

(1) 在田间选择待测定的叶片，用打孔器取样。用扭力天平（准确到0.1mg）进行测定。用秒表准确计时。

(2) 从取样起到第一分钟，第一次读数；过3min第二次读数。由两次质量差计算蒸腾强度或以后次质量计算蒸腾强度。计算公式为：

$$蒸腾强度1=\frac{(前次质量-后次质量)\times 60}{3\times 面积}$$

$$蒸腾强度2=\frac{(前次质量-后次质量)\times 60}{3\times 后次质量}$$

(3) 注意事项　在采用离体称重法时，必须避免植株上所吸附着的尘土对叶片质量的影响。所以在剪取材料前，应轻轻掸掉植株上所附着的浮土。

五、任务报告

根据测定结果，写出实验报告。

六、任务小结

总结实验情况，需注意操作小心、细心，检察实验操作掌握情况。

任务七　降水量与空气湿度的观测

一、任务目标

1. 了解雨量筒的构造，掌握用雨量筒法测定降水量的方法。
2. 认识干湿球温度表的构造，学会用干湿球法测定空气湿度。

二、仪器与用具

雨量筒、干湿球温度表。

三、任务原理

干湿球法测定空气湿度是根据干球和湿球温度的差值来测定空气湿度的。干球温度和湿球温度差值越大，说明湿度越小；反之，则越大。

四、任务实施

1. 降水量的量取方法

（1）尺量法　用直尺直接量其深度，即得降水量。

（2）杯量法　其原理是根据筒内水的体积和倒入杯内水的体积相等的原理，然后计算出单位厚度雨量筒内的水相当于量杯的高度。

（3）称重法　根据物体的质量等于比重与体积的乘积原理，因水的比重近似为1，而雨量器口面积又是已知的，于是在称出水（或固体降水）的质量后可以根据下式换算成降水量：

$$H(\mathrm{mm})=10\times\frac{W(\mathrm{g})}{S(\mathrm{cm}^2)}$$

2. 干湿球温度表

干湿球温度表由两支型号和大小相同的普通水银温度表组成。其中，球部包有吸水性能良好的脱脂纱布，纱布浸入蒸馏水中使其保持湿润的温度表，称湿球温度表。另一支不包纱布的温度表，称为干球温度表。

根据观测干球温度值（t）和湿球温度值（t'），从常用表中查出水汽压、相对湿度，并记录观测过程。

五、任务报告

1. 按上述方法进行实地观测后，将观测结果做好记录，分析该方法的优缺点，并完成书面报告。

2. 根据观测干球温度值和湿球温度值，到当地气象部门从湿度查算表中查出水汽压、相对湿度，并记录观测过程。

六、任务小结

总结实验情况，应课下行动起来，争取能够独立测算空气湿度。

任务八　农田土壤灌水定额的确定

一、任务目标

1. 通过测定和确定大田土壤需要的灌水定额，掌握土壤水分的测定方法。

2. 通过实验加深对土壤水分计算的认识。

3. 学习和掌握土壤容重的测定。

4. 学习田间土壤灌水额的确定方法。

二、仪器与用具

土钻，环刀，铝盒，分析天平（精确 0.01 和 0.001），小型电热恒温烘箱，干燥器，1mm 孔径土壤筛。

三、任务原理

1. 测定时把土样放在 105～110℃的烘箱中烘至恒重，则失去的质量为水分质量，即可计算土壤水分百分数。在此温度下土壤吸着水被蒸发，而结构水不致破坏，土壤有机质也不致分解。

2. 灌水量与土壤质地、土壤水分含量、土壤田间持水量有关，田间灌水定额一般达到耕层田间持水量的 1.5 倍即可。

3. 土壤容重的测定：保持自然状态下，单位体积土壤的烘干质量。

四、任务实施

1. 土壤水分测定

（1）称量空铝盒质量并记录。

（2）在田间用土钻取有代表性的新鲜土样，刮去土钻中的上部浮土，将土钻中部所需深度处的土壤约 20g 捏碎后迅速装入已知准确质量的铝盒内，盖紧，装入其他容器，带回室内，将铝盒外表擦拭干净，立即称重，准确至 0.01g。

（3）揭开盒盖，放在盒底下，置于已预热至 105℃±2℃的烘箱中烘烤 12h。取出，盖好，移入干燥器内冷却至室温（约需 30min），立即称量。新鲜土样水分的测定应做三个平行测定。

2. 土壤容重测定

（1）用削刀修平为供测容重的土壤剖面，按剖面层次分层采样，每层重复一个。

（2）将环刀内壁涂些凡士林，环刀刃口向下垂直压入土中，直至环刀内充满样品为止。

若土层坚实，可用铁锤慢慢敲打环刀，压入要平稳，用力一致。

(3) 用修土刀切开环刀周围的土样，取出装满土的环刀，细心削去环刀两端多余的土，并擦净环刀外面的土。

(4) 把装有样品的环刀立即加盖，以免水分蒸发，随即送实验室称量（精确到 0.01g）并记录。

(5) 从环刀内取出 10g 左右土壤置铝盒内，测定土壤含水量。

3. 结果计算

(1) 水分

$$\text{水分(干基,\%)}=\frac{m_1-m_2}{m_2-m_0}\times 100\%$$

式中，m_0 为烘干空铝盒质量，g；m_1 为烘干前铝盒及土样质量，g；m_2 为烘干后铝盒及土样质量，g。

平行测定的结果用算术平均值表示，保留小数后一位。

平行测定的结果的相差值，水分小于 5%的风干土样不得超过 0.2%，水分为 5%～25%的潮湿土样不得超过 0.3%，水分大于 15%的大粒（粒径约 10mm）黏重潮湿土样不得超过 0.7%（相当于相对相差不大于 5%）。

(2) 土壤容重

$$\text{土壤容重}(g/cm^3)=\frac{(m_4-m_3)\times 1000}{V(1000+W)}$$

式中，m_4 为环刀与湿土质量，g；m_3 为环刀质量，g；W 为土壤含水量，g/kg；V 为环刀容积，cm^3。

两次平行测定结果，绝对偏差不超过 0.06g/cm^3。

(3) 田间水分储量　不同质地土壤田间持水量和凋萎系数见表 6-1。

表 6-1　不同质地土壤田间持水量和凋萎系数

土壤质地	砂土	壤土	黏土
凋萎系数/(g/kg)	30	106	154
田间持水量/(g/kg)	190	260	310

$$\text{水分储量}(m^3/ha)=\text{面积}\times\text{土层深度}\times\text{水分含量}(\%)\times\text{容重}$$

(4) 灌水定额计算

$$\text{灌水定额}=\text{田间持水量}-\text{水分储量}$$

4. 注意事项

(1) 称量铝盒要保证前后铝盒的一致性。

(2) 环刀筒的容积在首次使用和使用一段时间后，应每隔一年用游标卡尺测量上、下口的直径，及相对两点处的高度，测定数据不少于四个，取其平均值。计算环刀的容积。

五、任务报告

在当地进行农田土壤灌水定额的确定，并完成书面报告。

六、任务小结

总结任务完成情况，应勤练习，掌握确定农田土壤灌水定额的技术。指出完成任务应重点注意的地方，增强实验动手能力。

项目七
植物生长温度环境调控

项目目标

◆ 了解：温度与植物生长发育的关系。

◆ 理解：土壤、空气温度的调控技术。

◆ 掌握：土壤热特性、土壤温度与空气温度的变化规律；三基点温度、农业界限温度、积温和有效积温等的概念。

◆ 学会：土壤温度、空气温度的测定。

项目说明

各种植物的生长、发育都要求有一定的温度条件，植物的生长和繁殖要在一定的温度范围内进行。在此温度范围的两端是最低和最高温度。低于最低温度或高于最高温度都会引起植物体死亡。最低与最高温度之间有一最适温度，在最适温度范围内植物生长繁殖得最好。

在农业生产上，要注意各种环境条件对生长的个别生理活动的特殊作用，又要运用一分为二的观点，抓住主要矛盾，采取合理措施，才能适当地促进和抑制植物的生长，达到栽培的目的。所以研究温度因素有更实用的意义。

任务一　植物生产的温度环境

学习重点

◆ 土壤热特性。

◆ 土壤温度、空气温度的变化规律。

学习难点

◆ 影响土壤温度的因素特点。

◆ 大气中的逆温。

一、土壤温度

1. 土壤的热特性

(1) 土壤热容量　土壤热容量可分为质量热容量和容积热容量。当不同的土壤吸收或放出相同热量时，热容量越大的土壤，其升温或降温的数值越小；反之，热容量越小的土壤，其温度变化就越大。

(2) 土壤热导率　热导率高的土壤，热量易于在上下层间传导，地表土温的变化较小；相反，热导率低的土壤，地表土温的变化较大。

2. 土壤温度的变化

(1) 土壤温度的日变化　温度日较差是指一日内最高温度与最低温度之差。在正常天气条件下，一日内土壤表面最高温度出现在13：00时左右，最低温度出现在日出之前。土壤表面温度的日较差较大。

(2) 土壤温度的年变化　一年中，土壤表面月平均温度最高值出现在7～8月，最低值出现在1～2月。

(3) 土壤温度的垂直分布　一天中土壤温度的垂直分布一般分为日射型、辐射型、上午转变型和傍晚转变型4种类型。一年中土壤温度的垂直变化可分为放热型（冬季，相当于辐射型)、受热型（夏季，相当于日射型）和过渡型（春季和秋季，相当于上午转变型和傍晚转变型)。

3. 影响土壤温度变化的因素

影响土壤温度变化的主要因素是太阳辐射，除此之外，土壤湿度等因素也影响着土壤温度变化。

(1) 土壤湿度　潮湿土壤与干燥土壤相比，地面土壤温度的日变幅和年变幅较小，最高、最低温度出现时间较迟。

(2) 土壤颜色　土壤颜色可改变地面辐射差额，故深色土壤白天温度高，日较差大，而浅色土壤白天温度较低，日较差较小。

(3) 土壤质地　土壤温度的变化幅度以砂土最大，壤土次之，黏土最小。

(4) 覆盖　植被、积雪或其他地面覆盖物可截留一部分太阳辐射能，土温不易升高；还可防止土壤热量散失，起保温作用。

(5) 地形和天气条件　坡向、坡度和地平屏蔽角大等地形因素及阴、晴、干、湿、风力大小等天气条件，或者使到达地面的辐射量发生改变，或者影响地面热量收支，影响土壤温度变化。

(6) 纬度和海拔高度　土壤温度随着纬度增加、海拔增高而逐渐降低。

二、空气温度

1. 空气温度的日变化规律

空气温度的日变化与土壤温度的日变化一样，只是最高、最低温度出现的时间推迟，通常最高温度出现在14：00～15：00，最低温度出现在日出前后的5：00～6：00。

2. 空气温度的年变化

气温的年变化与土温的年变化十分相似。大陆性气候区和季风性气候区，一年中最热月和最冷月分别出现在7月和1月，海洋性气候区落后1个月左右，分别在8月和2月。

3. 气温的非周期性变化

气温除具有周期性日、年变化规律外，在空气大规模冷暖平流影响下，还会产生非周期性变化。如我国江南地区3月份出现的“倒春寒”天气，秋季出现的“秋老虎”天气，便是气温非周期性变化的结果。

4. 大气中的逆温

逆温是指在一定条件下，气温随高度的增高而增加，气温直减率为负值的现象。逆温按其形成原因可分为辐射逆温、平流逆温、湍流逆温、下沉逆温等类型。逆温现象在农业生产上应用很广泛。

（1）辐射逆温　辐射逆温是指夜间由地面、雪面或冰面、云层顶等辐射冷却形成的逆温。

（2）平流逆温　平流逆温是指当暖空气平流到冷的下垫面时，使下层空气冷却而形成的逆温。

复习思考题

1. 土壤三相组成中容积热容量最大的是哪一相？土壤热导率最大的又是哪一相？
2. 解释冬天地窖储菜和高温季节地窖储禽、蛋、肉不会变质的原因。
3. 逆温现象在农业生产上有哪些应用？

任务二　植物生长发育与温度调控

学习重点

◆ 三基点温度、农业界限温度、积温、有效温度等基本概念。

◆ 调节温度的农业技术措施。

学习难点

◆ 积温和有效积温。

◆ 温度调控的技术。

一、温度对植物生产的影响

（一）植物的三基点温度与农业界限温度

1. 植物的三基点温度

植物生长发育都有三个温度基本点，即维持生长发育的生物学下限温度（最低温度）、最适温度和生物学上限温度（最高温度），这三者合称为三基点温度。

2. 农业界限温度

农业气候上常用的界限温度及农业意义如下。

0℃：土壤冻结或解冻的标志。

5℃：喜凉植物开始生长的标志。

10℃：喜温植物开始播种或停止生长的标志。

15℃：大于15℃期间为喜温植物的活跃生长期。

20℃：热带植物开始生长的标志。

（二）积温和有效积温

1. 植物生长发育的积温

一定时期的积累温度即温度总和，称为积温。积温能表明植物在生育期内对热量的总要求，它包括活动积温和有效积温。

2. 植物生长发育的活动积温和有效积温

高于最低温度（生物学下限温度）的日平均温度，叫活动温度。植物生育期间的活动温度的总和，叫活动积温（表7-1）。活动温度与最低温度（生物学下限温度）之差，叫有效温度。植物生育期内有效温度积累的总和，叫有效积温。

表7-1 几种植物所需大于10℃的活动积温

植物	早熟型/℃	中熟型/℃	晚熟型/℃
水稻	2400～2500	2800～3200	—
棉花	2600～2900	3400～3600	4000
冬小麦	—	1600～2400	—
玉米	2100～2400	2500～2700	＞3000
高粱	2200～2400	2500～2700	＞2800
大豆	—	2500	＞2900
谷子	1700～1800	2200～2400	2400～2600
马铃薯	1000	1400	1800

3. 积温的应用

积温作为一个重要的热量指标，在植物生产中有着广泛的用途，主要体现在：用来分析农业气候热量资源；作为植物引种的科学依据；为农业气象预报服务。

（三）温度变化与植物生产

1. 植物的感温性和温周期现象

（1）植物的感温性　植物感温性是指植物长期适应环境温度的规律性变化，形成其生长发育对温度的感应特性。春化作用是植物感温性的另一表现。

（2）温周期现象　温周期现象是指在自然条件下气温呈周期性变化，许多植物适应温度的这种节律性变化，并通过遗传成为其生物学特性的现象。植物温周期现象主要是指日温周期现象。

2. 土壤温度与植物生长发育

土壤温度对植物生长发育的影响主要表现在：对植物水分吸收的影响；对植物养分吸收的影响；对植物块茎、块根形成的影响；对植物生长发育的影响；影响昆虫的发生、发展。

3. 空气温度变化与植物生长发育

（1）气温日变化与植物生长发育　气温日变化对植物的生长发育、有机质积累、产量和品质的形成有重要意义。

（2）气温年变化与植物生长发育　温度的年变化对植物生长也有很大影响，高温对喜凉植物生长不利，而喜温植物却需一段相对高温期。气温的非周期性变化对植物生长发育易产生低温灾害和高温热害。

二、植物生产的温度调控

1. 耕翻松土

耕翻松土的作用主要有疏松土壤、通气增温、调节水气、保肥保墒等。在春季特别是早春，耕翻松土可以提高表层土温，增大日温差，保持深层土壤水分，增加土壤 CO_2 的释放量，有利于种子发芽出苗，幼苗长叶、发根和积累有机养分。

2. 镇压

镇压后土壤孔隙度减小，土壤热容量、热导率随之增大。因而清晨和夜间，土表增温，中午前后降温，土表日变幅小。镇压可以使土壤的坷垃破碎，弥合土壤裂缝，在寒流袭击时可有效防止冷风渗入土壤从而危害植物。镇压的另一作用是提墒。

3. 垄作

垄作的目的在于增大受光面积、提高土温、排除渍水、土松通气。在温暖季节，垄作可以提高表土层温度，有利于种子发芽和出苗。

垄作的增温效应受季节和纬度影响。垄作具有排涝通气效应，多雨季节有利于排水抗涝。此外垄作增强了田间的光照强度，改善了通风状况，有利于喜温、喜光作物（如棉花）的生长，减轻病害。

4. 地面覆盖

地面覆盖的目的在于保墒、增温、抑制杂草、减少蒸发、保墒等。地面覆盖的主要方式有以下几种。

（1）土面增温剂　具有保墒、增温、压碱、防止风蚀及水蚀等多种作用。

（2）染色剂　在地面上喷洒或施用草木灰、泥炭等黑色物质，因增加了对太阳辐射的吸收而增温；相反，施用石灰、高岭土等浅色物质，因增加了对太阳辐射的反射而降温。

（3）地膜覆盖　地膜覆盖具有增温、保墒、增强近地层光强和 CO_2 浓度的功能。增温效应以透明膜最好，绿色膜次之，黑色膜最小。

（4）铺沙覆盖　铺一层＜0.2cm 的细沙，在 3～4 月份地表可增温 1～3℃，5cm 地温可增高 1.9～2.8℃，10cm 地温提高 1.2～2.2℃，另外铺沙覆盖具有保水效应，可防止土壤盐碱化，温、湿度条件得到改善。

（5）其他覆盖　如秸秆覆盖技术、无纺布浮面覆盖技术、遮阳网覆盖技术已普遍推广，其主要作用是增温、保墒、抑制杂草等。

5. 灌溉

灌溉对植物生产有重要意义，除了补充植物需水外，还可以改善农田小气候环境。春季灌水可以抗御干旱，防止低温冷害；夏季灌水可以缓解干旱，降温，减轻干热风危害；秋季灌水可以缓解秋旱，防止寒露风的危害；冬季灌水可为越冬植物的安全越冬创造条件。

6. 设施增温

设施增温的主要方式有智能化温室、加温温室、日光温室和塑料大棚等。

复习思考题

1. 什么叫积温？积温有几种表示方法？积温在植物生产中有哪些应用？
2. 农业生产中的温度调控措施有哪些？

任务三 城市园林植物生长温度调控

学习重点

◆ 热岛效应、热岛强度。
◆ 温度对园林植物的生态作用。
◆ 极端温度对植物的影响。

学习难点 

◆ 城市热岛效应形成的原因。
◆ 高、低温对植物的影响。

一、城市温度条件

(一) 热岛效应

城市是人口、建筑物以及生产、生活的集中地，其温度条件与周围的郊区比较有很大差异。

1. 城市热岛效应

城市热岛效应是城市气候最明显的特征之一，它是指城市气温高于郊区或乡村的气温，温度较高的城市地区被气温相对较低的郊区或乡村所包围的现象。

2. 城市热岛效应形成的原因

(1) 城市下垫面的反射率比郊区小。城市绿地面积比郊区小，砖石、水泥、沥青等建筑材料的光反射率比植被低，特别是深色屋顶和墙面等反射率更低。城市建筑物密度大，形成立体下垫面，太阳辐射经下垫面之间的多次反射吸收最终反射的能量减少。

(2) 城市下垫面建筑材料的热容量、热导率比郊区森林、草地、农田组成的下垫面要大得多。城市较高温度的下垫面通过长波辐射提供给大气的热量比郊区多。

(3) 城市大气中二氧化碳和空气污染物含量高，形成覆盖层，减少热量的散失，并对地面长波辐射有强烈的吸收作用（城市上空的尘盖）。

(4) 城市交通和居民生活的热量辐射。

(5) 城市中建筑物密集，通风不良，不利于热量的扩散；城市地面不透水面积较大，排水系统发达，地面蒸发量小、植被少，通过水分蒸腾、蒸发消耗热量的作用减小。

3. 影响城市热岛效应强度的因素

城市热岛效应强度因地区而异，它与城市规模、人口密度、建筑物密度、城市布局、附近的自然环境有关。

城市热岛效应强度还与季节有关，如：北京市区与郊区年均温差为 1.76℃，春季 1.60℃、夏季 1.60℃、秋季 1.73℃、冬季 2.13℃；天津市区与郊区年均温差为 0.87℃，春季 0.99℃、夏季 0.61℃、秋季 0.61℃、冬季 1.22℃；上海市区与郊区年均温差为 0.54℃，春季 0.36℃、夏季 0.20℃、秋季 0.90℃、冬季 0.70℃。

（二）城市小环境温度变化

在城市的局部地区，由于建筑物和铺装地面的作用，极大地改变了自然光、热、水的分布，形成特殊的小气候，温度因子的变化尤其明显。

建筑物南北向接受的太阳辐射及风的差异大，温度条件也存在很大差异。如在冬季，冻土层的深度和封冻时间不一样，建筑物前混凝土地面和草地的温度也不同。

二、温度对园林植物的生态作用

（一）温度对植物生理活动的影响

植物的各种生理代谢、生命活动和生长都是在一定的温度条件下进行的。

1. 环境温度升高对植物的生理作用

（1）温度升高促进生化反应的酶的活性，特别是促进光合作用和蒸腾作用的酶的活性。

（2）温度升高使二氧化碳和氧气在植物细胞内的溶解度增加。

（3）温度升高会促进根系吸收土壤中的水分和矿物质。

（4）温度升高会促进蒸腾作用。

（5）温度过高会使植物萎蔫、甚至枯死。

2. 温度对植物蒸腾作用的影响

（1）温度会改变空气中的蒸气压，从而影响植物的蒸腾速度。

（2）温度能直接影响叶面温度和气孔开闭，并使角质层蒸腾和气孔蒸腾的比率发生变化，温度愈高，角质层蒸腾所占比例也愈大。

（二）温度对植物生长发育的影响

（1）植物种子只有在一定的温度条件下才能萌发。一般温带树种的种子，在0～5℃开始萌动；大多数树木种子萌发的最适温度为25～30℃，最高温度为35～40℃。

（2）有些植物种子发芽前，需要低温处理促进种子后熟，可提高种子萌发率。如：月季种子层积处理后可提高发芽率。

（3）温度是影响植物生产力的主要因素之一。从热带到极地，随着温度的下降，植物生产力逐渐下降；随着海拔的升高，年均温度下降，不同植被带的生产能力也下降。

（4）一般在较高温度条件下，植物生长发育快，果实成熟早。

（5）两年生及多年生植物的花芽分化一般需要经过一定时间的低温阶段（春化阶段）。

（三）低温与休眠的关系

自然条件下，低温和短日照是相伴随出现的，多数植物冬季休眠的诱导因子虽然是短日照，由于植物体的整个休眠期是在冬季低温下通过的，植物休眠对低温有一定的要求，低温与休眠的过程是密切相关的，休眠期内的低温程度对休眠的加深或延长有决定性作用。

（四）极端温度对植物的影响

植物的正常生命活动都是在一定温度条件下进行的，当温度低于或高于一定界限时，植物便会受害，这种使植物开始受害的低温或高温称为临界温度。

温度超过临界值越多，植物受危害越严重。温度突然发生较大变化时，植物易受危害。极端温度危害包括低温危害和高温危害。

1. 低温危害

（1）冷害　指0℃以上的低温对植物造成的伤害。由于在低温条件下ATP减少，酶系统紊乱、活性降低，导致植物的光合作用、呼吸作用、蒸腾作用以及植物吸收、运输、转移等生理活动的活性降低，植物各项生理活动之间的协调关系遭到破坏。冷害是喜温植物往北引种的主要障碍。

（2）冻害　冰点以下的低温使植物体内的液态水形成冰晶引起的伤害。冰晶一方面使细胞失水，引起细胞原生质浓缩，造成胶体物质的沉淀，另一方面使细胞压力增大，促使胞膜变性和细胞壁破裂，严重时可引起植物死亡。当植物受冷害后，温度的急剧回升要比缓慢回升使植物受害更加严重。

（3）霜害　指霜的出现对植物造成的伤害。通过破坏原生质膜和使蛋白质失活与变性对植物造成伤害。

（4）冻举（冻拔）　气温下降引起土壤结冰，使得土壤体积增大，随着冻土层的不断加厚、膨大，会使树木上举。解冻时，土壤下陷，树木留于原处，根系裸露在地面上，严重时倒伏死亡。冻举一般多发生在寒温带地区土壤含水量过大、土壤质地较细的立地条件下。

（5）冻裂　白天太阳光直接照射到树干，入夜气温迅速下降，由于木材导热慢，树干两侧温度不一致，热胀冷缩产生横向拉力，使树皮纵向开裂造成伤害。冻裂一般多发生在昼夜温差较大的地方。

（6）生理干旱（冻旱）　土壤结冰时，树木根系吸不到水分或土壤温度过低，根系活动微弱，吸水很少，而地上部分不断蒸腾失水，引起枝条甚至整棵树木失水干枯死亡。

生理干旱多发生在土壤未解冻前的早春。北京等多风的城市，蒸腾失水多，生理干旱经常发生。迎风面挡风从而减少蒸腾失水，或在幼龄植物北侧设置月牙形土埂以提高地温，缩短冻土期，可以减轻生理干旱的危害。

2. 高温危害

高温危害多发生在无风的天气。在城市街区、铺装地面、沙石地和沙地，夏季高温易造成危害。

（1）皮烧（日灼伤）　树木受强烈的太阳辐射，温度升高，特别是温度的快速变化，引起树皮组织的局部死亡。多发生在冬季，朝南或南坡地域有强烈太阳光反射的城市街道，树皮光滑的成年树易发生。

症状为受害树木的树皮呈现斑点状的死亡或片状剥落。植物皮烧后，容易发生病菌侵入现象，严重时危害整棵树木。树干涂白，反射掉大部分热辐射，可减轻强烈太阳辐射造成的皮烧危害。周围空气温度32.2℃，涂白的树干42.2℃，没有涂白的树干53.3℃。

（2）根茎灼伤　当土壤表面温度高到一定程度时，会灼伤幼苗柔弱的根茎，可通过遮阴或喷水降温以减轻危害。

3. 极端温度对植物的影响程度

一方面取决于温度的高低程度及极端温度持续时间、温度变化的幅度和速度；另一方面与植物本身的抵抗能力有关。抗寒能力主要取决于植物体内含物的性质和含量。植物在不同发育阶段，其抵抗能力不同，休眠阶段抗性最强，生殖生长阶段抗性最弱，营养生长阶段居中。外地引进的园林苗木，一般在本地栽植1～2年后，经过适应性锻炼，能大大提高其抗性。

三、园林植物对温度的适应

（一）园林植物对不同温度的适应

1. 对低温的适应

长期生活在低温环境中的植物通过自然选择，在生理、形态方面表现出适应特征。

（1）生理方面　减少细胞中的水分，增加细胞中的糖类、脂肪和色素类物质来降低植物的冰点，增强抗寒能力。

（2）形态方面　高山植物的芽和叶片常受到油脂类的保护，芽具有鳞片，植物矮小并且呈匍匐状或莲座状。

植物对极端温度的适应能力主要表现在叶片和芽的抗性上，不同分布区植物对极端温度的适应性相差极大。

2. 对高温的适应

（1）生理适应　降低细胞含水量，增加糖和盐的浓度，以减缓代谢速率，增加原生质的抗凝结力，通过旺盛的蒸腾作用消耗热量以避免植物体因过热受害。

（2）形态适应　植物生有密茸毛和鳞片，能阻挡部分阳光；植物体呈白色、银白色，叶片革质发亮，能反射部分阳光；叶片角度发生变化或在高温条件下叶片折叠，减少对阳光的接受面积；一些树木的树干和根茎有厚的木栓层，具有绝热和保护作用。

（二）季节变温与物候现象

1. 季节变温

大部分地区的温度都有季节性变化，春夏秋冬主要是温度的季节性变化，在中纬度、低海拔地区变化最为明显。

2. 物候现象

物候现象是指植物长期适应一年中气候条件（主要是温度条件）的季节性变化，形成与此相适应的生长发育节律的现象。

物候现象是植物对温度变化适应的显著表现。如春暖复苏、入冬落叶、夏花秋实。

物候期因纬度、海拔而异。南京和北京纬度相差6°，桃花开花期相差19d。海拔的差异，白居易有诗“人间四月芳菲尽，山寺桃花始盛开”，庐山的桃花开花期山上要比山下约迟1个月。在市区内，温度一般比城市以外地区高，物候期也较早，落叶休眠较晚。

四、园林植物对气温的调节作用

1. 大片的园林植物能使其周边环境趋于冬暖夏凉

（1）夏季在树荫下会感觉到凉爽宜人，这是由于树冠能遮挡阳光、减少日光直接辐射。

（2）植物叶片对热辐射的红外光的反射率可高达70%，而城市铺地材料沥青的反射率仅为4%，鹅卵石为3%，植物遮阴可明显减缓小环境温度的升高。

（3）植物通过蒸腾作用消耗大量热量，从而产生明显的降温效果。

（4）不同树种的降温效果差异很大，与树冠大小、枝叶密度、叶片质地有关。

2. 城市地区大面积园林绿地还可形成局部微风

（1）在夏季，建筑物和水泥沥青地面气温高，热空气上升，而绿地内气温低，空气密度大，向周围地区流动，从而使得热空气流向园林绿地，经植物过滤后的凉爽空气再流向周围，使周围地区的温度下降。

（2）在冬季，森林树冠阻挡地面的辐射热向高空扩散，而空旷地空气容易流动，散热快，因此在树木较多的小环境中，气温要比空旷处高，这时树林内的热空气会向周围空旷地流动，提高周围地区的温度。

复习思考题

1. 低温对园林植物有哪些危害？
2. 高温对园林植物有哪些危害？
3. 简述温度对园林植物生长发育的影响。
4. 简述城市热岛效应形成的原因。

学习重点

◆ 温度条件与农业生产。
◆ 保护地设施内温度条件的特点。
◆ 保护地设施内温度的调节方法。

学习难点

◆ 保护地设施内温度条件变化的规律。
◆ 保护地设施内温度调节技术。

一、温度条件与农业生产

植物体的光合作用、呼吸作用、蒸腾作用、从土壤中吸收养分及其他一些生理过程，只能在一定的温度范围内进行。植物生长发育的温度范围是自生物学最低温度至生物学最高温度，高于生物学最高温度或低于生物学最低温度，植物的生长发育就会停止。在生物学最低温度和生物学最高温度之间存在最适温度区，在最适温度条件下，作物的生长发育和产量形成进行得最为强烈。生物学最低温度、生物学最高温度和生物学最适宜温度，即为作物生长发育的三基点温度。引起植物死亡的生命活动最低温度和最高温度，称为最低致死温度和最高致死温度。以上这些温度指标，统称为植物的五个基本温度指标。

二、保护地设施内温度条件的特点

1. 保护地设施内的热量交换

阳畦、大小棚、温室等保护地设施内热量的来源有下列几方面：人工加温热源；太阳光；土壤中有机物分解放出的生物热等。

2. 地温

在保护地设施中的土壤，由于位置的不同，在水平方向上存在着明显的温度差异。在日光温室中地温的水平分布如下：5cm 地温在南北方向上有很大差异，在距后墙 3m 处温度最高，由此向南、向北均递减。

3. 气温

在冬季，绝大部分蔬菜保护设施里的气温都高于露地，特别是日光温室内，一般称之为温室效应。

（1）太阳光与保护设施内的气温　保护设施内的气温不同于露地，由于是人工建造的保护设施，其设施内的气温受太阳光的影响很大。而光照条件又受建筑方位、设施结构、透光屋面大小、形状、覆盖材料特性、清洁程度等多因素的影响。

（2）各保护设施内的气温　国内大部分的保护地设施中，以日光温室在冬季的气温为最高。

（3）设施内温度的日变化　保护设施内的温度变化与外界的规律相同。

（4）气温的垂直分布　在不通风的条件下，日光温室内的气温垂直分布有以下特点：一定高度范围内，气温随高度的增加而上升，栽培畦的上下方温差可达 4～6℃；温室中柱前 1m 处有一个低温层；气温的垂直分布因室内位置不同而不同，随时间而变化；室内 0.5m

以下的贴地气层气温的层间分布十分复杂；日光温室中有一个稳定的高温区。

(5) 气温的水平分布 日光温室气温在水平方向上，南北之间、东西之间都有较大的不均匀性。

① 温室内的平均气温在距北墙 3～4m 处最高，由此向北、向南均呈降低趋势。

② 在前坡下的栽培畦内，畦南北方向上的最高和最低气温存在明显的差异。

③ 温室东西方向上的温度低于中间。靠近进出口的一侧温度低于另一侧约 1℃。

(6) 保护地设施中的最高气温 日光温室中最高气温具有以下特点：增温效应显著；每天最高气温出现的时间，晴天是在 13 时，阴天最高气温出现在云层较散、散射光较强的时候。

日光温室内的最高气温在水平方向亦有差异，距前缘 1m、高 80cm 处的最高气温比距前缘 3m 处的平均高 1℃以上。在垂直方向上，室内上部比下部高 5℃以上。

(7) 保护地设施中的最低气温 日光温室中最低气温具有如下特点：温室中的最低气温显著高于室外；温室中后坡下的最低气温一般高于前坡。

(8) 保护设施中的积温、日较差 有效积温的满足是植物生长发育所必需的条件。

三、温度的调节

(一) 温度调节的原则

保护设施内温度条件的调节要多方面考虑，应遵循的共同的基本原则如下。

1. 不同作物、不同生育期的温度调节

喜温植物如黄瓜、甜椒等需要较高的温度条件，而韭菜等耐寒植物生育期需要的温度条件较低，二者的要求相差 6～8℃。同一作物不同的生育期所需的温度也不相同。

2. 变温管理

目前认为在保护地设施中应采用上午、下午、前半夜和后半夜四个阶段不同的温度调节管理的方法。

在四段温度管理中，白天是蔬菜光合作用的时间，要求较高的温度；晚上主要是物质的转运和休息，为降低呼吸作用，应使温度低一些。所以温度的管理首先要保证白天黑夜有一定的温度差距，即日较差，一般为 10℃左右。

(二) 气温调节

保护地设施内气温的调节包括增温与降温两方面。增温又分增加设施内的热量、提高温度和保持设施内的热量、保持温度两方面。常采用的措施如下：设施结构合理、塑料薄膜的选用、多层覆盖、适时揭盖保温覆盖物、人工加温等。温室、大棚内人工加温的方法很多，有火炉加温、热风炉加温、暖气加温、热水加温、日光收集加温等。

国内保护设施通常利用通风来降温。春季应逐渐减少覆盖的保温物，以降低夜温。当外界夜温稳定在作物适宜温度范围内时，则可以彻夜通风。

(三) 地温的调节

冬季利用的保护设施中，地温偏低是普遍存在的问题，因此，提高地温是保护栽培中重要的措施。主要措施有高垄栽培、地膜覆盖；挖防寒沟；增施有机肥；保持土壤湿度；提早扣棚；地下加温；降温等。

复习思考题

1. 简述保护地设施中土壤温度的水平分布规律。
2. 简述保护地设施中土壤温度的垂直分布规律。
3. 简述保护地设施中的最低气温变化规律。
4. 简述保护地设施中的最高气温变化规律。
5. 简述保护地设施中的气温调节技术。
6. 简述保护地设施中的地温调节技术。

任务五　土壤温度、空气温度的测定

一、任务目标

掌握观测植物群体所需土壤温度和空气温度的技术及有关仪器的使用方法，并对实验数据进行整理和科学分析。

二、仪器与用具

地面温度表、地面最高温度表、地面最低温度表、曲管地温表、干湿球温度表、最高温度表、最低温度表、计时表、铁锹、记录纸和笔、百叶箱。

三、任务实施

1. 土壤温度的测定

(1) 地温表的安装

① 地面温度表　在观测前 30min，将温度表感应部分和表身的一半水平地埋入土中，另一半露出地面，以便观测之用。

② 地面最高温度表　安装方法与地面温度表相同。

③ 地面最低温度表　安装时先放头部，后放球部，基本上使表身水平地放置，但球部稍高。其他安装方法同地面温度表。

④ 曲管地温表　安装时，从东至西依次安好 5cm、10cm、15cm、20cm 曲管地温表，按一条直线放置，相距 10cm。安装前选挖一条与东西方面成 30°角、宽 25～40cm、长 40cm 的直角三角形沟，北壁垂直，东西壁向斜边倾斜。在斜边上垂直量出要测地温的深度即可安装曲管温度表。

(2) 土壤温度的观测

一般每天北京时间 2：00、8：00、14：00、20：00 时进行四次或 8：00、14：00、20：00 时三次观测。最高、最低温度表只在 8：00、20：00 时各观测 1 次。夏季最低温度可在 8：00 时观测。观测后，把最低温度表拿入室内或放入百叶箱中，以防曝晒。20：00 时重新调整安好，以备第二天观测用。土壤温度的观测程序：地面温度→最高温度→最低温度→曲管地温。观测后做好记录。

2. 空气温度的测定

观测空气温度时间、次数与测土壤温度相同，常用干球温度表（普通温度表）、最高温度表和最低温度表进行测定。最高、最低温度也在 20：00 时观测，观测后进行调查。安装时要把干球温度表球部朝下垂直悬挂在百叶箱内铁架横梁的东侧，最高、最低温度表分别安放在支架下部的横梁上。

四、任务报告

（1）土壤温度的测定　根据观测资料，画出定时观测的土壤温度和时间的变化图。

（2）空气温度的测定　根据观测资料，画出定时观测的空气温度和时间的变化图。

五、任务小结

总结实验情况，检察对这些不同种类温度表的认识以及使用情况。

项目八

植物生长光环境调控

项目目标

◆ 了解：植物光合性能与产量的关系。

◆ 理解：光合作用、呼吸作用的主要过程及其影响因素；提高光能利用率的途径；呼吸作用与农产品储藏的关系。

◆ 掌握：光合作用、呼吸作用、光能利用率等基本概念及意义。

项目说明

太阳表面以电磁波的形式不断释放的能量，即太阳辐射或太阳光。绿色植物将太阳能转化成化学能储存于植物体内，这一过程是生物圈与太阳能发生联系的唯一环节，也是生物圈赖以生存的基础。太阳辐射又温暖了地球表面，使生物能够生长、发育和繁衍，并对生物的分布起了重要作用。因此，光和温度组成了地球上的能量环境。

任务一 植物的光合作用

学习重点

◆ 光合作用的机理：原初反应，电子传递与光合磷酸化，二氧化碳的同化，光合作用的产物。

◆ 太阳辐射：太阳辐射，太阳光谱。

学习难点

◆ 影响光合作用的环境条件。

◆ 光能利用率不高的原因。

◆ 提高光能利用率的途径。

植物区别于动物的特征之一就是植物不需摄取现成的有机物，而是通过它的根、茎、叶乃至整个植物体从环境中吸收水、二氧化碳、矿质元素和太阳光能，利用体内特定的生理过程，把这些无机物转化为有机物，变成自身的营养物质。所以，绿色植物都是自养型的。光合作用亦称碳素同化作用，就是绿色植物利用日光能，把 CO_2 和 H_2O 同化为有机物，释放 O_2，同时储存能量的过程。

一、光合色素

叶绿体存在于叶肉组织和其他绿色组织细胞中，是植物进行光合作用的场所。

1. 叶绿体的基本结构

叶绿体的外部是由两层单位膜围成的被膜，被膜以内是透明的基质，基质里悬浮着的粒状结构叫基粒。基粒由类囊体垛叠而成，类囊体是由单层单位膜围成的扁平具穿孔的小囊，组成基粒的类囊体叫基粒片层，连接基粒的类囊体叫基质片层。构成类囊体的单位膜上分布有大量的光合色素，是光能吸收与转化的主要部位。叶绿体的基质内含有众多的酶类，是合成有机物的重要场所。

2. 光合色素

高等植物叶绿体内含有的光合色素主要有两大类：叶绿素和类胡萝卜素。叶绿素共有 a、b、c 和 d 共 4 种。叶绿素分子中含有双键，因而具有吸光性，叶绿素分子的吸收光谱是红光部分和蓝紫光部分。由于叶绿素对绿色吸收最少，所以叶绿素溶液呈现绿色，叶片呈绿色亦是这个道理。类胡萝卜素包括胡萝卜素和叶黄素，胡萝卜素能够吸收光能，也能对叶绿素起保护作用。秋天，叶绿素被破坏，叶黄素显露出来，这是叶子变黄的主要原因。

3. 影响叶绿素形成的环境因素

影响叶绿素形成的环境因素主要有光照、温度、营养元素、氧气和水分。叶绿素的合成必须在有光的条件下才能完成，这是黑暗中形成黄化幼苗的原因。温度主要影响酶的活性，叶绿素合成的最低温度为 2～4℃，最适温度为 30℃，最高温度为 40℃。营养元素 Fe、Cu、Zn、Mn 对叶绿素合成具有催化作用。氧气是植物呼吸作用的必要条件。水则是一切生命活动的介质。

二、光合作用的机理

光合作用是一系列光化学、光物理和生物化学转变的复杂过程。光合作用总体来说分以下两步进行。第一步需要光，称光反应，它通过原初反应、电子传递与光合磷酸化，吸收太阳光能转换为电能，再形成活跃的化学能，储存在 ATP 和 NADPH2 中，这一过程是在叶绿体的基粒片层上完成的，它随着光强的增大而加速。第二步不需要光，称暗反应，它通过二氧化碳同化，吸收二氧化碳和水合成有机物，同时将活跃的化学能转变为稳定的化学能，储藏在这些有机物分子的化学键当中，成为植物体的组成物质，这一过程是在叶绿体的基质中进行的，它随温度的升高而加快。

（一）原初反应

原初反应是光合作用的起点，是光合色素吸收光能所引起的一系列物理化学反应，速度快，与温度无关。原初反应包括光能的吸收、传递和光化学反应。

（二）电子传递与光合磷酸化

高能电子在一系列电子传递体之间移动，释放能量并通过光合磷酸化作用把释放出来的电能转化为活跃的化学能（NADPH2 和 ATP）。作为能量载体的电子是由水分子中夺取的，水分子失去电子，自身分解放出氧气，这是光合作用所释放的氧气的来源。

经过上述变化之后，由光能转变来的电能进一步形成活跃的化学能，暂时储存在 ATP 和 NADPH 之中，它们将用于二氧化碳的还原，进一步形成各种光合产物，把活跃的化学能转变为稳定的化学能储存在有机化合物之中。这样，ATP 和 NADPH 就把光反应和暗反应联系起来了。通常把这两种物质合起来称为同化力。

（三）二氧化碳的同化

二氧化碳同化在叶绿体的基质里进行，通过一系列的酶促反应，把二氧化碳和水合成有机物（糖），同时把活跃的化学能转化为稳定的化学能（键能），储存在所生成的有机物的化学键中。二氧化碳的同化过程在有光和黑暗条件下均可进行。目前，已经明确高等植物光合碳同化途径有三条，即 C_3 途径（卡尔文循环）、C_4 途径和景天酸代谢途径。C_3 途径是最基本的碳素同化途径，其他两种途径都必须经过 C_3 循环才能把二氧化碳固定为光合产物糖。

1. C_3 途径（卡尔文循环）

光合作用的碳转变的基本途径。这个途径现在都称 C_3 途径或称光合碳还原循环、还原的磷酸戊糖循环。整个循环可分三个阶段：羧化阶段、还原阶段、再生阶段。

在整个卡尔文循环中，要固定 6 分子二氧化碳，即循环 6 次才能合成 1 分子已糖磷酸。每循环一次，需要 3 分子 ATP 和 2 分子 NADPH。

2. C_4 二羧酸途径（C_4 途径）

这类植物在光合作用中最初的 CO_2 受体是烯酸式磷酸丙酮酸（PEP）；PEP 在 PEP 矮化酶作用下与 14 分子 CO_2 结合形成草酰乙酸。由于固定 CO_2 后的最初产物是 C_4 化合物而不是 C_3 化合物，因而称为 C_4 途径，具有 C_4 途径的植物称 C_4 植物。

C_4 植物固定同化 CO_2 的整个过程是在两种不同功能的光合细胞中进行的。首先，叶子吸收的 CO_2 到叶肉细胞的叶绿体内，在磷酸烯醇式丙酮酸羧化酶（PEP 羧化酶）的催化下，CO_2 和磷酸烯醇式丙酮酸结合，形成了最初产物草酰乙酸。草酸乙酸在相应酶的催化下，分别转化为苹果酸和天冬氨酸，这些都是四碳的二羧酸，这些转变都在叶肉细胞中进行。以后，苹果酸转移到邻近的维管束鞘细胞，在维管束鞘细胞的叶绿体内，苹果酸脱羧放出 CO_2 转变为丙酮酸。丙酮酸又转移回叶肉细胞，在 ATP 和酶的作用下，它又转变为磷酸烯醇式丙酮酸，重新作为受体，使反应循环进行。

3. 景天酸代谢途径

景天酸代谢途径又称CAM途径，指生长在热带或亚热带干旱或半干旱地区的一些肉质植物（最早发现于景天科植物）所具有的一种光合固定二氧化碳的附加途径，其叶片气孔白天关闭，夜间开放。具有这种途径的植物称为CAM植物。

在其所处的自然条件下，气孔白天关闭，夜晚张开。它们具有此途径，既维持水分平衡，又能同化二氧化碳。

途径的特点是：在夜间细胞中磷酸烯醇式丙酮酸（PEP）作为二氧化碳接受体，在PEP羧化酶催化下，形成草酰乙酸，再还原成苹果酸，并储于液泡中；白天苹果酸则由液泡转入叶绿体中进行脱羧释放二氧化碳，再通过卡尔文循环转变成糖。所以这类植物的绿色部分的有机酸特别是苹果酸有昼夜的变化，夜间积累，白天减少。淀粉则是夜间减少（由于转变为二氧化碳接受体PEP）白天积累（由于进行光合作用的结果）。已发现许多科植物如龙舌兰科、仙人掌科、大戟科、百合科、葫芦科、萝藦科以及凤梨科具有此途径。一般说CAM植物是多汁的，但也有不是多汁的。多汁植物也并不都是CAM植物。这类植物是通过改变其代谢类型以适应环境，由于该途径的特点造成光合速率很低［3～10mg CO_2/（dm^2·h)］，故生长慢，但能在其他植物难以生存的生态条件下生存和生长。

（四）光合作用的产物

光合作用的产物主要是糖类，包括单糖（葡萄糖和果糖）、双糖（蔗糖）和多糖（淀粉），其中以蔗糖和淀粉最为普遍。

实验证明，光合作用也可直接形成氨基酸、脂肪酸等。因此，应该改变过去认为碳水化合物是光合作用的唯一直接产物的认识。

三、光合作用的影响因素及生产潜力

植物的光合作用和其他生命活动一样，经常受到外界条件和内在因素的影响而不断地发生变化。

表示光合作用快慢程度的生理指标叫光合速率，即每小时每平方分米叶面积吸收二氧化碳的毫克数，常用mg CO_2/(dm^2·h）表示。测定光合效率的另一个生理指标称光合生产率（净同化率），即每天每平方米叶面积实际积累的干物质克数［g干物质/(m^2·d)]，它是较长时间（例如一昼夜或一周）的表观光合速率。

光合生产率比短期测得的光合速率低，因为其中包括夜间的呼吸作用和向外运输的光合产物。一般光合生产率为4～6g干物质/(m^2·d)，而光合速率一般为20～60mg CO_2/(dm^2·h)。

同一品种在不同生育期的光合速率不同。同一株作物不同部位的叶片，光合速率也不同。

（一）影响光合作用的环境条件

1. 光呼吸

植物的绿色细胞在光照条件下吸收氧气、放出二氧化碳的过程称为光呼吸。降低光呼吸是提高光合作用的途径之一。

2. 光照

在一定范围内，光合速率随光照强度的增加而增加，但达到一定数值时，光合速率便达到最大值，此后，即使光照强度继续增加，光合速率也不再提高，这种现象称光饱和现象。开始达到光饱和现象时的光照强度称光饱和点。

当光照强度较高时，植物的光合速率比呼吸要高若干倍。当光照强度下降时，光合速率与呼吸速率均随之下降，但光合速率下降得较快。光照强度下降到一定数值时，光合作用吸收的 CO_2 量与呼吸作用放出的 CO_2 量相等，表示光合速率等于零，此时的光照强度称光补偿点。在光补偿点处，植物叶片制造的有机物与呼吸消耗的有机物相等，因而没有积累。

3. 二氧化碳

在一定范围内，植物的光合速率随环境中 CO_2 浓度的增高而增加，但达到一定程度时再增加 CO_2 浓度，光合速率也不再增加，此时环境中 CO_2 的浓度称二氧化碳饱和点。

据最新研究结果表明，现在空气中 CO_2 浓度约为 0.0385%，但还远不能满足植物光合作用的需要，增加环境中 CO_2 浓度（CO_2 施肥、改善透气条件、施用有机肥）是提高作物产量的有效途径之一。

4. 温度

温度主要影响酶的活性，植物的光合作用有一定的温度三基点（最低温、最适温、最高温）。光合作用的最低温（冷限）和最高温（热限）是指在该温度下，CO_2 的吸收和释放速度相等，光合速率等于零。在光合最适温时，光合速率最高。

5. 水分

水是光合作用的原料之一，水分的多少还可影响植物体内激素水平的变化，通过激素控制气孔的开闭，影响光合作用的快慢。

6. 矿质元素

矿质元素直接或间接地影响光合作用。N、P、S、Mg 是叶绿素的组成成分，Mn、Cl、Fe、Cu、Zn 影响光合电子传递和光合磷酸化，K 影响气孔的开闭，K、P、B 影响光合产物的运输和转化。所以，合理施肥对保证光合作用的顺利进行是非常重要的。

（二）光能利用率不高的原因

1. 作物光能利用率和产量的关系

作物光能利用率是指在单位土地面积上，作物光合产物中储存的能量占作物光合期间照射在同一地面上太阳总能量的百分比。植物的光能利用率是很低的，一般植物约为 1%，森林植物大概只有 0.1%。

2. 光能利用率低的原因

主要有太阳辐射损失、漏光损失、反射及透射损失、蒸腾损失、环境条件不适等原因。

环境条件主要有光强的限制；温度过低或过高影响酶活性；CO_2 供应不足，使光合速率受到限制；肥料不足或施用不当，影响光合作用进行或使叶片早衰等。

（三）提高光能利用率的途径

主要是增加光合面积、延长光合时间、延长生育期、提高复种指数。

目前，主要是通过栽培措施来提高作物的光合效率。例如，通过水（灌溉）肥（主要是氮肥）调控作物的长势，尽早达到适宜的叶面积系数，提高田间 CO_2 浓度（大棚或温室施放干冰、田间增施有机肥）；降低作物的光呼吸。

四、保护地设施内光照的特点及其调节

1. 保护地设施内光照的特点

保护地设施内的光照条件由于受透光和不透光覆盖物及支架的遮挡，以及人工管理的差异，与露地光照条件有极大的差异。其光照特点主要表现在光照强度、光照时间和光质三个方面。

保护地设施内的光照强度与露地的光照强度是成正相关的。另外，取决于保护地设施的

透光覆盖材料的透光率、设施的结构、骨架、方位等。总的来看，保护设施内的光照强度大大低于露地。

综合上述情况可看出，大部分保护地设施里的光照强度都大大低于露地，一般为露地光照强度的60%~80%。

2. 保护地设施内光照的利用和调节

保护地设施内，在主要的栽培季节——冬、早春季，光照条件是非常不良的，光照强度低，时间短，光质差。因此，充分利用和合理调控光照条件是十分重要的。

调节措施有作物的合理布局；设施的方位、结构和材料；操作管理；光质的调节；补光和遮光。

复习思考题

1. 影响叶绿素形成的环境因素有哪些？
2. 影响光合作用的环境条件有哪些？
3. 光能利用率不高的原因有哪些？
4. 提高光能利用率的途径有哪些？

任务二　植物的呼吸作用

学习重点

◆ 了解呼吸作用的生化过程。

◆ 掌握呼吸作用的意义及类型。

学习难点

◆ 影响呼吸作用的环境条件。

◆ 呼吸作用的调节与应用。

一、呼吸作用的意义及类型

1. 呼吸作用

活细胞内的有机物质在酶的催化下进行氧化分解，产生二氧化碳和水，并释放出大量能量的过程称为呼吸作用。被呼吸作用氧化分解的有机物主要是糖类（碳水化合物），常被称为“呼吸底物”，呼吸底物的分解亦称降解。伴随呼吸作用的进行，植物重量减轻，同时有大量的能量和二氧化碳释放。

（1）有氧呼吸　生活细胞吸收大气中的氧，将体内的有机物彻底氧化分解，形成二氧化碳和水并释放能量的过程。

（2）无氧呼吸　生活细胞在不吸收氧的情况下，将体内有机物不彻底氧化，形成不彻底的氧化产物并释放能量的过程。

2. 呼吸作用的生理意义

主要有作为生命活动的重要指标、提供植物生命活动所需要的能量、呼吸作用为其他有机物的合成提供原料、呼吸作用可提高植物的抗性等。

总之，呼吸作用是植物有机体普遍进行的生理过程，它是代谢的中心，它同所有的代谢过程都有密切关系，因此，呼吸作用的强弱必然影响到植物的生长发育，从而关系着农作物的产量和品质。

3. 呼吸作用的生理指标

(1) 呼吸强度　呼吸强度是衡量呼吸作用强弱、快慢的一个指标，呼吸强度也称为呼吸速率或呼吸率。以单位重量（鲜重或干重）在单位时间内释放二氧化碳的量、吸收氧气的量或干（鲜）重损失量的多少来表示。

(2) 呼吸商　植物组织在一定时间内释放的二氧化碳量与吸收氧气量的比值称呼吸商或呼吸系数（简称 RQ)。糖被完全氧化，其呼吸商为 1.0；脂类比糖还原程度高，脂类的吸呼商小于 1，为 0.7～0.8；有机酸由于相对含氧多，所以其呼吸商大于 1。

如上所述，当底物被完全氧化时，可以用呼吸商值推测出呼吸底物的性质。

二、呼吸作用的生化过程

植物体内的有机物首先被分解为葡萄糖，由葡萄糖开始进入呼吸代谢过程。呼吸作用的整个过程可以分为两个阶段。第一阶段为有机物的分解，通过三种不同的代谢途径（糖酵解、三羧酸循环、磷酸戊糖途径）将葡萄糖分解为二氧化碳和水，同时形成 ATP、NADH2、FADH2 和 NADPH2。第二阶段为电子传递与氧化磷酸化即生物氧化过程，电子在呼吸链各电子传递体间传递，释放能量，并通过氧化磷酸化作用形成 ATP，满足植物体新陈代谢的需要。

1. 糖酵解 (EMP 途径)——无氧呼吸

糖酵解是指葡萄糖直接分解为丙酮酸的过程，在植物的细胞质内进行。

2. 糖酵解-三羧酸循环 (EMP-TCA)——有氧呼吸

有氧呼吸是生活细胞在氧气的参与下，把有机物彻底氧化为二氧化碳和水，同时释放能量的过程。糖酵解过程在细胞质内进行，三羧酸循环过程在线粒体内进行。底物通过有氧呼吸分解，不但形成 ATP，还产生 NADH2 和 FADH2。

3. 磷酸戊糖途径 (HMP 或 PPP 途径)——有氧呼吸支路

磷酸戊糖途径是植物有氧呼吸的一条辅助途径，在细胞质内进行，磷酸戊糖是该途径的中间产物，呼吸作用的结果是形成 NADPH2。

三、呼吸作用的影响因素及调控应用

表示植物呼吸作用强弱的生理指标是呼吸强度，以单位重量在单位时间内释放二氧化碳的量、吸收氧气的量或重量损失量的多少来表示。

(一) 影响呼吸作用的环境条件

1. 温度

温度对呼吸作用影响的规律是，在最低温度与最适温度之间，呼吸强度随温度的升高而加快；超过最适温度后，呼吸强度随温度的升高而降低。呼吸作用进行得最快且持续时间最长时的温度就是呼吸最适温度，大多数温带植物的呼吸最适温度为 25～35℃。

2. 氧气和二氧化碳

氧气是植物正常呼吸的重要因子，植物的呼吸强度随氧浓度的升高而增大。二氧化碳约占大气成分的 0.03%，二氧化碳含量高于 5%时，呼吸作用就受到抑制，当含量达到 10%时，可以使植物致死。

3. 水分

水是生物化学反应的介质，细胞的含水量对呼吸作用的影响很大，在一定范围内呼吸强度随含水量的增加而增大。

4. 机械伤害

机械伤害会显著加快植物组织的呼吸强度。

5. 农药

植物的呼吸受到各种农药的影响，包括杀虫剂、杀菌剂、除草剂与生长调节剂。它们的影响很复杂，有的促进呼吸，有的降低呼吸，在农药使用上一定要注意这些问题。

（二）呼吸作用的应用

调控呼吸对于作物生长发育、有机物运输分配、经济产量形成以及农产品的储藏保鲜等具有重要的实际意义。

1. 调控呼吸作用在作物栽培管理中的应用

种子萌发是植物有机体表现生命活动极为强烈的一个时期。特别是种子吸水后，呼吸作用和酶的变化相当明显。一般，种子萌发过程中呼吸强度的变化包括四个阶段即：急剧上升—滞缓—再急剧上升—显著下降。总的趋势是呼吸作用不断加强。

2. 调控呼吸作用在农产品储藏中的应用

（1）粮油种子的储藏　在储藏过程中，必须降低呼吸强度，确保安全储藏。要使粮油种子安全储藏，要求种子呈风干状态，含水量一般为8%～16%（因种子而异），可称安全含水量，又称临界含水量。有效的干燥或必要的低温措施，才使粮油种子常年安全保管成为可能。

（2）果蔬储藏　在果实成熟之前，呼吸强度有一明显的上升，出现一个呼吸高峰，称呼吸跃变。对这样的果实应采取措施减弱其呼吸作用，推迟或降低呼吸高峰，这是延长储藏期的关键。

温度对呼吸高峰的出现影响极大，洋梨呼吸高峰的出现随温度的增加而提早，且峰值提高。因此应当低温储藏，但不是越低越好，太低了容易发生冻害。

在储运中，防止水分损失，保持一定的湿度就显得特别重要。

多汁果蔬储藏保鲜可采用调节气体成分、抑制呼吸作用的气调法，目前在国内普遍使用，效果较好。

3. 植物的抗病性与呼吸作用的关系

植物受到病原物侵染后，被侵染的植物呼吸作用通常都会增强。植株感病后呼吸加强的原因可从以下几方面分析。

（1）病原微生物有强烈的呼吸作用，致使寄生植物的呼吸加强。

（2）寄主的呼吸作用加强，是因为病原菌侵入寄主后，呼吸基质与有关酶接触机会增加，呼吸的生化过程明显加强。

（3）寄主受侵染以后，呼吸作用的生化途径发生变化。如前所述，植物感病后糖酵解酶系可能被抑制，而磷酸戊糖途径的酶系活化，使这条途径增强，氧化磷酸化作用解偶联，大部分能量以热的形式释放出来，使感病组织的温度升高。

复习思考题

1. 影响呼吸作用的环境条件有哪些？
2. 呼吸作用的调节方法有哪些？
3. 呼吸作用在农业生产上的应用有哪些？

任务三　提高植物光能利用率的途径

学习重点

◆ 经济产量、叶面积系数、光能利用率等基本概念。

◆ 光能利用率不高的原因及提高光能利用率的途径。

学习难点

◆ 提高光能利用率的途径。

一、植物的光合性能与产量

1. 作物的产量构成因素

决定作物产量的因素有叶面积、光合强度、光合时间、呼吸消耗和经济系数。

光合面积是指植物的绿色面积，通常以叶面积系数来表示叶面积的大小。在一定范围内，叶面积越大，光合作用积累的有机物质越多，产量也就越高。

适当延长光合作用的时间，可以提高作物产量。当前主要是采取选用中晚熟品种、间作套种、育苗移栽、地膜覆盖等措施，使作物能更有效地利用生长季节，达到延长光合时间的目的。

2. 作物光能利用率

目前作物的光能利用率普遍不高。据测算，只有0.5%～1%的辐射能用于光合作用。低产田作物的光能利用率只有0.1%～0.2%，而丰产田作物的光能利用率也只有3%左右。

3. 作物群体对光能的利用

作物群体比个体更能充分利用光能。在群体的结构中，叶片彼此交错排列、多层分布，使各层叶片的透射光可以反复地被吸收利用。

二、提高植物光能利用率的途径

1. 植物对光能利用率不高的原因

当前作物光能利用率不高的主要原因有以下几方面。

(1) 漏光　植物在幼苗期时，叶面积小，大部分阳光直射到地面上损失掉。

(2) 受光饱和现象的限制　光照度超过光饱和点以上的部分，植物就不能吸收利用，植物的光能利用率就随着光照强度的增加而下降。

(3) 环境条件及作物本身生理状况的影响　自然干旱、缺肥、CO_2浓度过低、温度过低或过高以及作物本身生长发育不良、受病虫危害等，都会影响作物对光能的利用。

2. 提高作物光能利用率的途径

(1) 选育光能利用率高的品种　光能利用率高的品种特征是：矮秆抗倒伏，叶片分布较为合理，叶片较短并直立，生育期较短，耐阴性强，适于密植。

(2) 合理密植　合理密植是提高作物产量的重要措施之一。合理密植，增大绿叶面积，从而截获更多的太阳光，提高作物群体对光能的利用率，同时还能充分地利用地力。

(3) 间作套种、复种　间作套种可以充分利用作物生长季节的太阳光，增加光能利用率；复种则可充分利用生长季节。

（4）加强田间管理　加强田间管理，提高作物群体的光合作用，减少呼吸消耗。整枝、修剪，调节光合产物的分配。增加空气中的 CO_2 浓度也能提高作物对光能的利用率。

复习思考题

1. 什么叫光能利用率？光能利用率不高的原因有哪些？
2. 光能利用率高的品种有哪些特征？
3. 提高植物光能利用率的途径有哪些？

任务四　园林植物生长的光环境调控

学习重点

◆ 城市光环境的特点。
◆ 城市光污染。

学习难点

◆ 光强对植物生态的作用。
◆ 园林植物对光强的适应。

一、城市光环境

（一）光的变化

1. 大气中光的变化

太阳光通过大气层时，由于被反射、散射和被气体、水蒸气、尘埃微粒所吸收，到达地表的阳光其强度和光谱组成都发生了显著的减弱和变化。

2. 地表的光照变化

（1）光照变化　包括光照强度变化、日照长度变化。光照随纬度变化，如赤道、南北极；光照随季节变化，如冬季、夏季。

（2）位置变化　纬度增加，强度减弱；海拔升高，强度增强；坡向影响光照强度；坡度影响光照强度。

（3）时间变化　夏季光照强度最强，冬季最弱；中午光照强度最大，早晚最弱。

3. 树冠中的光照变化

照射在植物叶片上的太阳光，叶片吸收70%左右，叶面反射20%左右，叶片透射太阳光10%左右。树冠吸收、反射和透射光的能力因树冠结构、叶片密度、叶片厚薄、叶片构造、绿色的深浅及叶表面性状不同而有差异。

4. 植物群落中的光照变化

在植物群落内，由于植物对光的吸收、反射和透射作用，所以群落内的光照强度、光质和日照时间与群落外相比发生了很大变化。

植物群落中的光照条件因植物种类、群落结构不同而有较大差异。植物群落中光照条件随季节而发生变化。一年中，随季节的更替，植物群落的叶量有变化，因而透入群落内的光照强度也随之变化。落叶阔叶林在冬季林地上可照射到50%～70%的阳光，春季树木发叶后林地上可照射到20%～40%，但在夏季盛叶期林冠郁闭后，透到林地的光照在10%以下或更少。对常绿林而言，一年四季透射到林内的光照强度较小，并且变化不大。

（二）城市的光照条件

在城市地区，空气中悬浮颗粒物较多，凝结核随之增多，因而较易形成低云，同时，建筑物的摩擦阻碍效应容易激起机械湍流，在湿润气候条件下也有利于低云的发展。因此城市的低云量、雾、阴天日数都比郊区多。

城市地区云雾增多，空气污染严重，使得城市大气浑浊度增加，从而到达地面的太阳直接辐射减少、散射增多，而且越接近市区中心，这种辐射量的变化越大。太阳直接辐射量逐年减少。

由于城市建筑物的高低、方向、大小以及街道宽窄和方向不同，使城市局部地区太阳辐射的分布很不均匀，即使在同一条街道的两侧也会出现很大的差异。一栋东西走向的高大建筑物，其南北两侧接受的太阳直射光是有差异的，南侧接受的太阳辐射比北侧多。南北走向的高楼两侧接受的光照状况则基本相同。

在城市中，同一条街道的两侧光照也会出现很大的差异，如东西向街道北侧接受的太阳光比南侧多。街道狭窄指数即建筑物高度与街道宽度之比。街道狭窄指数对街道光照条件有很大影响，街道狭窄指数愈高，说明建筑物高、街道窄，街道所接受到的太阳辐射愈弱。

（三）光污染

光污染是指环境中光辐射超过各种生物正常生命活动所能承受的指数，从而影响人类和其他生物正常生存和发展的现象。光污染有人造白昼污染、白亮污染、彩光污染。

1. 人造白昼污染

地面产生的人工光在尘埃、水蒸气或其他悬浮粒子的反射或散射作用下进入大气层，导致城市夜空发亮，从而带来危害。

（1）人造白昼会影响人体正常的生物钟，并通过扰乱人体正常的激素产生量来影响人体健康。

（2）植物体的生长发育常受到每日光照时间长短的控制，人造白昼会影响植物正常的光周期反应。

（3）人造白昼影响昆虫在夜间的正常繁殖过程，许多依靠昆虫授粉的植物也将受到不同程度的影响。

2. 白亮污染

主要由强烈人工光和玻璃幕墙反射光、聚焦光产生，如常见的眩光污染。

（1）建筑物上的玻璃幕墙反射的太阳光或汽车前灯强光，容易引发交通事故。

（2）茶色玻璃中含有放射性金属元素钴，它将太阳光反射到人体上，会使人受到放射性污染。

（3）为了减少白亮污染，可加强城市地区绿化特别是立体绿化，利用大自然的绿色植物建设“生态墙”，可以减少和改善白亮污染。

3. 彩光污染

各种荧光灯、霓虹灯、灯箱广告、黑光灯等是主要的彩光污染源。研究表明，彩光污染不仅有损人的生理功能，还会影响心理健康。

（1）黑光灯所产生的紫外线能伤害眼角膜，损害人体的免疫系统，导致多种皮肤病。

（2）闪烁彩光灯常损伤人的视觉功能，并使人的体温、血压升高，心跳、呼吸加快。

（3）荧光灯可降低人体钙的吸收能力，使人神经衰弱。

二、光对园林植物的生态作用

1. 光照强度对植物生态的作用

（1）光照强度与植物茎、叶的生长及形态结构有密切关系。

（2）光是影响叶绿素形成的主要因素，一般植物在黑暗中不能合成叶绿素，但能合成胡萝卜素，导致叶片发黄。

（3）在弱光照条件下，植物幼茎的节间充分延伸，形成细而长的茎；在充足的光照条件下则节间变短，茎变粗。

（4）光能促进植物组织的分化，有利于胚轴微管中管状细胞的形成，因此在充足的光照条件下，树苗的茎有发育良好的木质部。

（5）萌芽是由树木体内的生长激素引起的。当树皮暴露在较强的太阳光辐射下时，生长激素增多，刺激不定芽生长，从而形成较多的侧梢。

（6）在弱光照下，大多数树木的幼苗根系都较浅、较不发达。充足的阳光还能促进苗木根系的生长，形成较大的根茎比。

2. 光质的生态作用

（1）太阳辐射中各种不同波长的光对植物具有不同的光化学活性及刺激作用。

（2）光合有效辐射是指能被植物色素吸收、具有生理活性的波段（可见光）。

（3）红、橙光被叶绿素吸收得最多，光合活性最大；蓝、紫光被叶绿素和类胡萝卜素吸收；蓝、紫、青光抑制植物的伸长生长而形成矮态，并促进花青素等植物色素的形成；红光利于碳水化合物合成；蓝光利于蛋白质合成；红外光能提高植物体的温度，还可以促进茎的延长生长，有利于种子和孢子的萌发及开花。

紫外辐射能抑制植物生长，矮小及生长缓慢是许多高山植物的特征，其原因与高海拔地较强的紫外辐射有关。

三、园林植物对光的生态适应

（一）园林植物对光强的适应

植物按照对光照强度的要求不同可分为阳性植物、阴性植物、耐阴性植物。

1. 阳性植物

阳性植物是喜光而不能忍受荫蔽的植物，在弱光条件下生长发育不良。阳性植物的光补偿点较高，光合速率和呼吸速率也较高。有松属、水杉、侧柏、杨属、柳属、刺槐、银杏、漆树属、泡桐属、悬铃木、核桃、蒲公英、芍药等。

2. 阴性植物

阴性植物是具有较强的耐阴能力且在气候较干旱的环境下常不能忍受过强光照的植物。阴性植物的光补偿点较低，光合速率和呼吸速率也较低。有冷杉属、云杉属、常春藤属、罗汉松属、杜鹃花属、药用人参、阴生蕨类、兰科中地生兰等。

3. 耐阴性植物

耐阴性植物在充足光照下生长得最好，但稍受荫蔽时亦不受损害，耐阴的程度因种而异。耐阴性按由大到小的顺序排列：落叶松、柳属、杨属、白桦、黑桦、刺槐、臭椿、白皮松、油松、槲树、白蜡树、红桦、白桦、黄栗、板栗、白榆、春榆、赤杨、核桃楸、水曲柳、国槐、华山松、侧柏、裂叶榆、红松、千金榆、椴树、云杉属、冷杉属。

耐阴性植物的变化规律如下。

（1）阳性树种的寿命一般较耐阴树种短，但生长速度较快，而耐阴树种生长较慢，成熟较慢，开花结实也相对较迟。

（2）阳性树一般耐干旱瘠薄的土壤，对不良环境的适应能力较强，而耐阴树则需要比较湿润、肥沃的土壤条件，对不良环境的适应性较差。

（3）幼龄林耐阴性较强，随着年龄的增加，耐阴性逐渐减弱，特别在壮龄林以后，耐阴性明显降低。

（4）在气候、土壤适宜的条件下，树木耐阴能力比较强，而在干旱、寒冷和瘠薄的条件下，耐阴性较差，趋向喜光。树木在低纬度、温暖、湿润的地区往往比较耐阴，而在高纬度、高海拔地区趋向喜光。一般对树木生长条件的改善都有利于树木耐阴性的增强。

叶片是直接接受阳光进行光合作用的器官，对光有较强的适应性。由于叶片所在的生态环境光照强度不同，其形态结构与生理特性往往产生适应光的变异，称为叶片的适光变态。

（二）日照长度与光周期现象

日照长度是指每日光照长短，常常控制植物体的生长发育。植物的光周期现象是指植物的生长发育对日照长度规律性变化的反应。

一年生植物的开花期主要取决于日照时间的长短，植物按开花所需日照长度不同可分为长日照植物、短日照植物、中日照植物。

1. 长日照植物

长日照植物是指日照长度超过某一数值才能开花的植物。日照长度不够时，只进行营养生长，不能形成花芽。长日照植物通常需要14h以上光照才能开花。如凤仙花、除虫菊、小麦、油菜、萝卜、菠菜等，在春季短日照条件下生长营养体，到春末夏初日照时数变长时才开花结实。

2. 短日照植物

短日照植物是指日照长度小于某一数值才能开花的植物。通常需要14h以上黑暗才能开花。（长夜植物）如牵牛花、苍耳、菊花和水稻、玉米、大豆、棉花等深秋或早春开花的植物多属此类。

3. 中日照植物

中日照植物是指花芽形成需经中等日照时间的植物。如甘蔗开花要求12.5h的日照。完成开花和其他生活史阶段与日照长短无关的植物，如蒲公英、月季、扶桑、香石竹、番茄、四季豆、黄瓜等。

植物开花需一定日照长度的特性主要与其原产地的自然日照长度有密切的关系。一般来说，短日照植物起源于低纬度地区，长日照植物则起源于高纬度地区。

不同地区的城市有着不同的光周期变化特点。进行园林植物引种时，应充分考虑到原产地与引种地光周期变化的差异及植物对光周期的反应特性和敏感程度，才能保证引种的成功。

复习思考题

1. 光污染的特点有哪些？
2. 光强对植物生态的作用有哪些？
3. 园林植物对光强的适应情况有哪些？

任务五　叶面积系数的测定

一、任务目标

了解叶面积的大小与密度和产量的关系，学习叶面积系数的测定，为确定栽培密度提供依据。

二、仪器与用具

光电叶面积仪、扭力天平、卷尺、剪刀、方格板、打孔器、旧报纸等。

三、任务原理

在单位土地面积上，植物总叶面积与土地面积之比叫叶面积系数。果树的叶面积系数则可计算一棵树的总叶面积与其树冠所覆盖的土地面积之比。

四、任务实施

1. 取样及计算

（1）大田作物的取样及计算

① 在测定地块上，选取有代表性的样点五处，每处取 $1m^2$（或其他适当大的面积），正确计算每平方米内的株数。

② 在各平方米中随机取样 10 株（根据作物大小不同可增减），分别测量每株叶面积，并求 10 株平均叶面积，即为单株的平均叶面积。用单株平均叶面积乘以该样点的株数，即为该样点的总叶面积。再求 5 个样点的平均数，即为每平方米土地内的植株总叶面积。

③ 求叶面积系数

$$叶面积系数=\frac{样点面积内植株总面积(m^2)}{样点土地面积(m^2)}$$

（2）果树取样及计算

① 在选定的树上，根据树枝类型不同，分长枝、中长枝、中枝、短枝和叶丛枝等，每类树枝各选 20 根，分别测定每根枝条的叶片总面积，求出每类枝条单根的平均总叶面积。

② 再计算整棵树上各类枝的数目。以各类树枝每根枝条的平均总叶面积乘以各类枝条的数目，即为各类枝的总叶面积。各类枝的总叶面积之和即为全树总叶面积。

③ 求叶面积系数。

$$叶面积系数=\frac{全树总叶面积(m^2)}{树体所占土地面积(m^2)}$$

2. 叶面积的测算方法

（1）称重法　取厚薄一致的纸一张，裁成一定大小的单位面积（如 $1m^2$），称其质量，可得单位面积的纸重。然后把待测的所有叶片平铺在同样质量的纸上，用铅笔准确画下所有叶片的轮廓，仔细剪下称重，再按下式求出叶面积。

$$叶面积=\frac{全部叶片图样的纸质量}{单位面积的纸质量}$$

（2）方格法　用一块玻璃板，上面划成许多 $1cm^2$ 的小方格，测定时把玻璃板压在叶片上，然后计算叶片所占有的方格数，边缘部分不满一格的可估计。叶片占有的方格数总和即为叶片面积。

（3）也可用光电叶面积仪直接测定出单片叶的叶面积。

五、任务报告

计算所测作物（或果树）的叶面积系数，并注明测定方法和步骤。

六、任务小结

总结实验情况，指出实验应重点注意的地方，增强实验动手能力。

项目九
植物生长营养环境调控

项目目标

◆ 了解：常见植物营养缺乏的症状。

◆ 理解：植物对矿质营养的吸收原理；主要营养元素在土壤中的状况；配方施肥的基本原理与方法。

◆ 掌握：植物必需营养元素的种类，主要营养元素的生理作用及缺素症的诊断；常用化学肥料、有机肥料、复合肥料的种类、特点及施用方法。

◆ 学会：土壤速效氮、磷、钾含量的测定；化学肥料的定性鉴定。

项目说明

植物的组成十分复杂。一般新鲜植株含有75%～95%的水分，5%～25%的干物质。如果将干物质燃烧，其中的碳（C）、氢（H）、氧（O）、氮（N）等元素以二氧化碳、水、分子态氮和氮氧化物的形式跑掉，留下的残渣称为灰分。因此，植物必需的营养元素除碳、氢、氧外，可以分为氮及灰分元素两大类。到目前为止，已发现植物体内的化学元素有70多种，但是，这些化学元素在植物体内含量不同，而且所含的这些元素不一定就是植物生长必需的。有些元素可能是偶然被植物吸收，甚至还能大量积累；反之，有些元素，植物对其需要虽然极微，但都是植物生长不可缺少的营养元素。所以研究植物生长所需的元素的特性很重要。

任务一　植物生长与营养概述

学习重点

◆ 了解植物营养连续性，植物营养阶段性，植物营养临界期和最大效率期。

◆ 掌握植物生长发育的必须营养元素的同等重要律和不可代替律。

学习难点

◆ 主要营养元素的生理作用和主要作物的营养特点。

◆ 土壤中氮、磷、钾的含量分布；土壤中氮、磷、钾的存在形态；土壤中氮素的转化过程，土壤中的氮素循环；土壤中磷素的转化过程、影响条件；土壤中钾素的转化。

一、植物的营养元素及其生理作用

（一）植物体内的化学元素

将新鲜植物烘干后剩下的干物质中，绝大部分是有机化合物，约占95%，其余5%左右的是无机化合物。干物质经燃烧后，有机物被氧化分解并以气体的形式逸出。据测定，以气体形式逸出的主要是C、H、O、N四种元素，残留下来的灰分的组成却相当复杂，包括P、K、Ca、Mg、Cl、Si、Na、Co、Al、Ni、Mo、So等60多种化学元素。

（二）植物的必需营养元素

1. 判断植物必需营养元素的标准

必需营养元素应符合下列三个标准。

(1) 这种元素是植物完成生活周期所不可缺少的，当缺乏时，植物不能正常生长发育。

(2) 当缺乏该元素时，植物将呈现专一的缺素症，其他化学元素不能代替其作用，只有补充该元素后才能恢复或预防。

(3) 在植物营养上具有直接作用的效果，而不是由于它改善了植物生活条件所产生的间接效果。

2. 植物必需营养元素的种类

到目前为止，确定了植物生长发育所必需的营养元素共有16种，它们是C、H、O、N、P、K、Ca、Mg、S、B、Mn、Mo、Zn、Cu、Fe、Cl。在16种必需营养元素中，由于植物对它们的需要量不同，又可分为大量元素和微量元素。大量营养元素一般占植物干物质重量的百分之几十到千分之几，它们是C、H、O、N、P、K、Ca、Mg、S；微量营养元素的含量只占干物质重量的千分之几以下，它们是B、Mn、Mo、Zn、Cu、Fe、Cl。

其中N、P、K三种营养元素由于植物的需要量大，而土壤中含量低，常常需要施肥来加以补充，因此被称为植物营养三要素或肥料三要素。

3. 营养元素的同等重要律和不可代替律

植物体内必需的营养元素在植物体内不论数量多少，都是同等重要的；任何一种营养元素的特殊功能都不能被其他元素所代替。这就是营养元素的同等重要律和不可代替律。

（三）各种必需营养元素的生理作用

1. 氮在植物体内的生理功能

氮是蛋白质的组成成分；氮是核酸的组成成分；蛋白质和核酸是生命的最基础物质，没有氮素就不能合成蛋白质和核酸，也就没有生命；氮是叶绿素的组成成分；氮是酸的组成成分。此外，植物体内的一些维生素如 B_1、B_2、B_6 等都含有氮素，生物碱如烟碱、茶碱等也含有氮素，它们参与多种生物转化过程。

2. 磷在植物体内的生理功能

磷是植物体内许多重要化合物的组成成分；磷对植物体内的各种代谢过程具有重要作用；磷能提高植物的抗逆性；磷能提高作物的缓冲能力。

磷还广泛存在于各种酶中，如辅酶Ⅰ、辅酶Ⅱ、辅酶A、黄素酶、氨基转移酶等都含有磷，影响整个代谢过程。

3. 钾在植物体内的生理作用

钾是植物体内酶的活化剂；促进光合作用；促进糖代谢；促进蛋白质合成；促进脂肪代谢；提高植物的抗逆性。

4. 钙、镁、硫在植物体内的生理功能

钙是细胞壁的结构成分，对于提高植物保护组织的功能和提高植物产品的耐储性具有积极的作用；镁是叶绿素的构成元素；硫是蛋白质的组成成分。

二、植物对养分的吸收

（一）根对养分的吸收

1. 根吸收养分的部位

根据对植物离体根的研究，根部吸收养分最多的部位是根尖的分生区。根部的另一个重要吸收部位是根毛，它是根系强烈吸收水分的区域，同时也大量吸收养分，而根毛的出现，也大大增加了根系的吸收面积。

2. 根系吸收养分的形态

植物根系吸收养分的形态有气态、离子态和分子态。植物根系可以吸收少量的分子态有机养分，但只能吸收一些小分子有机物，如尿素、氨基酸、酰胺、生长素、维生素和抗生素等。

3. 土壤养分的迁移

土壤养分被根系吸收，首先是养分与根系的接触，土壤养分一般以截取、离子扩散、质流三种方式向根表面迁移，来完成这种接触过程。

4. 根部对无机养分的吸收

无机离子和根系接触以后，必须通过三个步骤才能进入木质部向地上部分运输。第一步是进入自由空间，第二步是通过原生质膜，第三步是进入木质部导管。

（二）叶片对养分的吸收

除根部以外，植物还可以通过叶片或幼茎等器官吸收养分，这部分养分称为根外营养或叶部营养。

1. 根外营养的机理

主要表现在叶片对有机及无机养分的吸收和叶片对二氧化碳的吸收。

2. 叶部营养的特点

（1）直接供给作物吸收养分，可防止养分在土壤中的固定。

（2）叶部对养分的吸收转化比根部快，能及时满足作物的需要。

（3）叶部营养直接影响作物的体内代谢，有促进根部营养、提高作物产量和改善品质的作用。

（4）叶部营养是经济、有效地施用微肥的一种方式。

（三）营养元素间的相互关系

植物对某离子的吸收，除了受环境因素的影响外，还要受其他离子作用的影响。营养离子间的相互关系可分为两种类型，即离子间的拮抗作用和协助作用。

（四）影响植物吸收养分的环境条件

1. 影响根系吸收养分的环境条件

主要受温度、通气、土壤酸碱反应、土壤水分、作物根的营养特性的影响。

2. 影响叶部营养的条件

主要受溶液的组成、溶液的浓度及反应、溶液湿润叶片的时间、叶片类型、喷施部位和次数的影响。

三、作物各生长期的营养特性

1. 作物营养期和作物营养阶段性

一般作物吸收三要素的规律是：生长初期吸收的数量和强度都较低；随着生长期的推移，对营养物质的吸收逐渐增加；到成熟阶段，又趋于减少。不仅各种作物吸收养分的具体数量不同，而且养分的种类和比例也有区别。

在作物营养期间，对养分的要求有两个极其重要的时期，一个是作物营养临界期，另一个是作物营养最大效率期。

2. 作物营养临界期

在作物生育过程，常有一个时期，对某种养分的要求在绝对数量上虽不多，但很敏感，需要迫切，此时如缺乏这种养分，对植物生长发育的影响极其明显，并由此而造成的损失，即使以后补施该种养分也很难避免和弥补，这一时期就叫植物营养临界期。

3. 作物营养最大效率期

在植物生长发育过程中，还有一个时期，植物需要养分的绝对数量最多，吸收速率最快，所吸收的养分能最大限度地发挥其生产潜能，增产效率最高，这就是植物营养最大效率期。此期往往在作物生长的中期，此时作物生长旺盛，从外部形态上看生长迅速，作物对施肥的反应最为明显。

四、土壤养分

（一）土壤中的氮

1. 土壤中氮的含量

作物体内氮的含量约占植株干重的 1.5%，但氮在土壤中的含量一般只有 0.1%～0.3%，甚至更少。土壤中氮素含量与土壤有机质含量成正相关。一般，土壤中的全氮量为有机质含量的 1/20～1/10。土壤中氮的形态可分为无机态和有机态两大类。

（1）无机态氮　无机态氮主要为铵盐和硝酸盐，有时也有极少量的亚硝酸盐。

（2）有机态氮　土壤中的氮绝大部分为各种有机态的氮化物。按其溶解性大小可分为以下三大类。

① 水溶性有机氮　包括游离的氨基酸、铵盐、酰胺等。

② 水解性有机氮　凡用酸、碱或酶处理土壤时，能水解成较简单的易溶性化合物或直接形成铵化合物的均属这一类。包括蛋白质、多肽类、核蛋白类、氨基糖等。

③ 非水解性有机氮　这种形态的氮，既不能水溶，也不能用一般的酸碱处理来促使其水解。属于迟效养分，一般认为它包括杂环态氮化物、糖类和铵类的缩合物、铵或蛋白质和木质素物质作用而成的复杂环状结合物。

2. 土壤中的氮素转化

主要是有机态氮的矿化过程和含氮无机化合物的转化。土壤中含氮无机化合物的转化可因环境条件不同而异。既有铵态氮氧化成硝态氮的硝化过程，也有硝态氮还原成分子态氮的反硝化过程。

3. 土壤中的氮素循环

(1) 土壤中氮素的来源

① 施肥　包括化肥、各种有机肥及动植物残体。

② 生物固氮　每亩豆科绿肥每年可固氮 4～9kg。

(2) 土壤中氮的损失途径　有氨的挥发；硝态氮的淋失；反硝化脱氮损失等。

(二) 土壤中的磷

1. 土壤中磷的含量

磷在土壤中的含量（以 P_2O_5 计）占土壤干质量的 0.03%～0.35%，而能被植物利用的速效磷含量则更少，一般只有几微克（每克土壤中），多者也不过 20～30μg/g。

2. 土壤中磷的形态

土壤中的含磷物质可分为有机态磷和无机态磷两大类。其中有机态磷占全磷量的 10%～50%，当有机质<1%时，有机磷占全磷含量的 10%以下；有机质为 2%～3%时，有机磷占全磷的 25%～50%。

(1) 有机态磷　土壤中含磷的有机化合物主要有核蛋白、核酸、磷脂和植素，大多属难溶性物质。一般不经微生物作用，作物可以吸收利用。

(2) 无机态磷　土壤中的无机态磷种类很多，但按其溶解的难易程度和对作物的有效程度可分为以下三种。

① 水溶性磷　主要指能溶于水的碱金属和碱土金属的磷酸盐和磷酸铵盐、钠盐等。这些磷酸盐溶于水后，磷素营养是以 $H_2PO_4^-$ 和 HPO_4^{2-} 的形态存在，作物可直接吸收利用。属于有效磷。

② 弱酸溶性磷　指的是不溶于水，但能溶于碳酸、柠檬酸等弱酸的磷酸盐。主要成分是 $CaHPO_4$ 和 $MgHPO_4$ 等，也属于有效磷。

③ 难溶性磷　这类含磷化合物既不溶于水，也不溶于弱酸，如氟磷灰石、羟基磷灰，难溶性磷都属于迟效养分，作物一般不能直接吸收。

3. 土壤中的磷素转化

土壤中的磷素转化主要是含磷有机化合物的矿质化和难溶性无机磷酸盐的有效化。

难溶性无机磷酸盐的有效化过程通常叫作磷的释放。例如，在中性和酸性土壤中，难溶性磷酸盐可借助于作物呼吸作用所释放出来的 CO_2 和有机质分解所产生的有机酸，逐步转变为弱酸溶性或水溶性磷酸盐。

有效性无机磷的无效化过程通常叫作磷的固定。

（三）土壤中的钾

1. 土壤中钾的含量

土壤中钾的含量比氮、磷丰富得多，通常为土壤干重的0.5%～2.5%（以K_2O计）。辽宁土壤中的全钾量为1.6%～3.4%，2.0%～2.8%的最多。速效钾含量较高，含量100～150μg/g的土壤占50.5%，90μg/g以下（钾临界值）的土壤占总耕地的20%。

2. 土壤中钾的形态

土壤中钾的主要形态为无机态化合物。土壤中的钾一般可以分为以下三种形态。

（1）土壤速效钾　土壤速效钾也称有效钾，其含量一般只占全钾量的1%～2%，它是作物能够直接吸收利用的钾素营养，它包括土壤溶液中的游离态钾和土壤胶体上的吸附态钾。

（2）土壤缓效钾　土壤缓效钾也称非交换性钾，主要存在于黏土矿物的晶格层间，有的矿物中本身就含有钾，如水化云母和黑云母。

（3）矿物态钾（难溶性钾）　主要存在于难溶于水的含钾矿物中，它是土壤钾素的主体。但未经转化作物不能直接利用，属于迟效养分。

3. 土壤中的钾素转化

主要有矿物态钾的有效化、游离态钾的固定、胶体吸附固定、生物固定等。

（四）土壤中的微量元素

土壤中的微量元素包括铁、锌、铜、锰、钼、硼。

复习思考题

1. 简述主要营养元素的生理作用特点。
2. 简述主要作物的营养特点。
3. 简述土壤中氮、磷、钾的含量分布。
4. 简述土壤氮、磷、钾的存在形态。
5. 简述土壤氮素转化过程及土壤氮素循环特点。

任务二　植物生长与氮、磷、钾肥的关系

学习重点

◆ 掌握氮、磷、钾肥的种类、性质及在土壤中的转化。

◆ 掌握氮、磷、钾肥的特点和施肥原理。

学习难点

◆ 重点掌握氮、磷、钾肥的有效施用。

◆ 重点掌握氮、磷、钾肥的作用及在作物上的栽培、管理和利用。

◆ 重点掌握氮、磷、钾肥的平衡法配方施肥。

一、肥料概述

1. 肥料定义

把凡施入土壤或通过其他途径能够为植物提供营养成分或改良土壤理化性质从而为植物提供良好生活环境的物质统称为肥料。

肥料是作物的粮食，是增产的物质基础。

2. 肥料施用方面存在的问题

目前，我国在肥料施用方面还存在很多问题。这些问题概括起来主要包括以下几个方面：重化肥，轻有机肥；重氮肥，轻磷、钾肥，忽视微肥；重产量，轻质量；施肥方法陈旧落后。

由此也带来了不良的后果。一是地力下降，影响农业的可持续性发展；二是肥料利用率低，浪费严重，污染环境和地下水；三是成本高，效益低，农业收入增加缓慢，甚至停滞不前；四是高产低质，直接影响农产品的销售。

3. 化学肥料的特点

化学肥料是指用化学方法制造或者开采矿石经过加工制造的肥料，也称无机肥。它包括氮肥、磷肥、钾肥、微肥、复合肥料等，它们具有以下一些共同特点。

（1）成分单纯　除复合肥外，一般只含一种主要营养元素。即使是复合肥也只含有限的几种成分，与有机肥相比单纯得多。

（2）养分含量高　与有机肥相比，化肥的养分含量高得多。

（3）肥效快，肥劲猛　化肥多数是水溶性的，极少数是弱酸溶性的，易溶于水，因而见效快、肥劲猛，但持续时间短。

（4）某些肥料有酸碱反应　化肥的酸碱反应有两种类型。一是化学酸碱反应，它是指肥料溶于水后，溶液的酸碱反应，如氨水、NH_4HCO_3 呈碱性反应，过磷酸钙呈酸性反应等。二是生理酸碱反应，它是指肥料经植物选择吸收后，使土壤溶液产生的酸碱反应，如 $(NH_4)_2SO_4$、NH_4Cl、K_2SO_4、KCl 等施入土壤后，植物对 NH_4^+、K^+ 等阳离子的吸收大于阴离子，使土壤溶液产生酸性反应，为生理酸性肥料；$NaNO_3$ 施入土壤后，植物对 NO_3^- 的吸收大于 Na^+，使土壤溶液产生碱性反应，为生理碱性肥料。

二、施肥原理

（一）最小养分律

植物为了生长必须要吸收各种养分，但是决定作物产量的却是土壤中那个相对含量最小的有效植物生长因素，产量在一定限度内随着这个因素的增减而相对变化。若无视这个限制因素的存在，即使继续增加其他营养成分也难以再提高作物的产量。

（二）报酬递减律和米采利希学说

1. 报酬递减律

从一定的土壤所获得的报酬随着向该土地投入的劳动力和资本数量的增加而有所增加，但随着投入的单位劳力和资本的增加，报酬的增加量却在逐渐减少，这就是报酬递减律。

2. 米采利希学说

米采利希学说的内容要点可归纳为以下两个方面。

（1）在其他技术条件相对稳定的前提下，随着施肥量的渐次增加，作物产量也随之增加，但作物的增产量却随施肥量的增加而呈递减的趋势。

（2）如果一切条件都符合理想情况，作物将会出现某种最高产量，相反，只要任何某种主要因素缺乏时，产量都会相应地减少。

米采利希学说可用文字表述为：增加一单位某一生长因子所引起的作物产量的增长率，与该因子所能达到的最高产量与现有产量之差呈正比。

三、氮肥与植物生长的关系

（一）作物对氮的同化

作物根系从土壤中吸收的氮素的主要形态是NO_3^-和NH_4^+，而亚硝酸根离子和某些水溶液有机含氮化合物对作物营养的意义均不大。铵态氮进入植物体以后，首先与酮酸作用生成氨基酸进而合成蛋白质，而氮气则必须先进行硝酸还原作用，转化为铵态氮以后，才能进一步被同化。

（二）氮肥的种类、性质和施用

氮肥可分为铵态氮肥、硝态氮肥和酰胺氮肥三种类型。凡氮肥中的氮素以NH_4^+或NH_3的形式存在的即称为铵态氮肥；以NO_3^-的形式存在的称为硝态氮肥；凡含有酰氨基（—$CONH_2$）或在分解过程中产生酰氨基的氮肥称为酰胺氮肥。氮肥的种类不同，其性质和施用方法均有所不同。

1. 硫酸铵

（1）性质　硫酸铵含氮量20%～21%，纯硫酸铵为白色晶体，含有杂质时可呈灰白、淡黄、棕色等，易溶于水，吸湿性小，便于储存和施用，为生理酸性肥料。

（2）施用　硫酸铵是一种广谱性氮肥，施用于一般土壤和各类作物，作基肥、追肥和种肥皆可。

作基肥时，不论水田还是旱田，都应结合耕作进行深施，防止氮素损失，有利于植物吸收利用。

作追肥时，石灰性土壤和碱性封的旱田一定要深施，对一般旱地也应尽量在施后覆土，以减少氨的挥发。水田追肥时应深施在耕作层中，或表面撒施耕田，使土壤和肥料相混合。

硫酸铵用作种肥，具有用量少、效果大的优点，一般每亩用量5kg，掺5～10倍腐熟的有机肥或肥土一起使用，可采用条施或穴施的方法施在种子下方，注意中间隔土，尽量不与种子直接接触。当种子和肥料均为干燥状态时，还可用来拌种，用量一般为每亩种子2.5～5kg。另外，硫酸铵还可用于水田蘸秧根，按每亩2.5～5kg硫酸铵和腐熟的有机肥或肥土加水调成糊状，随沾随栽，既节省肥料，又可集中施肥。

由于硫酸铵是生理酸性肥料，且易引起土壤板结，因此，在酸性土壤上长期单一施用时，应配合施用石灰，而在石灰性土壤上应配合施用有机肥料。

硫酸铵的施用量应根据作物特点、气候、土壤条件和施用方法确定。一般在施用有机肥的基础上，旱田每亩施用20～25kg，水田每亩施用25～30kg。

在目前铵态氮肥不多的情况下，最好用作追肥和种肥。一般在水稻分蘖、幼穗分化期、小麦返青拔节期、玉米拔节孕穗期、油菜抽薹期、棉花现蕾及盛长期施用效果都很好。

2. 氯化铵

（1）性质　氯化铵含氮量24%～25%，白色或淡黄色晶体，不易吸湿结块，物理性状好，易溶于水，为生理酸性肥料。

（2）施用　氯化铵可用作基肥和追肥，不宜用作种肥。其施用方法与硫酸铵相同，施用量可比硫酸铵少1/5。

目前，对氯化铵的施用，仍应注意安全，施用时，应注意以下几个方面。

① 在降水量大或有灌溉条件的旱田施用，一般无不良反应，特别是在氯本底值低和有

效磷高的土壤上施用一般是安全的。

② 在水田上施用效果较好。不宜在壜碱地和低洼地上施用，否则会加重盐碱化程度。

③ 对某些忌氯作物如棉花、烟草、甘蔗、马铃薯、葡萄、甜菜等不宜施用，否则会降低品质。若非施氯化铵不可时，则只能作基肥施用，待 Cl^- 被雨水淋洗掉以后再播种。

3. 碳酸氢铵

（1）性质　碳酸氢铵含氮 16.8%～17.5%，为白色或淡黄色细粒结晶，易溶于水，但溶解度并不高，具有很强的吸湿性，吸湿后结成大块，表面形成一层溶液层。在常温下能自行分解，释放出 NH_3，特别是吸湿后，这种分解作用更为强烈，因此，存放碳酸氢铵的环境必须保持干燥。碳酸氢铵为化学碱性肥料，其水溶液 pH 值为 8.2～8.4。

（2）施用　碳酸氢铵适用于各种土壤和作物，但不宜用在大棚蔬菜和果树上；宜用作底肥和追肥，不宜作种肥和施在秧田里。

防止氨的挥发是合理施用碳酸氢铵的关键。其有效施用方法为：底肥深施；追肥条施或穴施；粒肥深施；球肥深施。

4. 硝酸铵

（1）性质　硝酸铵含氮量为 33%～34%，其中硝态氮和铵态氮各占 50%，兼有两种形态氮素的特征。硝酸铵为白色晶体，极易溶于水，具有极强的吸湿性，在空气潮湿或储存过久时，能吸湿溶解成液体。

爆炸时放出大量氧气从而引起剧烈燃烧，因此硝酸铵在储运和施用过程中，应避免高温和猛烈撞击。结块时，不能用铁锤打，而要用木棍碾碎。硝酸铵是化学中性、生理中性肥料。

（2）施用　硝酸铵适宜用于北方旱田，最适宜作追肥，一般每亩用量 12～15kg。分多次施用效果更好，特别在多雨地区，更应掌握少量多次的原则，以免淋失。由于用量较少，可与 2 倍的细土混匀后施用。

硝酸铵是烟草和蔬菜最合适的氮肥。蔬菜属喜硝态氮的作物，但元帅系的苹果不适合施用硝酸铵。硝酸铵一般不用作种肥。硝酸铵一般也不用作基肥，因其易淋失，作基肥时，氮素损失严重。硝酸铵不能与新鲜有机物堆沤，否则会发生反硝化作用而脱氮。

5. 尿素

（1）性质　尿素学名碳酰二胺，化学式为 $CO(NH_2)_2$，含 N 量 42%～46%，是固体氮肥中含氮量最高的一种，纯尿素为白色针状晶体，吸湿性强，易溶于水，水溶液为中性。农业用尿素要求其缩二脲含量不能超过 2%。

（2）施用　尿素适用于各种土壤和作物。一般宜用作基肥和追肥，不宜用作种肥。

① 作基肥　在旱田施用时，应深施 12cm 左右，施后覆土，可减少氮素的挥发损失。

② 作追肥　尿素宜作旱田追肥，对玉米、高粱、谷子作物可在拔节到孕穗时，穴施或沟施。施肥时期应提前 4～5d（与硫酸铵相比），深度为 10cm 左右。最好与 2 倍细土混匀施用，以防因浓度大、用量少而施不均匀。尿素用作水田追肥时，应排水，保持浅水层，再结合耘田深施，施后 2～3d 不要灌水，施用量按碳酸氢铵减半。

③ 尿素一般不用作种肥　尿素适合于作根外追肥，不同作物对喷施浓度各有一定的要求。含缩二脲 1%以上的尿素，不宜作玉米、水稻喷肥。缩二脲超过 0.5%时，不宜作麦类、果树、蔬菜喷肥。

（三）氮肥的合理分配与施用

1. 氮肥的合理分配

（1）根据土壤条件　为了发挥单位肥料的最大增产效果和最高经济效益，首先必须将氮肥重点分配在中、低等肥力地区。碱性土壤可选用酸性或生理酸性肥料，如硫酸铵、氯化铵等；酸性土壤应选用碱性或生理碱性肥料，如硝酸钠、硝酸钙等。盐碱土不宜分配氯化铵。尿素适宜于一切土壤。铵态氮肥宜分配在水稻地区，并深施在还原层；硝态氮肥宜施在旱地上，不宜分配在雨量偏多的地区或水稻区。"旱发田"要掌握前轻后重、少量多次的原则，以防作物后期脱肥。

(2) 根据作物的氮素营养特点　首先，作物的种类不同，对氮素的需要量也不同，应将氮肥重点分配在经济作物和粮食作物上。其次，不同的作物对氮素形态的要求不同。最后，同一作物的不同生长发育时期，施氮肥的效果也不一样。

(3) 根据肥料本身的特性　铵态氮肥表施易挥发，宜作基肥深施覆土。硝态氮肥移动性强，不宜作基肥，更不宜施在水田中，碳酸氢铵、氨水、尿素、硝酸铵一般不宜用作种肥，氯化铵不宜施在盐碱土和低洼地中，也不宜施在忌氯作物上。干旱地区宜分配硝态氮肥，多雨地区或多雨的季节宜分配铵态氮肥。

2. 氮肥的有效施用

主要是氮肥深施；氮肥与有机肥及磷、钾肥配合施用；氮肥增效剂的应用。

四、磷肥与植物生长的关系

(一) 作物体内磷的含量与分布

作物体内磷的含量，一般占干物质重的0.2%～1.1%，其中有机磷占85%左右，无机磷占15%左右。当磷素营养不足时，作物体内的磷总是优先保证生长中心器官的需要。而缺磷的症状也总是从最老的器官开始表现出来。

(二) 常见磷肥的种类、性质和施用

根据溶解度的大小和作物吸收的难易，通常将磷肥划分为水溶性磷肥、弱酸溶性磷肥和难溶性磷肥三大类。凡能溶于水（指其中含磷成分）的磷肥，称为水溶性磷肥，如过磷酸钙、重过磷酸钙。凡能溶于2%柠檬酸或中性柠檬酸铵或微碱性柠檬酸铵的磷肥，称为弱酸溶性磷肥或可溶性磷肥，如钙镁磷肥、钢渣磷肥、偏磷酸等。既不溶于水也不溶于弱酸而只能溶于强酸的磷肥，称为难溶性磷肥，如磷矿粉、骨粉等。

1. 过磷酸钙

(1) 过磷酸钙的成分和性质　过磷酸钙一般为灰白色粉末，稍有酸味。主要成分为水溶性磷酸一钙［$Ca(H_2PO_4)_2$］和微溶性的石膏，含有效磷（以 P_2O_5 计）14%～20%，硫酸钙50%左右，另外还有2%～4%的硫酸铁、硫酸铝，3.5%的游离酸以及少量的磷酸二钙（$CaHPO_4$）。是化学酸性肥料，具有吸湿性，吸湿后在酸性条件下发生化学变化，使水溶性磷变成难溶性磷从而使肥效降低，这一现象称为磷的退化作用。

(2) 过磷酸钙的施用　可以集中施用；与有机肥料混合施用；根外追肥等。

通常集中施用的方法是作种肥条施或穴施、拌种［用量不宜过多，每亩（15亩＝1公顷）3～4kg］、水稻蘸秧根（每亩用过磷酸钙2.5～5kg，与2～3倍腐熟的有机肥加泥浆拌成糊状，栽前蘸秧，随蘸随栽）、追肥沟施或穴施（每亩用量10～20kg）。

2. 钙镁磷肥

(1) 钙镁磷肥的成分和性质　一般为灰白色或黑绿色、灰绿（棕）色粉末。成分较复杂，主要成分是α-磷酸三钙，能溶于2%的柠檬酸，含五氧化二磷14%～20%，氧化镁10%～15%，氧化钙20%～30%，氧化硅40%。除供给植物磷素营养之外，还能改善作物的Ca、Mg、Si营养。钙镁磷肥呈碱性，不吸湿结块，无腐蚀性。

（2）施用方法　钙镁磷肥的肥效与作物种类、土壤性质和施用方法等有关。

① 作物种类　作物种类不同，对钙镁磷肥中磷的利用能力不同，对 Ca、Mg、Si 的需要量也不同。

② 土壤性质　在 pH 值＜5.5 的强酸性土壤中，钙镁磷肥的肥效高于过磷酸钙。在 pH 值为 5.5～6.5 的微酸性土壤上，对当季作物的肥效与过磷酸钙相当，但后效高于过磷酸钙。在 pH 值＞6.5 的中性及石灰性土壤上，其肥效低于过磷酸钙。

③ 施用方法　钙镁磷肥最适宜作基肥，应尽早施用；不能作追肥；在用量少、不与种子接触时，可作种肥，最好与有机肥料混合堆沤后施用。作基肥可撒施、条施或穴施。因其移动性更小，必须深施。所以撒施需结合耕作将肥料耕翻入土。每亩用量 15～25kg，多则 35～40kg。因其后效长，若前茬每亩施用 35～40kg，可隔年再施。苹果基肥在早秋施用，盛果期树每株施用量为 5～8kg，缺磷土壤，每株 8～10kg，初果树酌减，施后灌水，若有绿肥的轮作，最好施在绿肥上。

3. 磷矿粉

（1）磷矿粉的成分和性质　呈灰褐色粉末状，中性至微碱性，其主要成分是含有氯、氟或羟基的磷酸钙，全磷含量（P_2O_5）为 10%～36%，可溶性磷含量为 1%～5%，是一种难溶性的迟效磷肥。

（2）施用

① 作物种类　作物种类不同，施用磷矿粉的效果就不一样。肥效显著的有油菜、萝卜、荞麦、豆科作物和果树；肥效中等的有玉米、马铃薯、甘薯、芝麻；肥效不明显的是小粒禾谷类，如水稻、谷子、小麦等。一般作基肥施用。

② 土壤条件　土壤条件以酸碱度对磷矿粉肥效的影响最大。pH 值＜5.5 时，磷矿粉肥效较高，甚至超过过磷酸钙，而在石灰性土壤上不宜施用磷矿粉。

另外，土壤交换量和黏土矿物类型对磷矿粉肥效也有较大的影响。在同等酸度条件下，代换量小的砂土上施用磷矿粉的效果高于含高岭石的土壤。

③ 磷矿粉细度和用量　从经济效益角度考虑，磷矿粉细度以 90%通过 100 目筛孔（即最大粒径为 0.149mm）为宜。

磷矿粉的肥效与用量成正比，而它的用量又与全磷含量及可溶性磷的多少有关。

当季作物对磷矿粉的利用率一般不超过 10%，但后效很长。如果连续施用几年，土壤中磷会逐渐富集起来，如连续施用 4～5 年后，可以停止施用一段时期。

④ 与其他肥料配合施用　磷矿粉与有机肥料（5～10 倍）混合堆沤，利用有机肥料分解产生的有机酸也能溶解磷矿粉，提高肥效。

（三）磷肥的有效施用

尽量减少磷的固定、防止磷的退化、增加磷与根系的接触面积、提高磷肥利用率是合理施用磷肥及充分发挥单位磷肥最大效益的关键。

1. 根据土壤条件合理分配和施用磷肥

在土壤条件中，土壤的供磷水平、土壤 N 与 P_2O_5 的比值、有机质含量、土壤熟化程度以及土壤酸碱度等因素与磷肥的合理分配和施用关系最为密切。

2. 根据作物需磷特性和轮作换茬制度合理分配和施用磷肥

作物的种类不同，对磷的吸收能力和吸收数量不同。在有轮作制度的地区施用磷肥时，还应考虑到轮作特点。在水旱轮作中应掌握“旱重水轻”的原则，即在同一轮作周期中把磷肥重点施于旱作上；在旱地轮作中，磷肥应优先施于需磷多、吸磷能力强的豆科作物上；轮作中作物对磷具有相似的营养特性时，磷肥应重点分配在越冬作物上。

主要表现在根据肥料性质合理分配和施用；以种肥、基肥为主，根外追肥为辅；磷肥深施、集中施用；氮、磷肥配合施用；与有机肥料配合施用；重视磷肥的后效。

五、钾肥与植物生长的关系

（一）植物体内钾的形态及分布

一般植物体中钾的含量占干物质重的0.3%～5%，通常比氮、磷含量高。马铃薯、甜菜、烟草等喜钾作物中钾的含量高于一般作物，同一作物通常茎秆中钾的含量较高。

钾在植物体内的存在形态与氮、磷不同，它不构成任何有机化合物，而是以水溶态或吸附态的形式存在于细胞液中或原生质胶体表面。

钾在植物体内的移动性和再利用能力很强，当土壤供钾不足时，缺素症首先从老叶上表现出来。

（二）常见钾肥的种类、性质及其施用

1. 硫酸钾

（1）硫酸钾的性质　硫酸钾为白色或淡黄色结晶，化学式为K_2SO_4，含K_2O 50%～52%，易溶于水，吸湿性小，储存不结块，属于化学中性、生理酸性肥料。

（2）硫酸钾的施用　硫酸钾可作基肥、追肥和种肥。作基肥时，应深施覆土。作追肥宜早期施用，一般采用条施、穴施的方法，在黏重的土壤上可以一次施下，但在保水保肥力差的砂土上，应分期施用，掌握少量多次的原则，以免钾的流失。在水田中施用时，要注意田面水不宜过深，施后不再排水，以保肥效。作种肥时，一般每亩用量为1.5～2.5kg。硫酸钾还可用作根外追肥。

硫酸钾适用于各种作物，对马铃薯、烟草、甘薯等喜钾而忌氯的作物和十字花科等喜硫的作物，效果更为显著。

2. 氯化钾

（1）氯化钾的性质　氯化钾为白色或淡黄色结晶，分子式为KCl，含K_2O 50%～60%，易溶于水，吸湿性不大，但长期储存也会结块，为化学中性、生理酸性肥料。

（2）施用　氯化钾可作基肥和追肥施用，但不宜作种肥。氯化钾适用于麻类、棉花等纤维作物。氯化钾不宜用在忌氯化物和排水不良的低洼地和盐碱地上。

另外，氯化钾还可用作根外追肥。

3. 草木灰

植物残体燃烧后剩余的灰，称为草木灰。

（1）草木灰的成分和性质　草木灰的成分极为复杂，含有植物体内的各种灰分元素。其中含钾、钙较多，磷次之。所以通常将它看作钾肥。实际上，它起着多种元素的营养作用。

（2）草木灰中钾的存在形态　草木灰中钾的主要存在形态是碳酸钾，其次是硫酸钾，氯化钾最少。草木灰中的钾大约有90%可溶于水，有效性高，是速效性钾肥。由于草木灰中含有K_2CO_3，所以它的水溶液呈碱性，它是一种碱性肥料。

（3）草木灰中钾的有效性　草木灰因燃烧温度不同，其颜色和钾的有效性也有差异。燃烧温度过高，钾与硅酸形成溶解度较低的K_2SiO_3，呈灰白色，肥效较差。低温燃烧的草木灰，一般呈黑灰色，肥效较高。

（4）草木灰的施用　草木灰可作基肥、追肥和盖种肥。作基肥时，可沟施或穴施，深度约10cm，施后覆土。作追肥时，可叶面撒施，既能供给养分，也能在一定程度上减轻或防止病虫害的发生和危害。适宜用作水稻、蔬菜育苗时盖种肥，既供给养分，又有利于提高地温，防止烂秧。草木灰也可用作根外追肥，一般作物用1%的水浸液，果树可喷2%～3%的

水浸液，小麦生长后期可喷5%～10%的水浸液。

草木灰是一种碱性肥料，因此不能与铵态氮肥、腐熟的有机肥料混合施用，也不能倒在猪圈、厕所中储存，以免造成氨的挥发损失。草木灰在各种土壤上对多种作物均有良好的效果，特别是酸性土壤上施于豆科作物，增产效果十分明显。

（三）钾肥的有效施用

钾肥肥效的高低取决于土壤性质、作物种类、肥料配合、气候条件等。因此要经济合理地分配和施用钾肥，就必须了解影响钾肥肥效的有关条件。

（1）土壤条件与钾肥的有效施用　土壤条件有土壤的钾素供应水、土壤的机械组成、土壤通气性等方面。

（2）作物条件与钾肥的合理施用　各类作物由于其生物学特点不同，对钾的需要量和吸钾能力也不同，因此对钾肥的反应也各异。凡含碳水化合物较多的作物如马铃薯、甘薯、甘蔗、甜菜、西瓜、果树、烟草等需钾量大，对这些喜钾作物应多施钾肥，既提高产量，又改善品质，在同样的土壤条件下应优先安排钾肥于喜钾作物上。另外，对豆科作物和油料作物施用钾肥，也具有明显而稳定的增产效果。

当然，在缺钾的土壤上，钾肥对多种作物均有良好的效果，但在钾肥中等偏上或较为丰富的土壤中，只有喜钾作物的肥效较好。

（3）钾肥与N、P肥配合施用

（4）钾肥的施用技术

① 钾肥早施　钾肥一般宜作基肥，如作追肥也应及早施用。

② 钾肥要深施、集中施　一般采用条施或穴施的方法。

③ 钾肥分次施用　在砂质土壤上，钾肥不宜全部一次施用作基肥，而应加大追肥的比例分次施用，以减少钾的淋失。

④ 钾肥的施用量　一般以每亩施氧化钾玉米6～9kg、水稻5～8kg为宜。对于喜钾作物可适量增加。

复习思考题

1. 简述氮、磷、钾肥的有效施用方法。
2. 简述氮、磷、钾肥的作用及在作物上的栽培、管理和利用。
3. 简述氮、磷、钾肥平衡法配方施肥。

任务三　植物生长与微量元素肥料的关系

学习重点

◆ 掌握微量元素肥料的种类、性质及在土壤中的转化。

◆ 掌握微量元素肥料的特点与施肥原理。

学习难点

◆ 重点掌握微量元素肥料的作用及在作物栽培上的管理和利用。

◆ 重点掌握微量元素肥料平衡法配方施肥技术。

微量元素肥料是指含有B、Mn、Mo、Zn、Cu、Fe等微量元素的化学肥料。

一、微量元素肥料的种类、性质和施用

（一）硼肥

1. 硼在作物体内的含量和分布

植物体内硼的含量通常为2～10μg/g范围内，双子叶植物含量显著高于单子叶植物，以豆科和十字花科植物含量最高，而禾本科植物含量低。在作物体内比较集中地分布在根尖、茎尖、叶片及花器官中，同钾一样，硼在植物体内也不构成任何有机化合物。

2. 常用硼肥的种类

目前，生产上常用的硼肥种类有：硼砂，化学式为$NaB_4O_7 \cdot 10H_2O$，含B 11%，易溶于水；硼酸，化学式为H_3BO_3，含B 17%，易溶于水；含硼过磷酸钙，含B 0.6%；硼镁肥，含B 1.5%。其中，最常用的是硼酸和硼砂。

3. 硼肥的施用

（1）作物种类与硼肥施用　作物的种类不同，对硼的需要量不同。我国目前表现出缺硼明显的作物有油菜、甜菜、棉花、白菜、甘蓝、萝卜、芹菜、大棚黄瓜、大豆、苹果、梨、桃等；需硼中等的有玉米、谷子、马铃薯、胡萝卜、洋葱、辣椒、花生、番茄等。

（2）硼肥的施用技术　硼肥可用作基肥、追肥和种肥。作基肥时可与P、N肥配合使用，也可单独施用。一般每亩施用0.12～0.20kg硼酸或硼砂。一定要施得均匀，防止浓度过高而使作物中毒。追肥通常采用根外追肥的方法，喷施浓度为0.01%硼砂或硼酸溶液。在作物苗期和由营养生长转入生殖生长时各喷一次。种肥常采用浸种和拌种的方法，浸种用浓度为0.01%～0.1%硼酸或硼砂溶液，浸泡6～12h，阴干后播种。谷类和蔬菜类可用0.01%～0.03%的溶液，水稻可用0.1%的溶液。拌种时每千克种子用硼砂或硼酸0.2～0.5g。

（二）锌肥

1. 锌在作物体内的含量与分布

作物体内锌的正常含量为25～150μg/g。正常植株中锌的分布基本与生长素的分布平行，顶中含量最高，叶中次之，基中最少。整个植株的含量由下而上逐渐增加。

2. 常用锌肥的种类和性质

目前生产上常用的锌肥为硫酸锌、氯化锌、氧化锌等。

3. 锌肥的施用技术

（1）作物种类与锌肥施用　对锌敏感的作物有玉米、水稻、甜菜、亚麻、棉花、苹果、梨等。在这些作物上施用锌肥通常都具有良好的肥效。

（2）锌肥的施用技术　锌肥可用作基肥、追肥和种肥。作基肥时每亩施用1～2kg硫酸锌，可与生理酸性肥料混合施用，轻度缺锌地块隔1～2年再行施用，中度缺锌地块隔年或减量施用。作追肥时常用作根外追肥，一般作物喷施浓度为0.02%～0.1%的硫酸锌溶液。玉米、水稻用0.1%～0.5%浓度，如水稻在分蘖、孕穗、开花期各喷一次0.2%浓度的硫酸锌溶液。果树可在萌芽前一个月喷施5%的硫酸锌，发芽后果树用3%～4%浓度深刷一年生枝条2～3次或在初夏时喷施0.2%浓度的硫酸锌溶液。种肥常采用浸种或拌种的方法，浸种用浓度为0.02%～0.1%，浸种12h，阴干后播种。拌种每千克种子用2～6g硫酸锌，玉米可用4～8g。氧化锌还可用于水稻蘸秧根，每亩用量200g，配成1%的悬浊液。

（3）锌肥肥效与磷肥的关系　在有效磷含量高的土壤中，往往会发生诱发性缺锌现象，比如某些水稻土中锌的缺乏就是由于有效磷含量高造成的。其原因一是P-Zn拮抗，二是提

高了植物体内 P_2O_5 与 Zn 的比值，为了保持正常的 P_2O_5 与 Zn 的比值，作物需要吸收更多的锌，因此在施用磷肥时，必须要注意锌肥的营养供应情况，防止因磷多造成诱发性缺锌。

（三）锰肥

1. 锰在植物体内的含量与分布

锰在植物体内的含量随作物种类和环境条件的不同而有较大的差异。一般为 10～300μg/g。锰在植物体内主要分布于绿色部分中。

2. 常用锰肥的种类和性质

生产上常用的锰肥是硫酸锰、氯化锰等。

3. 锰肥的施用

（1）作物种类与锰肥肥效　对锰敏感的作物有豆科作物、小麦、马铃薯、洋葱、菠菜等，其次有大麦、甜菜、玉米、三叶草、芹菜、萝卜、番茄等。

（2）锰肥的施用技术　生产上最常用的锰肥是硫酸锰，一般用作根外追肥、浸种、拌种及土壤种肥，难溶性锰肥一般用作基肥。

根外追肥喷施浓度一般以 0.05%～0.1%为宜，果树用 0.3%～0.4%浓度，豆科以 0.03%为好，水稻以 0.1%为好。拌种时，禾本科作物每千克种子用 4g 硫酸锰，豆科作物 8～12g，甜菜 16g。硫酸锰用作土壤种肥，效果大致与拌种相当，一般用量为每亩 4～8kg。

（四）铁肥

1. 铁肥在作物体内的含量与分布

铁在植物体内的含量一般为干物质重的 3/1000，集中分布在叶绿体中，铁与叶绿素的摩尔数比，在大多数作物中为（1∶10）～（1∶4）。铁在植物体内绝大部分以有机态存在，在植物体内移动性很小。

2. 铁肥的施用

（1）作物种类与铁肥肥效　对铁敏感的作物有大豆、高粱、甜菜、菠菜、番茄、苹果等。一般情况下，禾本科和其他农作物很少见到缺铁现象，而果树缺铁较为普遍。

（2）铁肥的施用技术　生产上最常用的铁肥是硫酸亚铁，目前多采用根外追肥方法施用。喷施浓度为 0.2%～1%.果树多在萌芽前喷施 0.75%～1%的硫酸亚铁或在见黄叶后连喷 3 次 0.5%的硫酸亚铁加 0.5%的尿素。也可以把硫酸亚铁与有机肥按（1∶20）～(1∶10）的比例混合后施到果树下，每株 25kg，肥效可达一年，使 70%有缺铁症的果树复绿。

果树缺铁还可用注射法补施铁肥，具体做法如下。将 200 倍的硫酸亚铁装入瓶中，在距发病树干 1m 处，发病技下部挖出香头粗细（直径约 2mm）的吸收根 2～3 条，插入瓶中，根端紧贴瓶底，然后连瓶子一块埋入土内，5～7d 后，黄叶即可转绿，取出瓶子填好踏实。若大树全株黄化，需在四个方向各埋两个药液瓶。

（五）钼肥

1. 钼在作物体内的含量和分布

钼在豆科作物和十字花科作物中含量较高，约为 2μg/g，多集中在根瘤和种子内。非豆科作物中钼的含量仅为 0.01～0.7μg/g。

2. 常见钼肥的种类和性质

生产上常用的钼肥有钼酸铵、钼酸钠、三氧化钼、钼渣、含钼玻璃肥料等。

3. 钼肥的施用

（1）作物种类对钼肥的反应　缺钼多的是豆科作物，苜蓿最突出，此外油菜、花椰菜、玉米、高粱、谷子、棉花、甜菜对钼肥也有良好的反应。

(2) 钼肥的施用技术 钼肥多用作拌种、浸种或根外追肥。拌种时，每千克种子 2～6g，先用热水溶解，再用冷水稀释成 2%～3%浓度的溶液，用喷雾器喷在种子上，边喷边拌，拌好后将种子阴干，即可播种。

浸种时，可用 0.05%～0.1%浓度的钼酸铵溶液浸泡种子 12h。

叶面喷肥一般用于叶面积较大的作物，在苗期和蕾期用 0.01%～0.1%的钼酸铵溶液喷 1～2 次，每亩每次喷液 50kg。

(六) 铜肥

1. 铜在植物体内的含量和分布

植物体内铜的含量一般为 5～20μg/g 主要集中分布在植物生长活跃的幼嫩部分，种子和新叶中含铜较多。

2. 常见铜肥的种类和性质

生产上常见的铜肥主要有硫酸铜、炼铜矿渣、螯合态铜和氧化铜。

3. 铜肥的施用

(1) 作物种类与铜肥肥效 需铜较多的作物有小麦、洋葱、菠菜、苜蓿、向日葵、胡萝卜、大麦、燕麦；需铜中等的有甜菜、亚麻、黄瓜、萝卜、番茄等；需铜较少的有豆类、牧草、油菜等。果树中的苹果、桃、梅等也有过缺铜的报道。

(2) 铜肥的施用技术 硫酸铜是生产上最常见的铜肥，其施用方法如下。

① 基肥 每亩 0.25～0.5kg，3～5 年施一次。

② 浸种 禾谷类作物浸种时可用 0.01%～0.05%浓度，拌种时每千克种子 2～4g。

③ 根外追肥 根外追肥时喷施浓度为 0.02%～0.04%，果树用 0.2%～0.4%，并加 0.15%～0.25%的熟石灰以防药害。

二、施用微量元素肥料的注意事项

1. 注意施用量及浓度

作物对微量元素的需要量很少，而且从适量到过量的范围很窄，因此要防止微肥用量过大。土壤施用时还必须施得均匀，浓度要保证适宜，否则会引起植物中毒，污染土壤与环境，甚至进入食物链，影响人畜健康。

2. 注意改善土壤环境条件

微量元素的缺乏，往往不是因为土壤中微量元素含量低，而是其有效性低，通过调节土壤条件，如土壤酸碱度、氧化还原性、土壤质地、有机质含量、土壤含水量等，可以有效地改善土壤的微量元素营养条件。

3. 注意与大量元素肥料配合施用

微量元素和 N、P、K 等营养元素都是同等重要不可代替的。只有在满足了植物对大量元素需要的前提下施用微量元素，才能充分发挥肥效，才能表现出明显的增产效果。

4. 注意各种作物对微量元素的反应

复习思考题

1. 简述微量元素肥料的有效施用。
2. 简述微量元素肥料的作用及在作物栽培上的管理和利用。
3. 简述微量元素肥料平衡法配方施肥技术。

任务四　植物生长与复合肥料的关系

学习重点

◆ 掌握复合肥料的种类、性质及在土壤中的转化。

◆ 掌握复合肥料的特点与施肥原理。

学习难点

◆ 复合肥料的作用及在作物栽培上的管理和利用。

◆ 复合肥料配方施肥。

近年来，世界化肥品种朝着高效化、复合化、专业化、缓效长效化方向发展。总的发展趋势是开发高效复合肥料。

一、复合肥料的概念和特点

(一) 复合肥料的概念

1. 概念

在一种化学肥料中，同时含有N、P、K等主要营养元素中的两种或两种以上成分的肥料，称为复合肥料。含两种主要营养元素的叫二元复合肥料，含三种主要营养元素的叫三元复合肥料，含三种以上营养元素的叫多元复合肥料。

复合肥料习惯上用N-P_2O_5-K_2O相应的百分含量来表示其成分。例如某种复合肥料中含N 10%，含P_2O_5 20%，含K_2O 10%，则该复合肥料表示为10-20-10。有的在K_2O含量数后还标有S，如12-24-12 (S)，即表示其中含有K_2SO_4。

2. 种类

复合肥料按其制造工艺可分成以下两大类。

(1) 化成复合肥料　是通过化学方法制成的复合肥料，如磷酸二氢钾。

(2) 混成复合肥料　是将几种肥料通过机械混合制成的复合肥料，如氯磷铵是由氯化铵和磷酸一铵混合而成。

(二) 复合肥料的特点

1. 复合肥料的优点

复合肥料主要有有效成分高，养分种类多；副成分少，对土壤的不良影响小；生产成本低；物理性状好等优点。

2. 复合肥料的缺点

(1) 养分比例固定，很难满足各种土壤和各种作物的不同需要，常要用单质肥料补充调节。

(2) 难以满足施肥技术的要求，各种养分在土壤中的运动规律及对施肥技术的要求各不相同，很难符合作物某一时期对养分的要求，因此必须摸清各地土壤情况和各种作物的生长特点、需肥规律，施用适宜的复合肥料。

二、主要复合肥的种类、性质和施用

1. 磷酸铵

磷酸铵简称磷铵，是氨中和磷酸制成的，由于氨中和的程度不同，可分别生成磷酸一铵、磷酸二铵和磷酸三铵。

目前国产的磷酸铵实际上是磷酸一铵和磷酸二铵的混合物。含 N 14%～18%，含 P_2O_5 46%～50%，纯净的磷酸铵为灰白色，因带有杂质，故为深灰色。磷酸铵易溶于水，具有一定的吸湿性，通常加入防湿剂，制成颗粒状，以利储存、运输和施用。

磷酸铵适用于各种作物和土壤，特别适用于需磷较多的作物和缺磷土壤。施用磷酸铵应先考虑磷的用量，不足的氮可用单质氮肥补充，磷酸铵可作基肥、追肥和种肥。作基肥和追肥，以每亩 10～15kg 为宜，可以沟施或穴施；作种肥以每亩 2～3kg 为宜，不宜与种子直接接触，以防影响发芽和引起烧苗。果树成树基肥以每株 2.5kg 为宜，追肥可采用根外追肥的方式，喷施浓度为 0.5%～1%。磷酸铵不能与草木灰、石灰等碱性物质混合施用或储存。酸性土壤上施用石灰后必须相隔 4～5d，才能施磷酸铵，以免引起氮素的挥发损失和降低磷的有效性。

2. 氨化过磷酸钙

为了消除过磷酸钙中游离酸的不良影响，通常在过磷酸钙中通入一定量的氨制成氨化过磷酸钙，其主要成分为 $NH_4H_2PO_4$、$CaHPO_4$、$(NH_4)_2SO_4$，含 N 2%～3%、P_2O_5 13%～15%。

氨化过磷酸钙干燥、疏松，能溶于水（磷为弱酸溶性），不含游离酸，没有腐蚀性，吸湿性和结块性都弱，物理性状好，性质比较稳定。

氨化过磷酸钙的肥效稍好于过磷酸钙，适合于各类作物，在酸性土壤上施用的效果最好，注意不得与碱性物质混合，以防氨的挥发和磷的退化。因含氮量低，故应配施其他氮肥，其施用方法同过磷酸钙相同。

3. 磷酸二氢钾

磷酸二氢钾纯品为白色或灰白色结晶，养分中氮磷钾比例为 0-52-34，吸湿性小，物理性状好，易溶于水，水溶液 pH 值为 3～4，价格昂贵。

磷酸二氢钾适作浸种、拌种与根外追肥。浸种浓度 0.2%，时间为 12h。每 50kg 溶液浸大豆 15kg，小麦可浸 25kg。拌种用 1%浓度喷施种子，当天拌种下地。喷施浓度为 0.2%～0.5%，每亩 50～75kg 溶液，选择在晴天的下午，以叶处喷施不滴到地上为宜。小麦在拔节孕穗期、棉花在开花前后，连续喷施三次。

4. 硝酸钾

硝酸钾俗称火硝。由硝酸钠和氯化钾一同溶解后重新结晶或从硝土中提取制成，其分子式为 KNO_3。含 N 13%，含 K_2O 46%。纯净的硝酸钾为白色结晶，粗制品略带黄色，有吸湿性，易溶于水，为化学中性、生理中性肥料。在高温下易爆炸，属于易燃易爆物质，在储运、使用时要注意安全。

硝酸钾适作旱地追肥，对马铃薯、烟草、甜菜、葡萄、甘薯等喜钾作物具有良好的肥效。在豆科作物上施用肥效也比较好，如用于其他作物则应配合单质氮肥以提高肥效。硝酸钾也可作根外追肥，适宜浓度为 0.6%～1%。在干旱地区还可以与有机肥混合作基肥施用，每亩 10kg 左右。

由于硝酸钾的 N∶K_2O 为 1∶3.5，含钾量高，因此在肥料计算时应以含钾量为计算依据，氮素不足可用单质氮肥补充。

5. 尿素磷铵

尿素磷铵的组成为 $CO(NH_2)_2 \cdot (NH_4)_2HPO_4$，是以尿素加磷铵制成的。其养分含量可有 37-17-0、29-29-0、25-25-0 等。是一种高浓度的氮、磷复合肥，其中的 N、P 养分均是水溶性的，N∶P_2O_5 为 1∶1 或 2∶1，易于被作物吸收利用。

尿素磷铵适用于各类型的土壤和各种作物，其肥效优于等氮、磷量的单质肥料，其施用方法与磷酸铵相同。

6. 铵磷钾肥

是由硫酸铵、硫酸钾和磷酸盐按不同比例混合而成的三元复合肥料，或者由磷酸铵加钾盐而制成。由于配制比例不同，养分比例分别为 12-24-12、10-20-15、10-30-10。

铵磷钾肥中磷的比例比较大，可适当配合施用单质氮、钾肥，以调整比例，更好地发挥肥效。铵磷钾肥是高浓度复合肥料，它和硝酸钾常作为烟草地区的专用肥。

三、多元复合专用肥的应用

多元复合专用肥是按一定配方制成的复合肥，它是根据作物的营养特点、土壤养分状况以及我国农业生产实际进行科学配方而设计生产的多元肥料。其成分包括 N、P、K 等大量元素和 B、Zn、Fe 等微量元素，有的还含有赤霉素等生长调节剂和腐殖质等。某一种多元复合专用肥是专门为某一种作物或某一类生态要求相似的作物设计的。当然，这种设计还必须考虑到土壤的养分状况。

（一）多元复合专用肥的作用及效果

1. 多元复合专用肥的作用

（1）为作物提供营养，并且能够满足作物生长对营养条件的要求，可以避免资源的浪费。

（2）能够改善土壤的某些性质，如酸碱性等。

（3）能满足作物的特殊需求，如水稻喜硅、甜菜喜钠、叶菜类喜硝态氮、根茎类喜磷等。

（4）能保证各营养元素间的相互促进作用，发挥肥料的最大效率。

（5）专用肥一般都含有生长调节剂、腐殖质等，对作物生长有促进作用。

2. 专用肥的功能和效果

专用肥能够供应作物多种营养元素，促进细胞分裂，提高光合效率，增强酶活性，有利于根系发育，能使作物的营养生长和生殖生长协调发展。

实践证明，施用专用肥能提高作物产量、增加经济效益，在一般土壤肥力条件下与习惯施肥相比，粮食作物增产 10%～15%，蔬菜、瓜果增产 20%左右。

（二）几种专用肥的性质与施用

目前生产的专用肥有用于粮食、棉花、油料、果树、蔬菜、花卉等作物的品种，可谓丰富多彩、种类繁多。因此，在选购时应根据当地的土壤气候条件选择适当的品种。

复习思考题

1. 简述复合肥料的有效施用。
2. 简述复合肥料的作用及在作物栽培上的管理和利用。
3. 简述复合肥料配方施肥。

任务五 植物生长与生物肥料的关系

学习重点

◆ 掌握生物肥料的种类、性质及在土壤中的转化。

◆ 掌握生物肥料的特点与施肥原理。

学习难点

◆ 生物肥料的作用及在作物栽培上的管理和利用。

◆ 生物肥料配方施肥。

一、粪尿肥（人粪尿）

（一）人粪尿的成分和性质

1. 人粪尿的主要成分和性质

人粪是由70%以上的水和20%左右的有机物质组成的，其中有机物质主要包括纤维素、半纤维素、脂肪和脂肪酸、蛋白质及其分解产物、氨基酸、酶、粪胆质色素等。此外，人粪中还含有硫化氢、吲哚丁酸等物质，和5%左右的硅酸盐、磷酸盐、氯化物等矿物质。新鲜人粪一般呈中性。

人尿含水95%以上，其余为水溶性有机物和无机盐，尿素约2%，氯化钠1%，尚有尿酸、马尿酸、肌肝酸、磷酸盐、铵盐、氨基酸、各种微量元素、生长素等少许。新鲜人尿由于磷酸盐的作用，呈酸性，腐熟后由于尿素水解为碳酸铵，呈碱性。

2. 人粪尿中的养分含量

人粪尿中含氮较多，磷、钾较少，C与N的比值范围窄，有杂质，分解快，易于供应养分，所以常把人粪尿当作高氮速效性有机肥料来施用，由于其腐殖质积累少，故对改土培肥无太大意义。

（二）人粪尿的积存和管理

1. 人粪尿在储存中的变化

人粪尿的储存过程，实际上是其发酵腐熟的过程。

人粪尿中的尿素在脲酶的作用下，分解成碳酸铵，尿酸和马尿酸等含氮物逐渐分解成NH_3、CO_2和H_2O。

腐熟后的人粪尿在颜色上发生明显的变化，这些变化，可作为人粪尿腐熟的外观标志。人尿由澄清变为浑浊，人粪由原来的黄色或褐色变为绿色或暗绿色，这是由于黄褐色的类胆质在碱性条件下氧化成胆绿素。此外，腐熟后的人粪尿完全变为液体或半流体，用水稀释后施用很方便。

2. 人粪尿的储存方法

人粪尿储存的关键是防止氨的挥发和粪池的渗漏，为此，通常采用以下方法：改建厕所、粪尿分存、加保氮剂。常用的保氮物质有两类，一类为吸附性强的物质，另一类为化学保氮物质。

3. 人粪尿的无害化处理

处理方法有高温堆肥处理、粪池密封发酵和沼气发酵、药物处理等。

4. 人粪尿储存中的注意事项

不晒粪干；掺草木灰；防止氨的挥发；厕所与猪圈分开等。

（三）人粪尿的施用方法

人粪尿对一般作物都有良好的效果，特别是叶菜类作物，纤维类作物和桑茶的效果更显著，禾谷类作物效果也很好，不适于忌氯作物。

人粪尿一般情况下要用腐熟的，可用作基肥、追肥和种肥。基肥量每亩（15 亩＝1 公顷，后同）可用大粪土 5000～7500kg。作追肥要兑水 3～5 倍，土干时可兑水 10 倍，否则浓度大，易烧苗。水田泼施，施后耕耘使土肥相融，2～3d 后再灌水。旱田条施或穴施，施后覆土。追肥用量大田 500～1000 千克/亩；大豆和薯类 400～450 千克/亩；成果树 100～150 千克/株；菜田 1000～1500 千克/亩。追肥每次限量 250～500 千克/亩。鲜尿可直接兑水施用，不必腐熟。鲜尿还可用作浸种，一般增产在 10%～21%。

二、家畜粪尿与厩肥

家畜粪尿包括猪、马、牛、羊的粪尿，是我国农村的一项重要肥源。厩肥是家畜粪尿和各种垫圈材料混合积制的肥料，在有机肥料中占有重要的位置。

（一）家畜粪尿的成分和性质

1. 家畜粪尿的成分

家畜粪主要是纤维素、半纤维素、木质素、蛋白质及其分解产物、脂肪、有机酸、酶和各种无机盐类。家畜尿主要含尿素、尿酸、马尿酸以及钾、钠、钙、镁的无机盐类。

家畜粪是富含有机质和氮、磷的肥料，畜尿是富含磷、钾的肥料。其中羊粪中氮、磷、钾含量最高，猪、马次之，牛粪最少。

2. 家畜粪的性质

家畜粪中的养分大部分是有机态的，分解比较缓慢，属迟效养分，但在堆腐过程中能形成腐殖质，具有改土培肥的作用。家畜的种类不同，家畜类的性质差异很大，以猪、马、牛、羊为例作如下介绍。

（1）猪粪　猪粪属温性或次序性肥料，猪粪腐熟后含有大量的腐殖质，改土培肥和保肥的作用最好。猪粪粪劲柔和、后效长，适于各种土壤和作物。

（2）马粪　马粪是热性肥料，常用作温床和堆肥时的发热材料。马粪可改善黏土的性状，使其松软。马粪肥劲短，常与猪粪混合施用。

（3）牛粪　牛粪是典型的冷性肥料。鲜粪略加风干，加入 3%～5%的钙镁肥或磷矿粉或适量马粪堆沤，可得优质疏松的有机肥料。牛粪对改良有机质少的轻质土壤具有良好的作用。

（4）羊粪　羊粪是家畜中养分含量最高的。羊粪也属热性肥料。羊粪宜与猪、牛粪混合堆积，这样可以缓解它的燥性，使肥劲平稳。羊粪适用于各种土壤。

3. 家畜尿的特性

家畜尿中含有大量的尿酸、马尿酸，而尿素含量比人尿少，因此氮的形态较为复杂，不宜直接施用。

（二）家畜粪尿的储存

家畜粪尿的储存，各地不一，最常用的是垫圈法和冲圈法。

（三）厩肥的成分和性质

1. 成分

厩肥平均含有机质 25%，氮 0.5%，五氧化二磷 0.25%，氧化钾 0.6%。

2. 性质

新鲜厩肥中的养料以有机态为主，作物大多数不能直接利用，一般不宜直接施用。

（四）厩肥的积制方法

厩肥的积制方法有圈内堆积法和圈外堆积法两种。

1. 圈内堆积法

圈内堆积法又可分为深坑圈、浅坑圈和平底圈三种。

2. 圈外堆积法

按照堆积的松紧程度不同，可分为紧密堆积法、疏松堆积法和疏松紧密堆积法三种形式。

（五）厩肥腐熟的特征

厩肥在堆积过程中，由于微生物活动，其C/N逐渐变小，速效养分逐渐增多，这样的粪肥施入土壤后，就不会产生微生物与作物争夺速效养分的矛盾，可以及时发挥肥效。厩肥腐熟的快慢与其中微生物活动密切相关，而微生物活动又取决于粪堆内的水、气、热条件。

粪肥的腐熟过程通常要经过生粪、半腐熟、腐熟和过劲四个阶段。

半腐熟阶段厩肥的外部特征可概括为“棕、软、霉”。腐熟阶段腐熟厩肥的外部特征是“黑、烂、臭”。过劲阶段厩肥的外部特征是“灰、粉、土”。

（六）家畜粪尿和厩肥的施用

可以根据肥料本身的性质、肥料的腐熟程度、土壤的性质、作物的种类、气候条件等与化学肥料配合或混合施用。

（七）厩肥施用量和施用方法

根据厩肥的数量和质量，一般每亩连年施厩肥2000～5000kg较为合适。厩肥和畜粪一般作基肥，可撒施或集中施用。其效应是穴施＞沟施＞撒施。

另外，厩肥在施用后立即耕埋，有灌溉条件的结合灌水，其效果更好。

三、堆肥

堆肥和沤肥是我国农村中重要的有机肥料，都是利用秸秆、落叶、山青野草、水草、绿肥、垃圾等主要原料，再混合不同数量的粪尿和泥炭、塘泥等堆制或沤制而成的肥料。一般北方以堆肥为主，而南方水网地区则以沤肥为主。目前，秸秆直接还田和发展沼气从而利用沼气肥的施肥方法，已有不少地区采用，并取得了明显的效果。几种肥料都是秸秆还田的不同形式，它们的共同特点是：只有通过以好氧微生物分解为主（堆肥、秸秆还田）或以厌氧微生物分解为主（沤肥、沼气肥）的发酵作用，才能达到供应作物养分、改良土壤理化性质和提高土壤肥力的最大效果。

（一）堆肥制造的原理和堆制条件

1. 堆肥材料

堆肥的材料大致可分为三类：一是不易分解的物质，为堆肥原料的主体，它们大多是C/N＝(600～100)∶1的物质，如稻草、落叶、杂草等；二是促进分解的物质，一般为含氮较多的物质，如人粪尿、家畜粪尿和化学氮肥以及能中和酸度的物质如石灰、草木灰等；三是吸收性能强的物质，如泥炭、泥土等，用以吸收肥分。

2. 堆肥腐熟的原理

堆肥的腐熟过程是微生物对粗有机质进行分解和再合成的过程。

以高温堆肥为例，其形成要经过发热、高温、降温和后熟保肥四个阶段。

(1) 发热阶段　堆制初期，堆温由常温上升至50℃左右为发热阶段。

(2) 高温阶段　当堆温升到60～70℃时为高温阶段。

(3) 降温阶段　是指高温以后，堆肥降至50℃以下的阶段。

(4) 后熟保肥阶段　在经过以上的三个阶段以后，原来大部分的有机物已被分解，堆温继续下降，至稍高于气温时，即进入后熟保肥阶段。

3. 堆肥条件

主要受水分、通气、温度、C/N的影响，堆肥材料的C/N以调节至40∶1左右为宜。

(二) 堆肥的堆制方法

1. 普通堆肥

普通堆肥是在较厌氧、低温的条件下进行的。堆积方式常有地面式和地下式两种。

2. 高温堆肥

高温堆肥具有通气好、腐熟快及除去病菌、虫卵、杂草种子等有害物质的优点。一般采用接种高温纤维分解菌，并设置通风装置或人工加温措施，堆肥方式主要有地面式和半坑式。

(三) 堆肥的成分和施用

腐熟的堆肥为黑褐色，汁液为浅棕色或无色，有臭味，材料完全变形、很易拉断。

堆肥的施用与厩肥相似，一般适作基肥。堆肥施用后立即耕翻并配合施用速效氮、磷肥。施用量各地差异较大，一般每亩500～1000kg。

四、沤肥

与堆肥相比，在沤制过程中，有机质和氮素的损失较少，腐殖质积累较多，肥料的质量比较高。

1. 影响沤肥腐解的因素

主要受浸水淹泡的时间、原料的配合、适期翻堆等因素影响。

2. 沤肥的施用

沤肥一般作基肥，多数用于稻田，亦可用于旱田。施用量一般每亩4000kg左右，随施随翻，防止养分损失。沤肥的肥效一般与牛粪、猪粪相近，为了提高肥效，施用时应配合速效氮、磷肥。

五、沼气发酵肥料

1. 沼气发酵的意义

沼气是指各种有机物质在厌氧条件下经发酵生成的一种无色无味的气体，其主要成分是CH_4，其次是CO_2，还有少量的CO和H_2S，有机物质经沼气池发酵产气后剩余残渣。残液可作肥料施用，即为沼气发酵肥料。

2. 沼气发酵的机制

(1) 沼气发酵的原理　纤维素在被分解的同时，在甲烷细菌的作用下，产生CH_4；由酸和醇分解产生CH_4；由醇的分解使CO_2还原形成甲烷及有机酸；利用H_2使CO_2还原形成甲烷；酮类水解产生甲烷。

(2) 沼气发酵的条件　主要受厌氧环境、营养、温度、水分、酸碱度、接种沼气细菌的影响。

(3) 沼气发酵时需注意的问题

① 严禁在池内沤制菜籽饼等物，以防发酵过程中产生大量的 H_2S、H_3P 等有毒气体。

② 进、出料口和导气管不能有明火，以防爆炸。

③ 若需入池清理残渣或维修，要提前打开进、出料口，导入新鲜空气。

④ 在池内不能有明火或抽烟。

⑤ 新建池投料后不久，不能在导气管口做点火试验，因这时甲烷不多，压力小，若点火有可能发生回火而引起爆炸。

3. 沼气肥的施用技术

沼气残液含多种水溶性养分，氮素以铵态氮为主，是一种速效肥料。一般用作追肥，每亩用量 1500～2500kg，深施 6.7cm 以下。若施在作物根部需兑部分清水。发酵液还可用作根外追肥，方法是将残液用麻布过滤，滤液稀释 2～4 倍，喷施量 50 千克/亩。

发酵残渣含有丰富的有机质，速效氮占全 N 的 19.2%～52%，平均为 35.6%，是一种缓、速兼备的又具有改良土壤功能的优质肥料，一般用作基肥，每亩用量 2500kg。

六、秸秆还田

秸秆直接还田也是目前大力推广的一种有机肥施用方式。

1. 秸秆还田的意义

可以直接供给作物养分；增加土壤有机质，改善土壤理化性质；节省劳动力，减少运输。

2. 秸秆还田的方法

(1) 切碎翻压　秸秆经机械切碎后翻压至 15cm 以下，翻压后要及时耙压保墒，以利腐解，旱地墒情不好，还要先灌水，后翻压。

(2) 补充氮、磷化肥　由于秸秆中 C/N 的值较高，翻压时，应每亩施 NH_4HCO_3 15kg (或相当的氮素)，过磷酸钙 30～50kg。

(3) 翻压时间　旱地在晚秋进行，争取边收获边耕埋，以避免秸秆中水分的散失，水田易在插秧前 7～15d 施用，或在翻耙地以前施用。

(4) 秸秆翻压量　一般来说，秸秆可全部还田，在薄地，氮肥不足的情况下，秸秆还田又距播期近，用量则不宜过多。

七、绿肥

(一) 绿肥在农业生产上的作用

凡利用植物绿色体做的肥料均称绿肥，专用绿肥栽培的作物称为绿肥作物。绿肥在农业生产上的作用大致归纳为如下几个方面：增加土壤氮素和有机质；富集与转化土壤养分；改善土壤理化性状，加速土壤熟化，改良低产土壤；减少水、土、肥的流失和因砂护坡等方面。

(二) 主要绿肥的栽培利用

1. 草木樨

其栽培环节为：整地施肥；种子处理；播种；田间管理与利用；采种。草木樨播期幅度大，春、夏、秋季皆可，一般以春季顶凌播种为主。播种要浅，覆土 2～3cm，一般采用条播，播后要镇压保墒，荒地播种前要除草。

2. 紫花苜蓿

其栽培利用环节为：整地；种子处理；播种；田间管理；利用。紫花苜蓿第二年开始收割，至6～7a，每年收割2～4次，随栽培管理条件而定，初花期收割的质量最好，冬前的一次收割留茬要高一些（10～13.3cm），有利于越冬和来年春发。翻压作绿肥多在春发以后。

紫花苜蓿作饲料有较高的价值，故应先作饲料，过腹还田，更为经济合理。

3. 紫穗槐

其栽培利用环节如下：育苗移栽；插条；直播；管理与利用；采种。

4. 沙打旺

其栽培利用环节如下。

（1）播种　时间在春、夏、秋季均可。

（2）田间管理　苗期生长缓慢，注意中耕除草，大雨过后要及时排水。

（3）利用　从第二年起每年割两茬，7月中旬一次，10月上、中旬下霜后一次，割草时留茬10cm，以利再生。留种地不割草，待种子成熟后一次收割。

5. 田菁

栽培利用环节如下。

（1）播种　可春播或夏播，但留种田必须在4月中、下旬播种，应事先进行种子处理。

（2）利用　作绿肥用的田菁可在8月上、中旬翻压。

（3）留种　田菁待下部有个别裂荚、中部荚皮呈黄褐色至紫色时即可收割。

八、生物菌肥

（一）生物菌肥的特点

生物菌肥是含有大量微生物的肥料，换言之，生物菌肥是肥料中含有大量活微生物的制剂。它不同于化肥和有机肥，菌肥本身并不直接为作物提供养分，而是以微生物生命活动的产物来改善植物的营养条件，发挥土壤潜在肥力，刺激植物生长发育，抵抗病菌危害，从而提高农作物的产量和品质，与有机肥、化肥互为补充。

（二）生物菌肥的种类和施用

1. 根瘤菌肥

（1）根瘤菌的特点　根瘤菌肥料施入土壤之后，其中的根瘤菌遇到相应的豆科作物即侵入根内，形成根瘤，可固定空气中的氮素，丰富豆科作物的氮素营养，豆科作物则以碳水化合物供给根瘤菌，这就是豆科作物和根瘤菌的共生关系，这种固氮称为共生固氮作用。

根瘤菌有三个特性，即感染性、有效性和专一性。

（2）根瘤菌肥的施用　根瘤菌肥的肥效受菌剂质量、营养投机倒把、土壤条件、施用时间、施用方法等因素的影响。

根瘤菌肥的施用量视作物种类、种子大小、施用时期和菌肥质量的不同而异。以大豆为例，在理想条件下，一般每亩用菌剂需有250亿～1000亿个活的根瘤菌，菌剂质量好的，每亩用150g左右。

菌肥不能与杀菌农药一起施用，应在用农药消毒种子两星期后再拌用菌肥，另外，在储运和施用过程中都要避免日晒，以免影响根瘤菌的活性。

2. 固氮菌肥料

（1）固氮菌的特性　固氮菌肥料是指含有大量自生固氮菌的肥料，也称为固氮菌剂。

自生固氮菌不与高等植物共生，它独立生存于土壤中，能固定空气中的分子态氮素，并将其转化为植物可利用的化合态氮素。这是它与共生固氮菌（根瘤菌）的根本区别。

（2）固氮菌肥料的施用方法

① 固氮菌肥料肥效的影响因素　固氮菌在土壤中的分布及活性受土壤有机质含量、酸碱度、湿度、土壤熟化度以及磷钾含量等因素的影响。

② 固氮菌肥料的施用方法　在用作基肥时应与有机肥料配合施用，沟施或穴施，施后要立刻覆土；用作追肥时，可把菌肥用水调成稀泥浆状，施于作物根部，随即覆土；用作种肥时，在菌肥中加适量水，混匀后与种子混拌，稍干后立即播种。

对水稻、甘薯、蔬菜等移栽作物，可采用蘸根法施用固氮菌肥料，每亩至少接种200亿个固氮菌。

过酸或过碱的肥料或有杀菌作用的农药，都不宜与固氮菌肥料混施，以免发生抑制作用。

固氮菌肥与有机肥、磷钾肥及微量元素肥料配合施用，对固氮菌活性有促进作用，在贫瘠的土壤上尤其重要。

固氮菌适宜在中性或微碱性土壤中生长繁育，因此，在酸性土壤上施用固氮菌肥前，要结合施用石灰调节土壤酸度。

固氮菌肥料的施用效果：土壤施用固氮菌肥料后，一般每年每亩可以固定1～3kg氮素，固氮菌还可以分泌维生素一类的物质，刺激作物的生长发育，因此，固氮菌肥料对各种作物都有一定的增产效果，它特别适用于禾本科作物和蔬菜类的叶菜类作物。

3. 增产菌肥料

增产菌是原北京农业大学植物生态工程研究所研制出的植物保健菌制剂，它属于植物体自然生态系统范畴，将菌剂接种到植物体后，可在植物体上定植、繁殖和转移。

复习思考题

1. 简述生物肥料的有效施用。
2. 简述生物肥料的作用及在作物栽培上的管理和利用。
3. 简述生物肥料配方施肥。

任务六　植物营养元素缺乏症的诊断

学习重点

◆ 确定植物必需营养元素的标准。

◆ N、P、K在植物体内的生理作用及缺素症诊断。

◆ 配方施肥的基本原理、基本方法及施肥量的计算。

学习难点

◆ 主要营养元素缺乏症的诊断。

◆ 植物营养元素缺乏症的防治。

一、植物矿质营养吸收原理

1. 植物吸收养分的形态

植物对必需营养元素吸收利用的形态见表9-1。

表 9-1 植物对必需营养元素吸收利用的形态

必需营养元素	碳	氢	氧	氮	磷	钾
吸收利用形态	CO_2	H_2O	O_2, H_2O	NH_4^+, NO_3^-	$H_2PO_4^-$, HPO_4^{2-}	K^+
必需营养元素	钙	镁	硫	氯	铁	锰
吸收利用形态	Ca^{2+}	Mg^{2+}	SO_4^{2-}	Cl^-	Fe^{3+}, Fe^{2+}	Mn^{2+}
必需营养元素	硼	锌	铜	钼		
吸收利用形态	BO_3^{3-}, $B_4O_7^{2-}$	Zn^{2+}	Cu^{2+}, Cu^+	MoO_4^{2-}		

2. 植物根部营养

（1）土壤中养分向根表迁移　三种途径：截获、质流和扩散，其中质流和扩散是主要形式。一般土壤中移动性大的离子如 NO_3^-、Ca^{2+}、Mg^{2+} 等主要通过质流迁移到根表；移动性小的离子如 $H_2PO_4^-$、K^+、Zn^{2+}、Cu^{2+} 等以扩散移动为主。

（2）植物根系对养分吸收的途径　土壤中养分迁移到根表后，一般通过被动吸收和主动吸收进入根系被植物吸收。

3. 植物的根外营养

（1）叶部营养特点

① 直接供应养分，减少土壤养分固定。

② 吸收速率快，能及时满足作物营养需要。

③ 叶部营养能影响植物代谢活动。

④ 叶部营养是经济有效地施用微量元素肥料和补施大量元素肥料的手段。

（2）使用技术

① 喷肥时可加少量“湿润剂”或适当加大溶液浓度，并尽量喷施于叶的背面。

② 最好在下午 4：00 以后无风的晴天喷施。

③ 对于磷、铜、铁、钙等移动性差的元素，要喷在新叶上，并适当增加喷施次数。

④ 喷施阳离子时，溶液应调至微碱性；喷施阴离子则调至弱酸性，以有利于叶片对养分的吸收。

⑤ 尽量选择植物吸收快的物质（如尿素）进行叶面喷施。

4. 植物养分离子间的相互关系

（1）拮抗作用　一种养分的存在抑制植物对另一种养分的吸收，如 Ca 与 Mg、K 与 Fe、P 与 Zn 及 P、N 与 Cl 之间都有不同程度的拮抗作用。

（2）协同作用　一种离子的存在帮助和促进植物对其他离子的吸收或相互促进吸收的作用，如 P 与 K、N 与 P、N 与 K 都表现出相互促进的作用。

二、主要营养元素的生理作用

主要营养元素的主要生理作用见表 9-2。

表 9-2 主要营养元素的主要生理作用

元素	主要生理作用
氮(N)	氮是蛋白质和核酸的主要成分；氮是叶绿素的组成成分；氮是植物体内许多酶的组成成分，参与植物体内各种代谢活动；氮是植物体内许多维生素、激素等的成分，调控植物的生命活动
磷(P)	磷是核酸、核蛋白、磷脂、植素、磷酸腺苷和许多酶的成分；影响淀粉、蛋白质、脂肪和糖的转化与积累；磷能提高植物抗寒、抗旱等抗逆性

续表

元素	主要生理作用
钾(K)	是植物体内60多种酶的活化剂;能促进叶绿素合成;促进植物体内糖类、蛋白质等物质的合成与运转;钾能维持细胞膨压,促进植物生长;钾能增强植物抗寒、抗旱、抗高温、抗病、抗盐、抗倒伏等能力,提高植物抗逆性
钙(Ca)	是构成细胞壁的重要元素,参与形成细胞壁;能稳定生物膜的结构,调节膜的渗透性;能促进细胞伸长,对细胞代谢起调节作用;能调节养分离子的生理平衡,消除某些离子的不良反应
镁(Mg)	是叶绿素的组成成分,并参与光合磷酸化和磷酸化作用;是许多酶的活化剂;参与脂肪、蛋白质和核酸代谢;是染色体的组成成分,参与遗传信息的传递
硫(S)	是含硫氨基酸的成分;参与合成其他生物活性物质;参与一些酶的活化,提高酶的活性;与叶绿素形成有关;合成植物体内挥发性含硫物质,如大蒜油等
铁(Fe)	铁是许多酶和蛋白质的组分,影响叶绿素的形成,参与光合作用和呼吸作用的电子传递,促进根瘤菌作用
锰(Mn)	锰是多种酶的组分和活化剂,是叶绿体的结构成分,参与脂肪、蛋白质合成,参与呼吸过程中的氧化还原反应,促进光合作用和硝酸还原作用,促进胡萝卜素、维生素、核黄素的形成
铜(Cu)	铜是多种氧化酶的成分,是叶绿体蛋白——质体蓝素的成分,参与蛋白质和糖代谢,影响植物繁殖器官的发育
锌(Zn)	锌是许多酶的成分,参与生长素合成,参与蛋白质代谢和碳水化合物运转,参与植物繁殖器官的发育
钼(Mo)	钼是固氮酶和硝酸还原酶的组成成分,参与蛋白质代谢,影响生物固氮作用,影响光合作用,对植物受精和胚胎发育有特殊作用
硼(B)	硼能促进碳水化合物运转,影响酚类化合物和木质素的生物合成,促进花粉萌发和花粉管生长,影响细胞分裂、分化和成熟,参与植物生长素类激素代谢,影响光合作用
氯(Cl)	氯能维持细胞膨压,保持电荷平衡,促进光合作用,对植物气孔有调节作用,抑制植物病害发生

三、植物缺乏必须营养元素的主要症状

作物缺乏必须营养元素的主要症状见表9-3。

表9-3　作物缺乏必须营养元素的主要症状

缺素名称	缺素症状
氮	植株生长缓慢、矮小,叶片薄而小,新叶出得慢;叶色变淡呈黄绿色,且从下部老叶开始,逐渐向上发展,严重时,下部叶片呈黄色,甚至干枯死亡
磷	植株生长迟缓、矮小、瘦弱、直立,根系不发达,成熟延迟,果实较小,结实不良;叶色暗绿或灰绿无光泽,严重时变为紫红色斑点或条纹。症状一般从基部老叶开始,逐步向上发展
钾	地下部分生长停滞,细根和根毛生长不良,根短而少,易出现根腐病;地上部分老叶首先出现症状,叶尖和边缘先发黄,进而变褐,渐枯萎,叶片上出现褐色斑点、斑块,但叶部靠近叶脉附近仍保持原来的色泽;节间缩短,叶片干枯可萎蔫到幼叶,严重时顶芽死亡;植物抗逆性下降,易感病虫害
钙	幼叶和茎、根的生长点首先出现症状,轻则呈凋萎状,重则生长点坏死;幼叶变形,叶尖出现弯钩状,叶片皱缩,边缘向下或向前卷曲,新叶抽出困难,叶尖和叶缘发黄或焦枯坏死;植株矮小或呈簇生状,早衰、倒伏;不结实或少结实
镁	中下部叶片失绿,然后逐渐向上发展;失绿症开始于叶子端和缘的脉间部位,颜色由淡绿变黄再变橙或紫色,随后向叶基部和中央扩展;严重时叶片枯萎、脱落
硫	幼叶首先呈黄绿色,株形矮小,茎秆细弱、木质化、韧性差,幼叶窄,生长速度下降;开花结实推迟;籽实减少
硼	顶端停止生长并逐渐死亡,根系不发达,叶色暗绿,叶片肥厚,皱缩,植株矮化,茎及叶柄易开裂,花发育不全,果穗不实,花蕾易脱落,块根、浆果心腐或坏死。如油菜"花而不实"、棉花"蕾而不花"、甜菜萝卜的"心腐病"、烟草的"顶腐病"

续表

缺素名称	缺素症状
锌	叶小簇生,中下部叶片失绿,主脉两侧出现不规则的棕色斑点,植株矮化,生长缓慢。玉米早期出现"白苗病",生长后期果穗缺粒秃尖。水稻基部叶片沿主脉出现失绿条纹,继而出现棕色斑点,植株萎缩,造成"矮缩病"。果树顶端叶片呈"莲座"状或簇生,叶片变小,称"小叶病"
钼	生长不良,植株矮小,叶片凋萎或焦枯,叶缘卷曲,叶色褪淡发灰。大豆叶片上出现许多细小的灰褐色斑点,叶片向下卷曲,根瘤发育不良。柑橘呈点状失绿,出现"黄斑病"。番茄叶片的边缘向上卷曲,老叶上出现明显黄斑
锰	症状从新叶开始,叶脉间失绿,叶脉仍为绿色,叶片上出现褐色或灰色斑点,逐渐连成条状,严重时叶色失绿并坏死。如烟草"花叶病"、燕麦"灰斑病"、甜菜"黄斑病"等
铁	引起"失绿病",幼叶叶脉间失绿黄化,叶脉仍为绿色,以后完全失绿,有时整个叶片呈黄白色。因铁在体内移动性小,新叶失绿,而老叶仍保持绿色,如果树新梢顶端的叶片变为黄白色。新梢顶叶脱落后,形成"梢枯"现象
铜	多数植物顶端生长停止和顶枯。果树缺铜常产生"顶枯病",顶部枝条弯曲,顶梢枯死,枝条上形成斑块和瘤状物;树皮变粗出现裂纹,分泌出棕色胶液。在新开垦的土地上种植禾本科作物,常出现"开垦病",表现为叶片尖端失绿、干枯和叶尖卷曲,分蘖很多但不抽穗或抽穗很少,不能形成饱满籽粒

四、植物营养元素缺乏症诊断

1. 形态诊断

鉴别营养元素缺素症时，首先看症状出现的部位；第二要看叶片大小和形状；第三要注意叶片失绿部位。

2. 根外喷施诊断

配制一定浓度（一般为0.1%～0.2%）的含某种元素的溶液，喷到病株叶部或采用浸泡、涂抹等办法，将病叶浸泡在溶液中1～2h和将溶液涂抹在病叶上，隔7～10d观察施肥前后叶色、长相、长势等变化，进行确认。

3. 化学诊断

采用化学分析方法测定土壤和植株中营养元素含量，对照各种营养元素缺乏的临界值加以判断。有土壤诊断和植株化学诊断等方法。

五、配方（合理）施肥的基本原理与技术

1. 配方（合理）施肥的基本原理

（1）配方施肥的含义　配方施肥是指综合运用现代农业科技成果，根据作物需肥规律、土壤供肥性能和肥料效应，在以有机肥为基础条件下，产前提出各种营养元素的适宜用量和比例以及相应的施肥技术。

（2）配方施肥的基本原理　其主要理论依据如下。

① 养分归还学说　作物从土壤中吸收矿质养分，为了保护土壤肥力就必须把作物取走的矿质养分以肥料形式归还土壤，使土壤中养分保持一定的平衡。

② 最小养分律　土壤中缺少某种营养元素时，其他养分再多，作物也不能获得高产。

③ 报酬递减律　在土壤生产力水平较低的情况下，施肥量与作物产量的关系往往成正相关，但随着施肥量的提高，作物的增产幅度随施肥量的增加而递减，因而并不是施肥量越大，产量和效益越高。

④ 因子综合作用律　作物生长发育取决于全部生活因素的适当配合和综合作用，如果其中任何一个因素供应不足、过量或其他因素不协调，就会影响植物的正常生长。

（3）配方施肥需要考虑分析的因素

① 植物营养特性　植物营养临界期和植物营养最大效率期。

② 肥料利用率　是指当季作物从所施肥料中吸收养分量占肥料中该养分总量的百分数。

③ 其他因素　如土壤条件、气候条件、农业技术条件等对配方施肥也有重要影响。

2. 配方施肥的基本方法（施肥量的确定）

配方施肥的基本方法有地力分区（级）配方法、养分平衡法、地力差减法、肥料效应函数法、养分丰缺指标法、氮磷钾比例法等，这里重点介绍目前国内外常用的养分平衡法。

养分平衡法计算公式为：

$$\text{肥料施用量}=\frac{\text{作物目标产量需养分量}-\text{土壤供养分量}}{\text{肥料利用率}(\%)\times\text{肥料养分含量}(\%)}$$

此法必须掌握作物需肥量、土壤供肥量和肥料利用率三个重要参数。

现以氮肥用量的计算来说明养分平衡法。某菜农计划番茄产量每亩（667 平方米）5000kg，不施氮区（空白区）每亩（667 平方米）番茄产量为 1000kg，计划每亩（667 平方米）用土粪 2000kg 作基肥（含 0.5%，利用率 20%），问该菜农实现计划产量应施多少千克尿素（含 N46%，利用率 35%）。

结论：该菜农要实现目标产量，每 667 平方米除施 2000kg 土粪外还应施尿素 99.4kg。

3. 施肥时期与施肥方法

（1）施肥时期　对于大多数植物来说，施肥应包括基肥、种肥和追肥 3 个时期。

① 基肥　俗称底肥，是在播种（或定植）前结合土壤耕作施入的肥料。通常多用有机肥料，配合一部分化学肥料作基肥。

② 种肥　是在播种（或定植）时施在种子附近或与种子混播的肥料。一般多用腐熟的有机肥或速效性的化学肥料以及微生物制剂等作种肥。

③ 追肥　是在植物生长发育期间施入的肥料。一般以速效性化学肥料作追肥。

（2）施肥方法

① 撒施　把肥料均匀撒于地表，然后把肥料翻入土中。

② 条施　开沟条施肥料后覆土。

③ 穴施　穴施是在播种前把肥料施在播种穴中，然后覆土播种。

④ 分层施肥　将肥料按不同比例施入土壤的不同层次内。

⑤ 随水浇施　在灌溉（尤其是喷灌）时将肥料随灌溉水施入土壤的方法。

⑥ 根外追肥　把肥料配成一定浓度的溶液，喷洒在植物叶面，以供植物吸收。

⑦ 环状和放射状施肥　环状施肥法是按树冠大小，以主干为中心、以树冠投影为直径挖环状沟，沟的深度依根系分布深浅而定，一般深 20～30cm，宽 30cm。之后放入肥料，用泥土再埋回去。这种情况通常在肥料较少或者幼树的时候使用。

放射状施肥法是以树干为中心，在树冠投影范围内，射线状地开挖 4～8 条施肥沟，沟宽 20～40cm，深 30cm 左右，沟长与树冠半径相近，沟深由冠内向冠外逐渐加深。沟挖好后，将肥料与土壤充分拌匀填入沟内，然后覆土。每年施肥沟的位置要变更，并且随着树冠的不断扩大而逐渐外移。该方法主要用于长势强、树龄较大的树。

⑧ 拌种和浸种　拌种是将肥料与种子均匀拌和后一起播入土壤。浸种是用一定浓度的肥料溶液来浸泡种子，待一定时间后，取出稍晾干后播种。

⑨ 蘸秧根　对移栽植物如水稻等，将磷肥或微生物菌剂配制成一定浓度的悬着液，浸蘸秧根，然后定植。

⑩ 盖种肥　开沟播种后，用充分腐熟的有机肥或草木灰盖在种子上面的施肥方法。

复习思考题

1.确定植物必需营养元素的标准是什么?
2.植物根外营养有哪些特点?应注意哪些问题?
3.植物必需营养元素在植物生长发育过程中的一般功能是什么?
4.简述氮、磷、钾三要素的生理功能各有哪些?
5.配方施肥有哪些主要理论依据?在农业生产中如何用来指导施肥?

任务七　植物营养元素缺乏症的观察与诊断

一、任务目标

通过彩色幻灯片、电视录像、彩色图谱,使大家对当地作物的缺素典型症状有所认识,并能初步掌握不同缺素症的识别方法,以便做好田间诊断工作。

二、仪器与用具

对照检索表、彩色图谱、作物缺素症的标本等。

三、任务实施

对照检索表、彩色图谱等,对搜集到的缺素症按照下表(表9-4)进行诊断。

表9-4　作物缺乏必需营养元素的主要症状

缺素名称	缺素症状
氮	植株生长缓慢、矮小,叶片薄而小,新叶出得慢;叶色变淡呈黄绿色,且从下部老叶开始,逐渐向上发展,严重时,下部叶片呈黄色,甚至干枯死亡
磷	植株生长迟缓、矮小、瘦弱、直立,根系不发达、成熟延迟,果实较小,结实不良;叶色暗绿或灰绿无光泽,严重时变为紫红色斑点或条纹。症状一般从基部老叶开始,逐步向上发展
钾	地下部分生长停滞,细根和根毛生长不良,根短而少,易出现根腐病;地上部分老叶首先出现症状,叶尖和边缘先发黄,进而变褐,渐枯萎,叶片上出现褐色斑点、斑块,但叶部靠近叶脉附近仍保持原来的色泽;节间缩短,叶片干枯可萎蔫到幼叶,严重时顶芽死亡;植物抗逆性下降,易感病虫害
钙	幼叶和茎、根的生长点首先出现症状,轻则呈凋萎状,重则生长点坏死;幼叶变形,叶尖出现弯钩状,叶片皱缩,边缘向下或向前卷曲,新叶抽出困难,叶尖和叶缘发黄或焦枯坏死;植株矮小或呈簇生状,早衰、倒伏,不结实或少结实
镁	中下部叶片失绿,然后逐渐向上发展;失绿症开始于叶子端和缘的脉间部位,颜色由淡绿变黄再变橙或紫色,随后向叶基部和中央扩展;严重时叶片枯萎、脱落
硫	幼叶首先呈黄绿色,株形矮小,茎秆细弱、木质化、韧性差;幼叶窄,生长速度下降;开花结实推迟,籽实减少
硼	顶端停止生长并逐渐死亡,根系不发达,叶色暗绿,叶片肥厚,皱缩,植株矮化,茎及叶柄易开裂,花发育不全,果穗不实,花蕾易脱落,块根、浆果心腐或坏死。如油菜"花而不实"、棉花"蕾而不花"、甜菜萝卜的"心腐病"、烟草的"顶腐病"

续表

缺素名称	缺 素 症 状
锌	叶小簇生，中下部叶片失绿，主脉两侧出现不规则的棕色斑点，植株矮化，生长缓慢。玉米早期出现“白苗病”，生长后期果穗缺粒秃尖。水稻基部叶片沿主脉出现失绿条纹，继而出现棕色斑点，植株萎缩，造成“矮缩病”。果树顶端叶片呈“莲座”状或簇生，叶片变小，称“小叶病”
钼	生长不良，植株矮小，叶片凋萎或焦枯，叶缘卷曲，叶色褪淡发灰。大豆叶片上出现许多细小的灰褐色斑点，叶片向下卷曲，根瘤发育不良。柑橘呈点状失绿，出现“黄斑病”。番茄叶片的边缘向上卷曲，老叶上出现明显黄斑
锰	症状从新叶开始，叶脉间失绿，叶脉仍为绿色，叶片上出现褐色或灰色斑点，逐渐连成条状，严重时叶色失绿并坏死。如烟草“花叶病”、燕麦“灰斑病”、甜菜“黄斑病”等
铁	引起“失绿病”，幼叶叶脉间失绿黄化，叶脉仍为绿色，以后完全失绿，有时整个叶片呈黄白色。因铁在体内移动性小，新叶失绿，而老叶仍保持绿色，如果树新梢顶端的叶片变为黄白色。新梢顶叶脱落后，形成“梢枯”现象
铜	多数植物顶端生长停止和顶枯。果树缺铜常产生“顶枯病”，顶部枝条弯曲，顶梢枯死，枝条上形成斑块和瘤状物；树皮变粗出现裂纹，分泌出棕色胶液。在新开垦的土地上种植禾本科作物，常出现“开垦病”，表现为叶片尖端失绿，干枯和叶尖卷曲，分蘖很多但不抽穗或抽穗很少，不能形成饱满籽粒

四、任务报告

在当地观察一些植物，识别它们是否缺乏营养元素，如果缺乏，是缺哪种？并写出一份报告说明。

五、任务小结

观察事物要认真，细节决定成败。培养认真、耐心观察事物的能力。

任务八 土壤八大阴阳离子的测定——容量法

一、任务目标

土壤水溶性盐的测定，可按一定的水、土比例，用水将盐分浸出，然后测定溶液中所含的 CO_3^{2-}、HCO_3^-、SO_4^{2-}、Ca^{2+}、Mg^{2+}、Na^+、K^+ 等八种主要离子含量及盐分问题。在调查研究盐碱土的改良利用中，主要是分析这几个离子。

二、仪器与用具

台秤、1mm 筛孔、500mL 锥形瓶、量筒、橡皮塞、振荡机。

三、任务原理

本实验采用质量法和电导法测定土壤全盐含量，双指示剂中和法测定碳酸根和重碳酸根，硝酸银滴定法测定氯根，茜素红法测定硫酸根，EDTA 络合滴定测定钙镁离子，差减法计算钾钠离子。

四、任务实施

1. 土壤水浸液的制备

用台秤准确称取通过 1mm 筛孔的风干土样 50.0g，置于干燥的 500mL 锥形瓶中，用量筒准确加入无二氧化碳蒸馏水 250mL，用橡皮塞塞紧瓶口，在振荡机上振荡 3min，及时过滤于另一干燥的锥形瓶中，全部滤完后，将滤液充分摇匀，加塞备用。

2. 碳酸根、重碳酸根的测定（双指示剂中和法）

当待测液中含有碱金属和碱土金属的碳酸盐时，pH 值在 8.3 以上，能使酚酞指示剂显红色，用标准酸中和全部碳酸根转变成重碳酸根后，则酚酞褪色；加入甲基橙指示剂，显黄色，继续滴加标准酸将重碳酸根中和为二氧化碳和水，则甲基橙显红色（pH 值为 3.8），即达终点。

（1）试剂配制

① 5.0g/L 酚酞指示剂：称取 0.5g 化学纯酚酞，溶于 70mL 无水乙醇中，再加 30mL 蒸馏水，摇匀。

② 1.0g/L 甲基橙指示剂：称取 0.1g 甲基橙，溶于 100mL 蒸馏水中。

③ 0.02mol/L 硫酸标准液：吸取浓硫酸（H_2SO_4）1.2mL，注入 2000mL 蒸馏水中，用烘干过的无水碳酸钠标定。

标定方法：称取经 180～200℃烘干 4～6h 和无水碳酸钠 0.02g 三份，置于锥形瓶中，分别加入约 20mL 无二氧化碳蒸馏水溶解后。滴加 1.0g/L 甲基橙指示剂 2 滴，用配好的硫酸溶液滴定至溶液由黄色变为橙红色为止，记录消耗硫酸溶液的毫升数。则硫酸浓度为

$$无水碳酸钠克数/(消耗硫酸溶液的毫升数\times 0.053)$$

三次标定结果，彼此相对偏差应在 1%以下，若只有一份超出允许偏差，可将其余两份平均，否则必须重新标定。

（2）操作步骤　吸取浸出液 25mL，置于 150mL 锥形瓶中，滴加酚酞指示剂 1 滴。若不显红色，可记录碳酸根为零；若显红色，则用硫酸标准液滴定至溶液由红色变无色即为终点，记录消耗硫酸标准液的毫升数（V_1）。

再向滴定过的溶液中，加入甲基橙指示剂 1 滴，继续用硫酸标准液滴定至溶液由黄色转变为橘红色为止，记录消耗硫酸标准液的毫升数（V_2）（溶液不要倒掉，留作测氯根用）。

3. 氯根的测定（硝酸银滴定法）

由于氯化银的溶度积小于铬酸的溶度积，根据分步沉淀原理，在 pH 值 6.5～10.5 的溶液中，用硝酸银滴定氯根，以铬酸钾为指示剂，在等电点前，银离子首先与氯根生成白色氯化银沉淀；而在等当点后，银离子与铬酸根离子作用生成长砖红色铬酸银沉淀，可指示达到终点。

（1）试剂

① 50g/L 铬酸钾指示剂：称取 5.0g 铬酸钾（K_2CrO_4），溶于少量蒸馏水中，滴加 1mol/L 的硝酸银溶液直至有红色沉淀为止，过滤后稀释到 100mL 容量瓶中。

② 0.0200mol/L 硝酸银标准液：称取 3.4g 硝酸银（$AgNO_3$），溶于 1000mL 蒸馏水中，用烘干过的氯化钠（NaCl）标定。

标定方法：精确称取烘干过的氯化钠（NaCl）0.0200g 三份，置于白色瓷蒸发皿中，分别加入约 20mL 蒸馏水溶解，滴加 50g/L 铬酸钾指示剂 8 滴，用配好的硝酸银溶液滴定至溶液有砖红色沉淀刚好生成且经搅拌不消失为止。

③ 0.02mol/L 碳酸氢钠溶液：称取 1.7g 碳酸氢钠（$NaHCO_3$）溶于 800mL 蒸馏水中，稀释定容至 1L。

（2）操作步骤

向测定过重碳酸根的溶液中，逐滴加入 0.02mol/L 碳酸氢钠溶液（约 3 滴）至溶液刚好变为黄色（pH 值约为 7），加入 50g/L 铬酸钾指示剂 10 滴，用盛在棕色滴定管中的硝酸

银标准溶液滴定到溶液有砖红色沉淀生成且经搅拌不消失为止。记录消耗硝酸银标准液的毫升数（V）。同时，吸取25mL蒸馏水，同上法做空白试验，记录消耗硝酸银标准液的毫升数（V_0）。

4. 硫酸根的测定

茜素红S本身即为酸碱指示剂（pH值在3.7以下呈黄色，5.2以上呈红色），同时又能与钡离子形成红色络合物，故当溶液pH值低于3.7时，它本身呈黄色，但遇钡离子则变红色。当溶液中硫酸根被氯化钡滴定时，过剩1滴钡液，即使茜素红S变红色，指示达到终点。

（1）试剂

① 10g/L茜素红S指示剂：称取1.0g茜素红S溶解于100mL蒸馏水中。

② 1∶1乙酸：取浓乙酸（CH_3COOH）一份，加同体积的蒸馏水。

③ 95%乙醇：用烧杯称取95g无水乙醇，再加入5g水，搅拌均匀即可得到95%的酒精。

④ 4.0g/L硫酸钠溶液：称取0.4g无水硫酸钠溶于100mL蒸馏水中。

⑤ 0.05mol/L氯化钡溶液：称取二氧化钡（$BaCl_2 \cdot 2H_2O$）6.0g，溶于1000mL蒸馏水中，用烘干过的无水碳酸钠溶液标定。

标定方法：称取0.0500～0.0700g无水硫酸钠三份，分别置于150mL锥形瓶中，加20～30mL蒸馏水溶解。加10g/L茜素红S指示剂2滴，用1∶1乙酸调节溶液呈黄色时，再多加20滴，然后加入与待测液等量的95%乙醇。用配好的氯化钡溶液滴定至粉红色。记录消耗氯化钡溶液的毫升数。则氯化钡溶液的浓度为：C=硫酸钠克数/（消耗氯化钡溶液的毫升数×0.07103）。

（2）操作步骤　吸取待测液10～25mL，置于150mL锥形瓶中，用吸管准确加入4.0g/L的硫酸钠溶液5.0mL，然后加入指示剂、调节pH、滴定等，均同氯化钡标准液的标定，记录消耗氯化钡标准液的毫升数为V。吸取25mL 4.0g/L硫酸钠做空白试验，记录其消耗氯化钡标准液的毫升数为V_0。

5. 钙、镁离子的测定（EDTA络合滴定法）

EDTA可与钙镁离子形成稳定的络合物，当溶液的pH值大于12时，镁离子将沉淀为氢氧化镁，故可用EDTA测定钙离子；当溶液pH值为10时，则可测定钙镁离子的合量。由合量减去钙离子的量，即得镁离子的量。

（1）试剂

① K-B指示剂：称取0.5g酸性铬蓝K和0.1g萘酚绿B，与100g烘干过的氯化钠（NaCl）在玛瑙研钵中充分混匀，共同研磨成细粉，过0.25mm筛孔，储存于棕色瓶中备用。

② pH值为10的缓冲液：称取67.5g氯化铵（NH_4Cl），溶于少量蒸馏水中，加入570mL浓氨水（NH_4OH）稀释到1000mL，储存于塑料瓶中备用（注意防止吸收空气中的二氧化碳）。

③ 1∶1盐酸：取一份浓盐酸与等体积的蒸馏水混合，储存于具橡皮塞广口瓶中备用。

④ 200g/L氢氧化钠溶液：称取20g化学纯氢氧化钠在烧杯中，用100mL无二氧化碳蒸馏水溶解，冷却后置于具橡皮塞广口瓶中备用。

⑤ 0.02mol/L EDTA标准液：称取EDTA二钠盐3.73g，溶于1000mL蒸馏水中，用碳酸钙标定。

标定方法：称取烘干过的碳酸钙（$CaCO_3$）0.2000g，加入1mol/L盐酸10mL溶解后，在250mL容量瓶中用蒸馏水定容。吸取此液20mL三份，于150mL锥形瓶中，分别加入

200g/L 氢氧化钠 2mL 及 K-B 指示剂少许，用配好的 EDTA 溶液滴定到溶液由酒红色变为纯蓝色，即为终点。

（2）操作步骤　吸取待测液 5～25mL（视钙、镁离子含量多少而定），置于 150mL 锥形瓶中，加 1 ∶ 1 盐酸 2 滴，充分摇匀以驱赶二氧化碳，然后加入 200g/L 氢氧化钠溶液 2mL 及 K-B 指示剂极少许，加蒸馏水使总体积达到 30～40mL，用标定过的 EDTA 标准液滴定至由酒红色突变为纯蓝色，即为终点。记录消耗 EDTA 的毫升数为 V_1。

吸取同量待测液，加 pH 值为 10 的缓冲液 4mL 及 K-B 指示剂少许，加蒸馏水使总体积达到 30～40mL，用标定过的 EDTA 标准液滴定至溶液由酒红色突变为纯蓝色，记录消耗 EDTA 的毫升数为 V_2。

6. 钾、钠离子的测定

在总盐含量≥10g/kg 时，可用差减法；而在总盐含量＜10g/kg 时，则应用火焰光度法。

差减法的方法要求如下。

（1）方法要点　用土壤中 CO_3^{2-}、HCO_3^-、SO_4^{2-}、Cl^- 总量减去 Ca^{2+}、Mg^{2+} 总量即为 K^+、Na^+ 含量。

（2）计算方法　计算方法如下式。

$$K^+ + Na^+ (g/kg) = K^+ + Na^+ (mol/kg) \times 0.023$$

（3）土壤盐分测定中总盐含量允许偏差　土壤盐分测定中，阴离子之和（mol/kg）减阳离子之和（mol/kg），不应超过阴离子之和的 10%。

五、任务报告

在当地进行土壤八大阴阳离子的测定——容量法测定，并完成书面报告。

六、任务小结

总结任务完成情况，应勤练习，掌握土壤八大阴阳离子的测定——容量法测定的技术。指出完成任务应重点注意的地方，增强实验动手能力。

任务九　土壤全盐量的测定

一、任务目标

1. 取一定量的土壤浸出液，蒸干除去有机质后，在 105～110℃下烘干至恒重，即为水溶性盐总量。

2. 用电导法测定土壤可溶性盐分总量比较快速，特别是对含盐量较低的土壤更为适用。如果只需要测定盐分总量或土壤含盐量的动态变化情况，可用电导法测定。

能利用质量法和电导法测定土壤的全盐量。

二、仪器与用具

1. 电热板，水浴锅，干燥器，瓷蒸发皿或 50mL 烧杯，分析天平（感量 0.0002g），坩埚钳。

2. 电导仪，电导电极（或铂电极）。

三、任务原理

土壤中的可溶性盐分是强电解质，其水溶液具有导电作用。其导电能力的强弱称为电导率。在一定浓度范围内，溶液的电导率与含盐量成正相关。土壤水溶液的电导率可用电导仪测定，然后按不同盐分类型分类，用数理统计法绘制土壤可溶性盐分总量与电导率的关系曲线，依据电导率查出浸出液的可溶性盐分总量。

四、任务实施

1. 质量法

（1）试剂　15%的双氧水，即取市售30%的双氧水（H_2O_2），加蒸馏水稀释一倍。

（2）操作步骤　吸取清亮的土壤浸出液10～50mL（视含盐多少而定，所取体积中以含盐10～100mg为宜），置于已知烘干重的瓷蒸发皿或烧杯中，在水浴或砂浴上蒸干。在将近蒸干时，如发现有带黄褐色物质，则应滴加15%的双氧水氧化有机质，同时不断转动蒸发皿，使之与残渣充分接触，直至残渣呈白色为止。然后将残渣置于烘箱中，在105～110℃下烘干2h，取出，在干燥器中冷却30min后，用分析天平称重，并继续烘干1h，冷却，称重，直至恒重（即前后两次质量之差不超过1.0mg）。

（3）结果计算

$$\text{水溶性盐总量(g/kg)}=\frac{(m_1-m_0)\times 1000}{m}$$

式中，m为与吸取土壤浸出液相当的土壤样品质量，g；m_1为烘干至恒重的器皿加盐分质量，g；m_0为器皿的烘干质量，g。

2. 电导法

（1）试剂　0.02mol/L氯化钾标准液，即称取在105℃下烘干4～6h的氯化钾（KCl）1.491g，溶于二氧化碳蒸馏水中，定容至1L。

（2）测定步骤

① 将电导电极引线接到仪器相应的接线柱上，接上电源，打开电源开关。

② 电导电极用浸出液冲洗几次后插入浸出液中，按仪器操作方法读取电导值。

③ 取出电极用蒸馏水冲洗干净，用滤纸吸干电极上的水分，并测量浸出液的温度。

（3）结果计算　25℃时1∶5土壤浸出液的电导率按下式计算。

$$\text{电导率}(S)=SKC$$

式中，S为测得的电导值，s/m（西门子/米）或者是ms/m（毫西门子/厘米）；K为电极常数（电导仪上如有补偿装置，不需乘电极常数）；C为温度校正系数（电导仪上如有补偿装置，不需乘温度校正系数）。

3. 备注

（1）标准曲线的绘制：溶液的电导率不仅与溶液中盐分的浓度有关，而且与盐分的组成有关。因此，要想使电导率的测定值代表土壤中的真实状况，需预先用该地区不同盐分浓度和不同盐分类型的代表样品若干个，用质量法测得总盐量；再以电导法测得的电导率在半对数纸上绘制曲线图或回归方程；最后用电导率查出土壤总盐含量。

（2）电极常数一般用0.02mol/L的氯化钾标准液测定。电极常数$K=L/S$。L为氯化钾标准液的电导率；S为测定的氯化钾标准液的电导率。

（3）氯化钾标准液应储存于塑料瓶中。

五、任务报告

在当地进行土壤全盐量测定，并完成书面报告。

六、任务小结

总结任务完成情况，应勤练习，掌握土壤全盐量测定的技术。指出完成任务应重点注意的地方，增强实验动手能力。

任务十　土壤碱解氮的测定——碱解扩散法

一、任务目标

土壤碱解氮也称作土壤有效性氮，它包括无机的矿物态氮和溶于水的有机氮，它是铵态氮、硝态氮、氨基酸、酰胺和易水解的蛋白质态的总和。

碱解氮的含量与有机质含量及土壤熟化程度有关，有机质含量高，熟化程度高，碱解氮含量也高，这部分氮素较能反映出近期内土壤氮素的供应状况。

二、仪器与用具

半微量滴定管（5mL），注射器（10mL），扩散皿（内径9～10cm），恒温培养箱。

三、任务原理

用氢氧化钠（NaOH）水解土壤样品，使土壤中有机态氮转化为氨气。旱地土壤中硝态氮含量较高，需要用硫酸亚铁将硝态氮还原成铵态氮（水田中硝态氮含量极微，可不加 $FeSO_4$）。碱解及还原形成的 $NH4^+$ 以及土壤原有的铵态氮，在碱性以及40℃恒温条件下，放出氨气，用硼酸吸收。最后用标准酸滴定，由酸的消耗量直接计算出碱解氮的含量。

四、任务实施

1. 药品配制

（1）1.6mol/L氢氧化钠溶液：称取化学纯氢氧化钠64g，溶于1L水中。

（2）2%硼酸溶液：称取20g硼酸溶于60℃热蒸馏水中，冷却后定容至1L。用稀盐酸或稀氢氧化钠调节pH值为4.5（定氮混合指示剂显淡红色）。

（3）0.01mol/L盐酸标准液：取0.85mL浓盐酸稀释定容至1L，用无水碳酸钠或硼酸标定其准确的当量浓度。

（4）特制胶水：阿拉伯胶（10g粉状阿拉伯胶，溶于15mL盐水中），10份，加甘油10份及饱和碳酸钾溶液5份。

（5）定氮混合指示剂：0.1g甲基红、0.5g溴甲酚绿和100mL 195%的酒精研磨溶解，用稀盐酸或稀氢氧化钠调节pH值为4.5。

（6）硫酸亚铁还原剂：将硫酸亚铁（含7个结晶水）磨细，储存于棕色瓶中备用。

2. 操作步骤

（1）称取通过1mm筛孔的风干土样2g（精确到0.001g）和1g硫酸亚铁还原剂，均匀地铺在扩散皿外室内。

（2）在扩散皿内室中加入2mL 2%的H_3BO_3溶液及1滴定氮指示剂。外室边缘涂上特制胶水，盖上毛玻璃，并转动数次，以使毛玻璃与皿边完全黏合。

（3）慢慢转开毛玻璃一边，使与扩散皿的外室露出一条狭缝，用注射器迅速加入10mL 1.6mol/L的NaOH溶液于外室，立即将毛玻璃盖好。水平放置扩散皿，使土壤与溶液充分作用。然后用橡皮筋固定。

（4）放入40℃±1℃烘箱中，保温，为了受热均匀在保温过程中必须调换扩散皿的位置2～3次，24h±0.5h后取出。

（5）冷却至室温后，以0.01mol/L的盐酸（或硫酸）用半微量滴定管滴定内室硼酸溶液中所吸收的氨量。由蓝色滴到微红色即为终点。

3. 注意事项

（1）用硼酸吸收氮，温度必须控制在40℃±1℃，时间24h±0.5h。

（2）氨的回收率必须达到98%以上。

（3）胶水碱性强，要严防胶水污染内室，如有硼酸滴加指示剂出现蓝色，说明已经污染，需要重新吸干、擦净，直到指示剂显红色为止。

（4）滴定时用细玻璃棒小心搅拌，切不可摇动扩散皿。

五、任务报告

在当地进行土壤碱解氮的测定——碱解扩散法，并完成书面报告。

六、任务小结

总结任务完成情况，应勤练习，掌握土壤碱解氮的测定——碱解扩散法的技术。指出完成任务应重点注意的地方，增强实验动手能力。

任务十一　土壤速效磷的测定

一、任务目标

了解土壤中速效磷供应状况，对于施肥有着直接的指导意义。

二、仪器与用具

20目（即0.149mm）筛子、锥形瓶（或消煮管）、无磷活性炭、振荡机。

三、任务原理

石灰性土壤中由于有大量游离碳酸钙存在，不能用酸溶液来提取有效磷，而一般用碳酸盐的碱溶液。由于碳酸根的同离子效应，碳酸盐的碱溶液降低碳酸钙的溶解度，也就降低了溶液中钙的浓度，这样就有利于磷酸钙盐的提取。同时由于碳酸盐的碱溶液也降低了铝离子和铁离子的活性，有利于磷酸铝和磷酸铁的提取。此外，碳酸氢钠溶液中存在着 OH^-、HCO_3^-、CO_3^{2-} 等阴离子，有利于吸附态磷的置换，因此，$NaHCO_3$ 不仅适用于石灰性土壤，也适应于中性和酸性土壤中速效磷的提取。待测液中的磷用钼锑抗试剂显色，进行比色测定。

四、任务实施

1. 试剂配制

（1）0.5mol/L 的 $NaHCO_3$ 浸提液：溶解 $NaHCO_3$ 42.0g 于 800mL 水中，以 0.5mol/L 的 $NaHCO_3$ 溶液调节浸提液的 pH 值至 8.5。此溶液暴露于空气中可因失 CO_2 而使 pH 值增高，可于液面加一层矿物油保存。此溶液储存于塑料瓶中比在玻璃瓶中容易保存，若储存超过 1 个月，应检查 pH 值是否改变。

（2）无磷活性炭：活性炭常含有磷，应做空白试验，检验有无磷存在。如含磷较多，须先用 2mol/L 的 HCl 浸泡过夜，用蒸馏水冲洗多次后，再用 0.5mol/L 的 $NaHCO_3$ 浸泡过夜，在平瓷漏斗上抽气过滤，每次用少量蒸馏水淋洗多次，并检查到无磷为止。如含磷较少，则直接用 $NaHCO_3$ 处理即可。

（3）钼锑抗试剂

① 5g/L 的酒石酸氧锑钾溶液：取酒石酸氧锑钾 0.5g，溶解于 100mL 水中。

② 钼酸铵-硫酸溶液：称取钼酸铵 10g，溶于 450mL 水中，缓慢地加入 153mL H_2SO_4，边加边搅拌。

将上述 A 溶液加入到 B 溶液中，最后加水定容到 1L。充分摇匀，储于棕色瓶中，此为钼锑混合液。

临用前（当天），称取左旋抗坏血酸 1.5g，溶于 100mL 钼锑混合液中，混匀，此即钼锑抗试剂。有效期 24h，如存于冰箱中则有效期较长。此试剂中 H_2SO_4 为 5.5mol/L（H^+），钼酸铵为 10g/L，抗坏血酸为 15g/L。

（4）磷标准溶液：准确称取 105℃烘箱中烘干的 KH_2PO_4（分析纯）0.2195g，溶解在 400mL 水中，加浓 H_2SO_4 5mL（加浓防长霉菌，可使溶液长期保存），转入 1L 容量瓶中，加水至刻度。此溶液为 50μg/mL 的磷标液。取上述磷标准溶液 25mL，稀释至 250mL，即为 5μg/mL 的磷标准溶液（此溶液不宜久存）。

2. 操作步骤

称取通过 20 目（即 0.149mm）筛子的风干土样 2.5g（精磷到 0.0001g）于 150mL 锥形瓶（或消煮管）中，加入 0.5mol/L 的 $NaHCO_3$ 溶液 50mL，再加一勺无磷活性炭，塞紧瓶塞，在振荡机上振荡 30min，立即用无磷滤纸过滤，滤液承接于 100mL 锥形瓶中，吸取滤液 10mL（含磷量高时吸取 2.5～5.0mL，同时应补加 0.5mol/L 的 $NaHCO_3$ 溶液至 10mL）于 150mL 锥形瓶中，再用滴定管准确加入蒸馏水 35mL，然后用移液管加入钼锑抗试剂 5mL，摇匀，放置 30min 后，在 800nm 或 700nm 波长处测吸光度（A）。以空白液的吸收值为 0，读出待测液的吸收值。

标准曲线绘制：分别准确吸取 5μg/mL 的磷标准溶液 0、1.0mL、2.0mL、3.0mL、4.0mL、5.0mL 于 150mL 锥形瓶中，再加入 0.5mol/L 的 $NaHCO_3$ 10mL，准确加水使各瓶的总体积达到 45mL，摇匀；最后加入钼锑抗试剂 5mL，混匀显色。同待测液一样测定吸光度，绘成标准曲线。最后溶液中磷的浓度分别为 0、0.1μg/mL、0.2μg/mL、0.3μg/mL、0.4μg/mL、0.5μg/mL。

3. 注意事项

（1）活性炭对 PO_4^{3-} 有明显的吸附作用，溶液中同时存在的大量 HCO_3^- 离子饱和了活性炭颗粒表面，抑制了活性炭对 PO_4^{3-} 的吸附作用。

（2）本法浸提温度对测定结果影响很大。有关资料曾用不同方式校正该法浸提温度对测定结果的影响，但这些方法都是在某些地区和某一条件下所得的结果，对于各地区不同土壤和条件不能完全适用，因此必须严格控制浸提时的温度条件。一般要在室温（20～25℃）下进行，具体分析时，前后各批样品应在这个范围内选择一个固定的温度，以便对各批结果进行相对比较。最好在恒温振荡机上进行提取。显色温度（20℃）较易控制。

（3）由于取 0.5mol/L 的 $NaHCO_3$ 浸提滤液 10mL 于 50mL 容量瓶中，加水和钼锑抗试剂后，即产生大量的 CO_2 气体，由于容量瓶口小，CO_2 气体不易逸出，在摇匀过程中，常造成测定误差。为了克服这个缺点，可以准确加入提取液、水和钼锑抗试剂（共计 50mL）于锥形瓶中，混匀，显色。

五、任务报告

在当地进行土壤速效磷的测定，并完成书面报告。

六、任务小结

总结任务完成情况，应勤练习，掌握土壤速效磷的测定技术。指出完成任务应重点注意的地方，增强实验动手能力。

任务十二 土壤速效钾的测定

一、任务目标

根据钾的存在形态和作物吸收利用的情况，土壤中的钾可分为水溶性钾、交换性钾和黏土矿物中固定的钾三类。前两类可被当季作物吸收利用，统称为速效性钾，能进行土壤速效钾测定。

二、仪器与用具

火焰光度计，振荡机，容量瓶（100mL），漏斗，塑料瓶（150mL），吸管（50mL、10mL、2mL），橡胶皮塞若干。

三、任务原理

以 1mol/L 中性 NH_4OAc 溶液为浸提剂时，NH_4^+ 与土壤胶体表面的 K^+ 进行交换，连同水溶性 K^+ 一起进入溶液。浸出液中的钾可直接用火焰光度计测定。

四、任务实施

1. 试剂制备

（1）1mol/L 中性乙酸铵（pH 值为 7）溶液：称取 77.09g 化学纯乙酸铵，溶于 800mL 水中，用稀酸或氨水调节 pH 值为 7.0，定容于 1000mL 容量瓶中，摇匀备用。或量取 5mL 冰醋酸倒入 85mL 水中，再加 69mL 氨水充分摇匀，冷却，用 1∶1 的氨水调节 pH 值为 7.0，稀释至 1000mL（注：上述溶液在夏季易发霉变质，阻塞毛细管，故不能一次配制太多）。

（2）钾的标准系列溶液：准确称取 KCl（分析纯，110℃烘干 2h）0.1907g 溶于 1mol/L 的乙酸铵溶液中，定容至 1L，即为含 K 100μg/mL 的 NH_4OAc 标准溶液。

2. 操作步骤

（1）待测液制备　称取通过 1mm 筛孔的风干土样 5.00g 于 150mL 塑料瓶中，加入 1mol/L 的乙酸铵浸提剂 50mL（液土比 0∶1），塞紧瓶塞，在 20～25℃下振荡 30min，立即用干滤纸过滤。

（2）测定　取其清亮滤液在火焰光度计上与标准系列溶液一起测定。记录检流计读数 Y，代入直线回归方程 $Y=a+bx$ 中或绘制工作曲线，计算出钾浓度（mg/kg）。

（3）钾标准系列溶液配制　分别吸取 100μg/mL 的钾标准液 2mL、5mL、10mL、20mL、30mL、40mL 置于 100mL 容量瓶中，用 1mol/L 的乙酸铵溶液定容，摇匀，即为含钾 2μg/mL、5μg/mL、10μg/mL、20μg/mL、30μg/mL、40μg/mL 的钾标准系列溶液。

（4）工作标准曲线的绘制　用钾系列标准溶液的最高浓度（40μg/mL）调节火焰光度计检流计指针到最大刻度（100），然后由低向高浓度测定，记录检流计读数。以检流计读数为纵坐标，钾浓度（μg/mL）为横坐标，绘制工作曲线。

（5）求直线回归方程　用钾系列标准溶液的最高浓度（40μg/mL）调节火焰光度计检流计指针到最大刻度（100），然后依次由低向高浓度测定，记录检流计读数（Y）与钾系列标准液浓度（x）的系列对应值，求出直线回归方程：$Y=a+bx$（要求相关系数 $r^2>0.9990$）。

五、任务报告

在当地进行土壤速效钾测定，并完成书面报告。

六、任务小结

总结任务完成情况，应勤练习，掌握土壤速效钾的测定技术。指出完成任务应重点注意的地方，增强实验动手能力。

任务十三　土壤微量元素有效含量的测定

一、任务目标

微量元素在植物体内虽然只含万分之几，甚至十万分之几，但是它们在植物的生活中却起着十分重要的作用，是其他营养元素所不能代替的。微量元素大多是组成植物体内生物催化剂——酶和一些维生素的重要成分，参与植物体内的新陈代谢。通过测定土壤中微量元素的含量，为科学施肥提供依据。

二、仪器与用具

原子吸收分光光度计，pH 计，容量瓶（50mL、100mL、1000mL），吸管（0.5mL、

1mL、2mL、5mL），塑料瓶（150mL），往复式电动振荡机（180r/min）等。

三、任务原理

样品经 DTPA-$CaCl_2$-TEA 浸提后，土粒表面吸附的金属离子和游离金属离子一起进入溶液，浸提液中的氯化钙和 TEA 可抑制石灰性土壤中碳酸钙的过度溶解，从而使 DTPA 浸提剂与土壤溶液中的游离金属离子相结合，形成可溶性络合物，降低了土壤溶液中游离金属离子的活度，促进了吸附在土粒表面金属离子的释放。用原子吸收光谱法可直接测定。

四、任务实施

1. 标准溶液的配制

（1）1000μg/mL 的标准储备液

① 锌：准确称取优级纯干燥金属锌 0.5000g，置于 150mL 烧杯中，加入 10mL 1∶1 的盐酸，加热到 120～140℃使之完全溶解，冷却后移入 500mL 容量瓶中，用去离子水定容。

② 铜：准确称取优级纯干燥金属铜 0.5000g，置于 150mL 烧杯中，用少量 1∶1 的硝酸溶解后，移入 500mL 容量瓶中，用 1∶100 的硝酸溶液定容（或准确称取优级纯氯化铜 1.3415g 于 500mL 烧杯内，加去离子水 200mL 和 1∶1 的盐酸 4mL 溶解后，再加 80mL 1∶1 的盐酸，移入 500mL 容量瓶中，用去离子水定容）。

（2）工作液

① 锌工作液：准确吸取锌储备液 2mL，置于 100mL 容量瓶内，加 1∶1 的盐酸 4mL，用去离子水定容。该液含 Zn 20μg/mL。

② 铜工作液：准确吸取铜储备液 5mL，置于 100mL 容量瓶内，加 1∶1 的盐酸 20mL，用去离子水定容。该液含 Cu 50μg/mL。

③ 标准系列：取 50mL 容量瓶 6 个，依次进行编号，分别吸入锌、铜工作液 0.5mL、1.0mL、1.5mL、2.0mL、2.5mL、3.0mL 及铁工作液 0.5mL、1.0mL、2.0mL、3.0mL、4.0mL、5.0mL 依次置于各编号容量瓶中，以 DTPA 溶液定容，各容量瓶含锌、铜浓度如下（单位 μg/mL）。

元素＼瓶号	1	2	3	4	5	6
Zn	0.2	0.4	0.6	0.8	1.0	1.2
Cu	0.5	1.0	1.5	2.0	2.5	3.0

2. 操作步骤

（1）待测液制备　称取通过 1mm 尼龙筛孔的风干土样 10.0000g，置于 100mL 细口塑料瓶中，准确加入 20mL DTPA 浸提剂，盖紧两层塑料盖，顺振荡方向倒放在振荡机内，振荡 2h 后立即过滤于小塑料瓶或平底试管中，即为土壤待测液，备测 Zn、Cu 两个元素。

（2）测定　将原子吸收分光光度计换上相应的元素灯，推荐选用较灵敏的波长，如 Cu 324.8nm，Zn 213.8nm。并选用适宜的燃烧火焰，如 Cu 与 Zn 宜用贫焰。其他如助燃气与燃气流量比、燃烧器高度、响应时间、狭缝宽度、灯电流、负高压等都应根据所使用仪器的情况进行调整。尽量使灯电流略低，负高压不致太高等。

仪器调妥后，预热 15～20min，先以去离子水喷雾清洗，再以空白试剂溶液调零点，稳定后测定标准系列溶液及土壤待测液。记录与标准系列溶液浓度（x）相对应的吸收值

(Y)。用两组数据求直线回归方程 $Y=a+bx$（要求相关系数 $r^2>0.9990$）。然后将待测液的吸收值代入直线回归方程，求出样品待测液中 Zn、Cu 的浓度。

3. 结果计算

$$土壤铁(铜、锌)含量(mg/kg)=\frac{crt_s}{m}$$

式中，c 为待测液中某元素浓度，μg/mL；r 为液土比；t_s 为分取倍数（浸提时所用浸提剂体积 mL/测定时吸取浸提剂体积 mL）；m 为称取土样质量，g。

注：

(1) 振荡时，室温应控制在 20℃±2℃。

(2) 每测一批样品都必须测定标准系列溶液，求出直线回归方程。

(3) DTPA 浸提液应当天或前一天配制，最长不得超过一周。

(4) 浸提出的土壤待测液应及时进行测定，若有特殊情况，应置于冰箱中保存，尽快测定。

(5) 器皿洗涤必须用 10% 的盐酸浸泡后，用自来水彻底清洗，再用去离子水洗涤 4 次，严禁用洗衣粉洗刷。

(6) 用 DTPA 浸提石灰性土壤中的微量元素时，浸提条件必须标准化，即严格控制振荡、浸提时间、室内温度及 pH 值。

(7) 本方法如无特殊指明，所用试剂均指优级纯试剂。

4. 丰缺指标

以石灰性和中性土壤中锌含量 0.5mg/kg 和酸性土壤中锌含量 1.5mg/kg 为临界值。一般，土壤中有效态铜的临界含量为 0.2mg/kg。

五、任务报告

在当地进行土壤微量元素有效含量的测定，并完成书面报告。

六、任务小结

总结任务完成情况，应勤练习，掌握土壤微量元素有效含量的测定技术。指出完成任务应重点注意的地方，增强实验动手能力。

任务十四 尿素含氮量的检测与评价

一、任务目标

尿素是目前施用最多的氮肥之一。为了鉴定尿素的质量，进行肥料试验和测定尿素的质量，制订施肥计划，正确地确定作物的施肥量，必须测定尿素含氮量。

二、仪器与用具

1. 分析天平。

2. 锥形瓶（250mL）、吸管（15mL、3mL）、洗耳球、滴瓶、量筒（50mL）、滴管。

3. 滴定管（碱式，50mL）。

4. 电热板或电炉、石棉网。

三、任务原理

尿素用浓 H_2SO_4 加热分解，生成 $(NH_4)_2SO_4$。多余的 H_2SO_4 被碱中和后，在中性溶液中，铵盐与甲醛作用生成六亚甲基四胺和相当于铵盐含量的酸，在指示剂（甲基红、酚酞）存在下，用氢氧化钠标准溶液滴定，根据碱液用量即可计算出肥料中的铵态氮含量。

四、任务实施

1. 试剂配制

（1）浓 H_2SO_4（分析纯）。

（2）7mol/L 的 NaOH 溶液：称取 NaOH（分析纯）280g 溶解后，定容至 1000mL。

（3）0.5mol/L 的 NaOH 标准溶液：称取 NaOH（分析纯）20g 溶解后，定容至 1000mL，待标定。

标定：取 0.5mol/L 的苯二甲酸氢钾溶液 10mL 于 150mL 锥形瓶中，加入酚酞 2 滴，用待标定的 0.5mol/L 的 NaOH 溶液滴定，由无色变至微红色，保持半分钟不褪色，即为终点。

0.5mol/L 的苯二甲酸氢钾标准溶液：称取经 105℃烘过的苯二甲酸氢钾（分析纯）10.2110g，溶于水，定容至 100mL。

（4）0.2%的甲基红指示剂：0.2g 甲基红溶于 100mL 95%的酒精中。

（5）0.5%的酚酞指示剂：0.5g 酚酞溶于 100mL 95%的酒精中。

（6）25%的甲醛溶液：取 37%的甲醛（分析纯，甲醇含量不大于 1%，必要时需蒸馏），加酚酞 2 滴，用 0.5mol/L 的 NaOH 溶液调节至溶液刚变为微红色，加水至 100mL。

2. 测定步骤

（1）称取尿素样品 0.5000g 放入 250mL 锥形瓶中，用少量蒸馏水洗下粘在锥形瓶口上的细粒后，加浓 H_2SO_4 3mL，摇匀。瓶口上放一短颈小漏斗，在通风柜内，于电炉上（放石棉网）慢慢加热至无剧烈的 CO_2 气泡逸出，加热煮沸，使 CO_2 逸尽，当产生浓 SO_3 白烟时加热。

（2）冷却后，用水冲洗漏斗和瓶壁，加水 30mL，再加甲基红指示剂 2 滴，用 7mol/L 的 NaOH 溶液中和剩余酸，中和至接近终点时，改用 0.5mol/L 的 NaOH 溶液中和，直至溶液变为金黄色。然后加入中性甲醛溶液 15mL（溶液即由金黄色变为红色）。

（3）加入酚酞 3～4 滴，放置 5min。用 0.5mol/L 的 NaOH 标准溶液滴定。滴定过程中，溶液由红色变成金黄色，再由金黄色变为淡红色，即达到终点。

3. 结果计算

$$\mathrm{N}(\%)=\frac{cV\times 14.01\times 10^{-3}}{m}\times 100$$

式中，c 为 NaOH 标准溶液的浓度，mol/L；V 为 NaOH 标准溶液滴定体积，mL；14.01 为氮原子的摩尔质量，g/mol；10^{-3} 为将 mL 换算成 L；m 为样品质量，g。

两次平行测定结果的允许误差≤1.5%。

4. 备注

（1）消煮时必须消煮至白烟发生，使尿素分解完全。

（2）尿素根据部颁标准应符合表 9-5 要求。

表 9-5 尿素标准

指标名称	结晶状		颗粒状	
	一级品	二级品	一级品	二级品
N 含量(以干基计)/% ≥	46.3	46.1	46.2	46.0
缩二脲含量/% ≤	0.5	1.0	1.0	2.0
水分/% ≤	0.5	1.0	0.5	1.0

五、任务报告

在当地进行尿素含氮量的检测与评价，并完成书面报告。

六、任务小结

总结任务完成情况，应勤练习，掌握尿素含氮量的检测与评价技术。指出完成任务应重点注意的地方，增强实验动手能力。

任务十五 过磷酸钙中有效磷的测定

一、任务目标

有效磷包括水溶性磷和柠檬酸铵溶性磷。有效磷是衡量过磷酸钙品质的指标。为了鉴定过磷酸钙品质或拟订施肥计划，正确地确定施肥量，必须测定其有效磷的含量。

二、仪器与用具

振荡器，分光光度计。

三、任务原理

用柠檬酸溶液一次浸提过磷酸钙中的有效磷，浸出液中的正磷酸盐与钒钼酸铵在酸性条件下生成黄色的三元杂多酸，其黄色深度与溶液中磷的含量成正比，因此，可以通过光电比色的方法测定其含量。

此法显色稳定时间 24h，适测磷（P）的含量为 1～20μg/g。

四、任务实施

1. 试剂配制

（1）柠檬酸溶液：称取 20g 结晶柠檬酸，溶于水中，稀释至 1L。

（2）磷标准溶液：准确称取 1.9176g 磷酸二氢钾于 400mL 烧杯中，用少量水溶解，移入 1L 容量瓶中，加水至约 400mL，加浓 HNO_3 5mL，用水定容，混匀，此为储备液，可久储。准确吸取 50mL 储备液于 500mL 容量瓶中，用水定容，混匀，此为标准溶液。

（3）钒钼酸铵溶液

A 液：称取 25g 钼酸铵，溶于 400mL 水中。

B 液：称取 1.25g 偏钒酸铵溶于 300mL 沸水中，冷却后加浓 HNO_3 250mL，再冷却。

然后，将A液慢慢倒入B液中，搅匀，用水稀释至1L，储于棕色瓶中。

2. 操作步骤

（1）有效磷的浸提　称取混匀的过磷酸钙样品（1mm）1.000g于250mL锥形瓶中，加入100mL柠檬酸溶液，盖紧塞子，在20～25℃下振荡30min，用干燥滤纸和器皿过滤弃去最初的滤液。

（2）有效磷的测定　吸取浸出滤液1.00mL，放入50mL容量瓶中，加水至约35mL，准确加入10mL钒钼酸铵溶液，用水定容，摇匀。放置20min后，用分光光度计在470nm波长处测定吸光度。同时做试剂空白试验，以空白溶液调节吸收值为零点，测定试液吸光度值。

（3）工作曲线绘制　分别吸取100mg/L的标准溶液0.0（空白）、2.5mL、5mL、7.5mL、10mL、15mL、20mL于50mL容量瓶中，各加与吸取样液体相同体积的空白溶液，加水至约35mL，测得各瓶溶液的吸光度值。标准系列溶液P_2O_5的质量浓度为0、5mg/L、10mg/L、15mg/L、20mg/L、30mg/L、40mg/L，以吸光度值为纵坐标，磷（P_2O_5）浓度为横坐标，在普通坐标纸上绘制工作曲线。

3. 注意事项

（1）对于浸出液有颜色或含有非正磷酸盐并可与钒钼酸形成有色络合物的肥料不宜用此法。

（2）试样与浸提剂的比例、浸提时间和温度等对有效磷的浸出量有很大影响，应按规定条件浸提。

（3）当试样含磷（P_2O_5）量低时，可多取滤液体积，但不能超过5mL，因为柠檬酸浓度过大，对磷的显色有抑制影响。

（4）此处所用钒钼酸铵溶液是硝酸系统的。如在HCl、H_2SO_4介质中，则钒钼酸铵溶液应改用HCl、H_2SO_4系统配制，也能获得满意的结果。比色液的酸度应为0.5～1.0mol/L，若酸度太高，显色慢且不完全，甚至不显色；低于0.2mol/L则易产生沉淀物，对比色有干扰。

（5）当室温低于15℃时显色较慢，需要30min以上才能显色完全，稳定时间可达24h。

五、任务报告

在当地进行过磷酸钙中有效磷的测定，并完成书面报告。

六、任务小结

总结任务完成情况，应勤练习，掌握过磷酸钙中有效磷的测定技术。指出完成任务应重点注意的地方，增强实验动手能力。

任务十六　常用化学肥料的定性鉴别

一、任务目标

化学肥料种类很多，有氮肥、磷肥和钾肥。目前常用的固体肥料，氮肥有碳酸氢铵、硫酸铵、硝酸铵、尿素等；磷肥主要有过磷酸钙；重过磷酸钙；钾肥主要有硫酸钾、氯化钾。上述肥料各有其特性，用法和使用时期也不一致。但从它们的外形如颜色、颗粒大小等来看，都很相似。生产单位购买来的化肥，往往由于多次转运或储存过程中不慎，可能造成肥料混杂，如肥料袋标签不明或混杂，必须经过鉴定才能使用。

二、仪器与用具

试管或杯子、酒精灯、电炉、铁片或炉火、肥料、电炉比色盘、蒸馏水瓶。

其他：红石蕊试纸、火柴、药匙、铁片、各种肥料。

三、任务原理

常见化肥除尿素外都属于盐类，而且绝大多数为白色晶体，这些化合物的溶解度不同，常见的氮肥、钾肥，20℃时溶解度在10g以上。然而，普通过磷酸钙因其中所含的$CaSO_4 \cdot 2H_2O$，几乎不溶于水。因此，可以通过溶解的办法与氮、钾肥加以区分。

氮、钾等化合物燃点不同，碳酸氢铵升华点为60℃，其他氮肥熔点低于400℃，而钾肥熔点都高于700℃（其中KCl燃点为776℃，K_2SO_4燃点为1069℃）。因此，可以通过燃烧的办法与氮、钾肥加以区分。

四、任务实施

1. 用物理方法对常见化肥的定性鉴别

（1）溶解鉴别　对要检查的肥料，取约0.5g于试管中，另加10倍的蒸馏水（或白开水），振荡，观察溶解情况。

完全溶解于水的为氮肥或钾肥；部分溶解或微溶的为磷肥，其中一部分溶解于水的为过磷酸钙、重过磷酸钙，微溶或溶解不明显的为钙镁磷肥、沉淀磷肥等。

（2）燃烧鉴别　对水溶性肥料，取0.2g左右，在燃红的木炭上或烧红的铁片上燃烧，区分氮肥或钾肥。

① 燃烧过程中不发生任何变化，即不直接变成气体、不冒烟、不熔化、无火，此肥料为钾肥（硫酸钾、氯化钾）。

② 燃烧过程中变成气体（升华）的肥料或冒烟、熔化、发火的肥料为氮肥。根据燃烧时的现象及残余物可初步区分出是何种氮肥。直接变成气体（称升华）——碳酸氢铵；燃烧时猛烈或有火亮——硝酸铵；熔化快并发浓白烟——尿素；熔化慢并发丝丝的白烟（即稀烟），残余物为白色——氯化铵。

2. 水溶性化肥的化学鉴别

（1）制取肥料溶液。取约0.2g肥料加入15mL蒸馏水。

（2）燃烧时成气（即升华）的肥料，按下步检查。

① 检查NH_4^+　取肥料液3mL于试管中；加入1～2mL 10%的NaOH溶液，试管口放一湿润的红色石蕊试纸；在酒精灯上加热试管，观察试纸是否变蓝（如变蓝，证明有NH_3生成）。亦可将湿润的红色石蕊试纸放在肥料瓶中（勿接触），看是否变蓝（如变蓝，证明有NH_3生成）。此法可适用于检查碳酸氢铵中的氨。

② 检查HCO_3^-　取0.1g左右的肥料或上述肥料液于试管中，加2～3mL 10%的HCl，观察有无气泡发生，如有气泡即说明肥料中有HCO_3^-。

（3）燃烧时发烟，有NH_4^+肥料，按下步检查。

① 检查NH_4^+　方法同上。

② 检查SO_4^{2-}　取肥料液3mL于试管中，加数滴1%的$BaCl_2$溶液，有白色沉淀时，再加数滴乙酸，白色沉淀不溶即说明肥料中有SO_4^{2-}存在。

③ 检查Cl^-　（有SO_4^{2-}，不检查Cl^-）　取肥料液3mL于试管中，加数滴10%的$AgNO_3$溶液，有絮状白色沉淀时再加数滴HNO_3，如白色沉淀不溶即说明肥料中有Cl^-存在。

④ 检查NO_3^-（有SO_4^{2-}或Cl^-时，不检查NO_3^-）　取数滴肥料液于比色盘孔穴中，加1滴二苯胺，如显蓝色，即证明肥料中有NO_3^-存在。

（4）燃烧发烟，无NH_4^+（或任何阴阳离子）的肥料，检查确定是否是尿素。

① 取0.1～0.5g肥料于干燥试管中，加热熔化，稍冷。

② 加2～3mL 10%的NaOH溶液。

③ 再加2～3滴5%的$CuSO_4$试剂，如出现淡紫色即说明肥料为$CO(NH_2)_2$。

（5）燃烧时不发生任何变化的肥料（属钾肥），按下步检查。

① 检查K^+　取3mL肥料液于试管中，加入2～3滴亚硝酸钴钠试剂，若生成黄色沉淀，即说明肥料中有K^+存在。

② 检查SO_4^-（方法同上）

测定记录与供试肥料名称的确定

编号	水溶解情况	燃烧情况	NH_4^+	K^+	SO_4^-	Cl^-	NO_3^-	$CO(NH_2)_2$	属何种肥料
1									
2									
3									

五、任务报告

在当地进行常用化学肥料的定性鉴别，并完成书面报告。

六、任务小结

总结任务完成情况，应勤练习，掌握常用化学肥料定性鉴别的技术。指出完成任务应重点注意的地方，增强实验动手能力。

任务十七　农田作物施肥量的确定

一、任务目标

1. 学习目标产量法确定作物施肥量的方法。
2. 熟练土壤有效氮、磷养分的测定。
3. 加深对施肥原理和作物营养的认识。

二、仪器与用具

与测定土壤有效氮、磷的仪器与设备相同。

三、任务原理

目标产量配方法是根据作物产量的构成、由土壤本身和施肥两个方面供给养分的原理来计算肥料的用量。先确定目标产量以及为达到这个产量所需要的养分数量，再计算作物除土壤所供给的养分外，需要补充的养分数量，最后确定施用多少肥料。以实现作物目标产量所需养分量与土壤供应养分量的差额作为确定施肥量的依据，以达到养分收支平衡，所以，又称为养分平衡法。

四、任务实施

不同植物形成 100kg 经济产量需要的养分见表 9-6。

表 9-6 不同植物形成 100kg 经济产量需要的养分　　单位：kg

作物	收获物	从土壤中吸收氮、磷、钾的数量		
		N	P_2O_5	K_2O
水稻	稻谷	2.1～2.4	1.25	3.13
冬小麦	籽粒	3.00	1.25	2.50
春小麦	籽粒	3.00	1.00	2.50
玉米	籽粒	2.57	0.86	2.14
棉花	籽棉	5.00	1.80	4.00
白菜	营养器官	0.16	0.08	0.18
甘蓝	营养器官	0.2	0.072	0.22
西红柿	浆果	0.39	0.12	0.44
甜椒	果实	0.52	0.11	0.65
茄子	果实	0.32	0.094	0.45
黄瓜	果实	0.26	0.15	0.35

尿素的当季利用率为 40%，三料磷肥的当季利用率为 15%。

$$F=(YC-S)/(NE)$$

式中，F 为施肥量，$kg/10000m^2$；Y 为目标产量，$kg/10000m^2$；C 为单位产量的养分吸收量，kg；S 为土壤供应养分量即土壤碱解氮量，$kg/10000m^2$；N 为所施肥料中的养分含量，%；E 为肥料当季利用率，%。

五、任务报告

在当地进行农田作物施肥量的确定，并完成书面报告。

六、任务小结

总结任务完成情况，应勤练习，掌握农田作物施肥量的确定技术。指出完成任务应重点注意的地方，增强实验动手能力。

任务十八　土壤有机质的测定

一、任务目标

土壤有机质是植物矿质营养和有机营养的源泉，又是土壤中异养型微生物的能源物质，同时也是形成土壤结构的重要因素。因此，土壤有机质就直接影响着土壤的保肥性、保墒性、缓冲性、耕性、通气状况和土壤温度等，所以有机质的含量是土壤肥力高低的重要指标之一。

利用重铬酸钾测定土壤有机质操作简便、设备简单、快速，适用于大批样品的分析。

二、仪器与用具

硬制试管（18mm×180mm）、油浴锅、铁丝笼、温度计（0～360℃）、分析天平（0.01%）、电炉、滴定管（25mL）、移液管（5mL）、漏斗、锥形瓶（250mL）、量筒。

三、任务原理

在加热条件下，用稍过量的标准重铬酸钾-硫酸溶液氧化土壤有机碳，剩余的重铬酸钾用标准硫酸亚铁（或硫酸亚铁铵）滴定，由所消耗标准硫酸亚铁的量计算出有机碳量，从而推算出有机质的含量，其反应式如下：

$$2K_2Cr_2O_7+3C+8H_2SO_4 = 2K_2SO_4+2Cr_2(SO_4)_3+3CO_2+8H_2O$$

$$K_2Cr_2O_7+6FeSO_4+7H_2SO_4 = K_2SO_4+Cr_2(SO_3)_3+3Fe_2(SO_4)_3+7H_2O$$

用 Fe^{2+} 滴定剩余的 Cr_2O7^{2-} 时，以邻菲罗啉为氧化还原剂，在滴定过程中指示剂的变色过程如下：开始时溶液以重铬酸钾的橙色为主，此时指示剂在氧化条件下呈淡蓝色，被重铬酸钾的橙色掩盖，滴定时溶液逐渐呈绿色（Cr^{3+}），近终点时变为灰绿色。当 Fe^{2+} 溶液过量半滴时，溶液则变为棕红色，表示滴定已到终点。

四、任务实施

1. 试剂配制

（1）重铬酸钾标准液：准确称取在130℃下烘干3～4h的分析纯重铬酸钾39.225g，溶解于400mL水中，必要时可加热溶解，冷却后稀释定容到1000mL，摇匀备用。

（2）硫酸亚铁标准液：称取55.6g硫酸亚铁（含7个结晶水）或硫酸亚铁铵78.4g，加浓硫酸5mL溶解，然后加水定容至1000mL，摇匀备用。

硫酸亚铁溶液的标定：用天平准确称取烘干的分析纯重铬酸钾约0.2000g三份，于锥形瓶中，加水70～80mL溶解，加分析纯浓硫酸5mL及3滴邻菲罗啉指示剂，用配好的硫酸亚铁溶液滴定至溶液由黄经绿突变到棕红色时为滴定终点，则硫酸亚铁的浓度由下式计算：

$$硫酸亚铁的浓度(mol/L)=\frac{重铬酸钾克数}{滴定用硫酸亚铁毫升数\times 0.04904}$$

（3）邻菲罗啉指示剂：称取化学纯硫酸亚铁0.695g和分析纯邻菲罗啉1.485g，溶于10mL蒸馏水中（红棕色络合物），放入棕色瓶中备用。或用邻苯氨基苯甲酸（又名2-羧基代二苯胺）。

（4）二苯指示剂：称取0.25g该试剂于研钵中研细，然后倒入100mL烧杯中，加入12mL 0.1mol/L的氢氧化钠溶液，并用少量蒸馏水将研钵中残留试剂洗入烧杯中，将烧杯放在水浴上加热使其溶解，冷却后稀释定容到250mL，放置澄清或过滤，取其清液备用。

（5）石蜡（固体）或植物油3～4kg。

（6）浓硫酸（比重1.84，化学纯）。

2. 操作步骤

（1）准确称取通过0.25mm筛孔的风干土0.1～0.5g（精确到0.0001g），放入干燥的硬质试管中，加入0.1g硫酸银，然后用移液管加入0.8000mol/L重铬酸钾5mL，用移液管加入浓硫酸5mL，小心摇匀，放上小漏斗将试管插入铁丝笼中。

(2) 预先将石蜡油浴锅加温到 185～190℃，然后将铁丝笼插入油浴锅内，此时温度应保持在 170～180℃，使溶液沸腾 5min（从试管内溶液开始翻动起准确计算时间），然后取出铁丝笼，擦去试管外油液。

(3) 冷却后将试管内溶物用蒸馏水小心无损地从试管中洗入 250mL 锥形瓶中，使瓶内体积为 60mL 左右，然后加入邻菲罗啉指示剂 3～5 滴，用 0.2mol/L 的硫酸亚铁标准液滴定，颜色由绿色突变到棕红色时为滴定终点。或加邻苯氨基苯甲酸指示剂 12～15 滴，溶液由紫红突变到绿色时即为滴定终点。

(4) 在测定样品的同时，必须做三个空白试验（每笼一次），取其平均值。

3. 结果计算

$$土壤有机质(g/kg)=\frac{c(V_0-V)\times 3.0\times 10^{-3}\times 1.724\times 1.1}{烘干土质量}\times 1000$$

式中，c 为硫酸亚铁标准溶液的浓度，mol/L；V_0 为滴定空白时消耗硫酸亚铁毫升数；V 为滴定待测液时消耗硫酸亚铁毫升数；3.0 为 1/4 碳原子的摩尔质量，g/mol；10^{-3} 为将毫升换算为升；1.724 为有机碳换算成有机质的经验常数；1.1 为方法校正系数。

两次平行测定结果允许绝对误差不超过 0.05，相对误差不超过 5%。

4. 注意事项

(1) 土壤含有机质 50g/kg 以上者称取样品 0.1g，20～40g/kg 者称 0.2～0.3g，低于 20g/kg 者称 0.5g，以减小误差。

(2) 长期渍水的水稻土、沼泽土等潮湿土壤，因含还原物较多，常使结果偏高，所以这类样品务必摊开充分风干 10d 左右，使还原物质充分氧化后，再称样测定。

(3) 新疆土壤石灰含量高，加浓硫酸时一定要小心，防止碳酸钙剧烈分解时引起溅失。

(4) 消煮时的温度要严格控制在 170～180℃，温度计不要触及锅底。消化时的油液面应比管内液面稍高一点。

(5) 消煮好的溶液应是黄色，或者黄中带绿色，如呈绿色，应弃去重做。在滴定样品时，消耗硫酸亚铁的量不应少于空白组的 1/3，否则也要重做。

(6) 要待溶液冷却后，再加指示剂，然后滴定。

五、任务报告

在当地进行土壤有机质的测定，并完成书面报告。

六、任务小结

总结任务完成情况，应勤练习，掌握土壤有机质的测定技术。指出完成任务应重点注意的地方，增强实验动手能力。

项目十

植物生长气候环境调控

项目目标

◆ 了解：主要农业气象要素。
◆ 理解：农业气候资源的合理开发利用；农业小气候。
◆ 掌握：当地常见农业气象灾害的防御；二十四节气与主要农事活动。

项目说明

地球周围充满着大气，大气具有一定的质量，地面单位面积上所承受的大气的压力称大气压。不同地区间的大气压差促使空气运动就形成了风，大气环流是全球性风形成的主要原因。大气在空中是以巨大的气团的形式存在的，有冷气团和暖气团两种。冷暖气团相遇就形成锋，由于锋面两侧的气压、湿度、风等气象要素差异较大，具有突变性，锋面附近常形成云、雨、风等锋面天气。气团的运动形成气旋、反气旋、高压槽和低压脊等天气现象，各种天气现象综合作用的结果造成了各种天气气候的生成和出现。

一年中天气、气候的变化将全年分成二十四个节气，这是农业生产的基本依据。农田本身形成不同的群落，有其自身的特征和变化规律，农业上采取相应的栽培措施和管理办法改造农田小气候，为作物提供良好的生长环境。

任务一 植物生长的气候条件认知

学习重点

◆ 气压与风、气压的概念，气压的变化。
◆ 昼夜与四季的变化规律。
◆ 我国的气候特点。

学习难点

◆ 大气环流与地方性风。
◆ 风的形成和变化。

一、气压的变化

1. 气压随时间和空间的变化

通常情况下，一天中，早晨气压上升，下午气压下降。一年中，冬季气压最高，夏季气压最低。天气的变化和气流运动也会引起气压变化。如冷、暖空气的入侵或阴雨天以及剧烈变化的升降气流带来的天气都会使气压发生明显的上升或下降。

2. 气压随海拔的变化

随海拔高度上升，气压是递减的。气压随海拔高度的分布（气体平均温度为0℃）见表10-1。在5500m高空，气压值只有地面的一半，而到了16000m高空，气压值只有地面的1/10。

表10-1 气压随海拔高度的分布

高度/km	0.0	1.5	3.0	5.5	9.0	16.0
气压/hPa	1000	850	700	500	300	100

3. 水平变化

由于地球表面各点的热力差异，造成了在大气层不同层次的各个水平面上，气压的分布也存在差异。为表示出某水平面上气压差异的大小，气象上把由高压指向低压，垂直于等压线的方向上单位水平距离内的气压差称为水平气压梯度。等压线图上，等压线越密集的地区，水平气压梯度越大；等压线越稀疏的地区，水平气压梯度越小。

气温的变化也是气压发生变化的主要原因。

二、风的形成和变化

空气的水平运动称为风。风是矢量，它包括风向和风速，风还具有阵性。风向是指风吹来的方向。陆地上常用16个方位表示，在天气报告中，当风在某个方位摇摆不定时，则加以“偏”字，如“偏东风”。

风速是单位时间内空气水平移动的距离，单位为m/s。气象报告中常用风级来表示，风级是根据风力大小划分的。通常用13个等级表示风速。自然界还有超过12级的风，但不再规定它的级数了。风的阵性是指摩擦层中在固定的空间位置上出现的风向不稳定和风速明显变动的现象。

（一）风的成因——热成环流

风是由水平气压梯度的存在所引起的，而产生气压梯度的主要原因是地球表面各地热力情况不同，造成了水平方向上温度分布不均匀，也就是人们所说的“热极生风”一语的道理。根据热成环流原理可以解释许多地方性风的形成原因。

（二）风的变化

1. 风随高度的变化

在摩擦层中，空气运动受到的摩擦力随高度的升高而减小，风速随高度的升高而加大。在北半球，风向也因此随高度的增加向右旋转的角度加大。

在地面上0～2m内，风速增加得最快，再向上风速就增加得比较缓慢了。近地面的风具有阵性，而到了自由大气层中，风向和风速趋于稳定，风的阵性消失。

2. 风的日变化

在气压形势稳定时，风有明显的日变化，低层大气中（50m内）日出后风速逐渐加大，午后达到最大，夜间风速减小。在高层大气中（100～150m及以上），风速日变化与低层大气的情况正好相反，最大值出现在夜间，最小值出现在白天午后。

3. 风的年变化

风的年变化与气候、地理条件有关，在北半球的中纬度地区，一般风速的年最大值出现在冬季，最小值出现在夏季。我国大部分地区春季风速最大，因为春季是冷暖交替的时期。

三、大气环流与地方性风

（一）大气环流

地球上各种规模的大气运动的综合表现称为大气环流，它是由各种相互有联系的气流——水平气流与垂直气流、地面气流与高空气流以及大范围天气系统所构成的。用大气环流原理可以说明全球性气压带和风带的形成原因。

大气环流的三圈模式。根据这个模式，北半球有四个气压带，即赤道低压带、副热带高压带、副极地低压带和极地高压带。这些气压带之间形成了三个风带，即低纬度的东北信风带、中纬度的盛行西风带、高纬度的极地东风带。此外，赤道上由于水平气压梯度力和地转偏向力很小，故称为赤道无风带。

我国广大中纬度地区处于盛行西风带中，所以影响我国的主要天气系统有着自西向东移动的规律。

冬季影响我国的气压系统，在陆上为蒙古高压或西伯利亚高压，它是一个冷高压，带来干燥寒冷的空气；在海上为阿留申低压。夏季整个亚洲大陆为印度低压所控制。而停居在海上的太平洋副热带高压（简称副高）北进西伸到达我国东南海岸，它是一个暖高压，带来海上的暖湿空气。

此外，地球上还有季风环流。季风是指由于海、陆的热差异，产生了以年为周期，在大陆和海洋之间大范围盛行的随季节而改变的风。我国处于欧亚大陆，东临太平洋，季风表现极为显著。冬季盛行干燥寒冷的西北风，夏季盛行温暖潮湿的东南风。另外，我国的西南地区受印度季风影响，冬季吹东北风，夏季吹西南风。

地球上的风带也因气压带的割裂而被破坏，形成了许多较小范围的地方性风。

（二）地方性风

1. 海陆风

海滨地区在晴稳天气，白天风由海上吹向陆地，称为海风；夜间风由陆地吹向海上，称为陆风。这种风向日日夜夜交替且风力较清和的风合称为海陆风。海陆风和季风一样也是因海陆之间热力差异所形成的周期性变化的风，但不同的是，海陆风是以昼夜为周期风向发生变化，季风是以年为周期风向随季节而变化。同时，海陆风的影响范围比季风要小。

一般情况下，海风风速为 5～6m/s，陆风则小些，为 1～2m/s。海风伸向陆地的范围在温带为 15～50km，在热带不超过 100km；陆风伸向海上最远 20～30km，近的只有几千米。

海陆风交替时间各地不一，通常上午 10：00～11：00 海风开始，晚上 20：00 转为陆风，因为在此期间海陆温差逐渐小时，就发生了温差趋势的逆转。

2. 山谷风

山区白天风从山谷吹向山坡，称为谷风；夜间风从山坡吹向山谷，称为山风。二者合称山谷风。山谷风的形成是由于山坡与谷地同高度上受热和失热程度不同而产生的一种热力环流。

3. 焚风

当气流跨过山脊时，在山的背风面，由于空气的下沉运动产生了一种热而干燥的风，称为焚风。另外，在高压区中，自由大气的下沉运动也可以产生焚风，气象上称为焚风效应。

四、风与农业生产

1. 风对农林生产的作用

一般来说，风力不大时（微风、和风），对植物生长是有利的，这主要是因为风能够促进空气的乱流交换，使热量、水汽、二氧化碳在地面与作物层以及空气之间的传递、输送作用增强，使作物层内的温湿度得到调节，避免了某个层次上出现过高（或过低）的温度、过大的湿度，以利于植物的正常生长。

在地面剧烈降温的夜里，风可以把大气中的热量传给地面，缓和了地表温度的降低，所以在有风的夜里，往往不易发生霜冻。微风能吹走叶片表面的水汽，提高植物蒸腾速度，降低植物体温，增加根系吸收能力。枝叶也在微风下频频摆动，不断变换方位来充分获取光照。

风还可传播植物种子，帮助植物繁殖，这对森林、植被的天然更新很有益处。

2. 影响农林生产的危害

（1）大风造成的机械伤害。

（2）在干燥条件下，风使植物蒸腾失水过度而干枯。

（3）在沿海地区的海风使植物表面留下一层盐分，使抗盐性弱的植物失水萎蔫。

（4）此外，风还能吹失表土，引起植物根系裸露，刮起的灰沙在植物花期落在柱头上，阻碍了授粉结实，所以有“霜打梨花收一半，沙打梨花一场空”的农谚。

复习思考题

1. 主要的农业气象要素有哪些？
2. 风的形成受哪几种作用力影响？
3. 我国的气候有哪些特点？

任务二 天气和气候认知

学习重点

◆ 主要天气系统及天气特征。
◆ 气团，锋，气旋和反气旋，西风槽。

学习难点

◆ 低温灾害、连阴雨和洪涝灾害的预防。
◆ 干热风、冰雹、台风等灾害天气的预防。

一、天气和气候

1. 天气

天气是指在一定地区气象要素和天气现象表示的一定时段或某时刻的大气状况，如晴、阴、冷、暖、雨、雪、风、霜、雾、雷等。天气学是研究天气形成和演变规律并预报其未来变化的一门科学。

2. 气候

某一地区的气候是指多年的大气统计状态，包括平均状态和极端状态。可用气象要素（如温度、湿度、风、降水等）的各种统计量来表达。目前，国际上用30年作为描写气候的标准时段，最近30年的气候一般认为就是现代气候。

二、主要天气系统及天气特征

各种气象要素和天气现象在空间的分布组成了各种天气系统，如高压、低压、气团、锋、气旋、低压槽等。按水平范围大小及生成时间长短，可将天气系统分为小尺度（如龙卷风）、中尺度（如强雷暴）、天气尺度（如锋）、超长尺度（如副热带高压）等天气系统。

在天气图上的天气形势主要由锋、气旋、反气旋、低压槽、高压脊等天气系统所组成，天气形势或天气系统、天气现象随时间的演变历程叫天气过程。

（一）气团

气团是指在水平方向上物理性质比较均匀而范围较大的空气。气团的物理性质主要是指对天气有控制性影响的温度、湿度和稳定度三个要素。气团的水平范围可达几百到几千千米。厚度可达几千米到十几千米。同一气团内的物理性质在水平方向上变化很小，如在1000km范围内，温度变化为5～7℃，而在两种气团的过渡地带（50～100km），温度变化可达10～15℃。

1. 气团的分类

气团的分类有两种方法，一是地理分类，二是热力分类。

（1）地理分类（北半球） 按气团形成源地的地理位置，可将气团分为北极气团、极地气团、热带气团和赤道气团。它们分别形成于北极圈内、温带、热带和赤道地区。由于上述气团可以在海洋上也可以在陆地上形成，故又可分为海洋气团和大陆气团，如极地气团可分为极地大陆气团和极地海洋气团，热带气团可分为热带大陆气团和热带海洋气团等。

（2）热力分类 依气团移动时与所经之地之间的温度情况，可将气团分为冷气团和暖气团两种，如果气团是向比它冷的地面移动，称为暖气团，这种气团所经之地变暖，而本身变冷；如果气团是向比它暖的地面移动，称为冷气团，这种气团所经之地变冷，而本身变暖。

2. 气团天气

因为气团内部温度、湿度比较一致，不会有大规模的上升运动，所以气团天气比较简单，以晴朗为主。

暖气团（多为稳定气团）的典型天气是连绵成云，不会产生大的降水，只有小雨或毛毛雨，常有雾，各气象要素变化很小。夏季暖湿气团可能不稳定，在不稳定条件下常有雷暴产生。

冷气团（多为不稳定气团）中，常有一些对流云，特别是移动较快的冷气团，因为地面温度较高，常有强烈对流，形成积雨云，产生阵性降水，夏季阵性降水常伴有雷暴。

（二）锋

两种性质不同的气团之间形成狭窄而倾斜的过渡带，这个过渡带称为锋，也叫锋区。锋的水平长度有几百甚至上千千米，过渡带的宽度在近地面层为几十千米，高空可达200～400km。宽度与长度相比是很狭窄的，可近似地把锋看作没有厚度的面，称为锋面。锋面与地面的交线，称为锋线，有时简称锋。锋面是在冷空气一侧倾斜的面，冷空气密度大，以楔形插入冷气团下方，暖空气在上方。

由于锋面是性质不同的两种气团的交界面，故在锋面两侧，气压、湿度、风等气象要素差异较大，具有突变性，锋面附近形成的云、雨、风等天气，称为锋面天气。

锋面可以生成和加强，也可以分散和减弱，简称锋生和锋消。锋生和锋消主要取决于冷暖气团的水平相对运动，二者相向运动则锋生，相背运动则锋消。

1. 锋的分类

根据锋的移动方向，可以把锋分为暖锋、冷锋、静止锋和锢囚锋。

（1）暖锋　暖气团起主导作用，推动锋面向冷气团一侧移动，这种锋叫暖锋。

（2）冷锋　冷气团起主导作用，推动锋面向暖气团一侧移动，这种锋叫冷锋。

（3）静止锋　冷暖气团势力相当，暂时不相上下，锋面很少移动，或者有时冷气团占主导地位，有时暖气团占主导地位，使锋面来回摆动，这种锋称为静止锋。在我国华南、天山和云贵高原地区，由于山岭或高原阻挡，容易形成静止锋。

（4）锢囚锋　由于冷锋移动速度比暖锋快，冷锋赶上暖锋后，把暖空气抬离地面，在近地面层冷暖锋合并或由于两条锋相对而行，逐渐合并起来，这种由两条锋相遇合并所形成的锋，成为锢囚锋。

2. 锋面天气

（1）暖锋天气　由于暖锋坡度比较小，上升运动比较慢，暖空气可以滑升到很远的地方，因而在锋前产生大范围的云区和降水，在离地面锋线约1000km处出现卷云、卷层云，约700km处可出现高层云，约300km处是雨层云。暖锋降水多属连续性降水，降水区300～400km宽。

（2）冷锋天气　根据冷空气移动速度，可将冷锋分为两类，移动速度慢的叫第一型冷锋，或叫缓行冷锋；移动速度快的叫第二型冷锋，或称急行冷锋。

第一型冷锋，锋面坡度较小，当冷空气插在暖空气下面前进时，暖空气被迫在冷空气上面平稳滑升，所以云和降水区的分布与暖锋大致相似，只是暖锋云雨在锋前，冷锋云雨在锋后，云系排列顺序相反。由于冷锋坡度比暖锋大，雨区较窄，约为300km，当锋面一侧的暖空气不稳定时，冷锋附近常出现积雨云和雷阵雨天气，这种情况在我国较多见。

第二型冷锋，锋面坡度较大，在地面附近，近于垂直，且速度较快，因此锋前暖空气产生强烈的上升运动。在夏半年，暖气团比较潮湿，对流性不稳定，受到冷空气强迫抬升，在地面锋线附近常产生、发展旺盛的积雨云，出现雷雨阵性降水天气，但云雨区很窄，一般只有几十公里，地面锋线的远方会出现一些高云。这种冷锋过境时，往往产生狂风暴雨、雷电交加的天气，但时间短暂，锋线一过，天气立即转晴。在冬半年，由于暖空气比较干燥，只在地面锋线前方出现卷层云、高层云、雨层云，在地面锋线附近有很厚很低的云层，有时有雨区不宽的连续性降水，地面锋线过后，云很快消失，但风速继续增大，常出现大风天气，在干旱的春季还会出现沙暴天气。这种冷锋天气在我国北方春、冬季常见到，特别在春季，冷、暖空气都很干燥，锋前只出现一些中、高云，甚至无云，锋过后有大风、沙暴天气。

（3）静止锋天气　静止锋在我国往往是由冷锋演变而成，其天气和第一型冷锋相似，区别只是云雨区的宽度比冷锋大，坡度小于冷锋。静止锋附近风力很小，由于锋面很少移动，所以降水时间较长，往往连绵细雨不断。静止锋天气是我国华南和西南冬季的主要天气系统。

（4）锢囚锋天气　锢囚锋的云系可以看成是原来两条锋面上的云系相遇合并而成，所以锢囚锋天气仍然保持着原来冷锋、暖锋的特征，但由于锢囚后，暖空气被抬升到很高的高度，因此云层增厚，降水增强，雨区扩大，锋线两者均有降水，风力界于冷、暖锋之间。锢囚锋主要出现在我国东北和华北地区的冬、春季节。

（三）气旋与反气旋

气旋是占有三度空间的、在同一高度上中心气压低于四周的大尺度涡旋。在气压场上，气旋又称低压。气旋的范围由地面天气图上最外围的闭合等压线的直径来确定，气旋的直径平均为1000km，大的可达3000km，小的只有200km或更小。气旋的强度一般用其中心气压值来表示。在北半球，气旋范围的空气做逆时针方向旋转，近地面层中由于摩擦作用，气旋中心流是辐合上升的，上升气流绝热冷却，发生水汽凝结，因此，气旋内多为阴雨天气。

反气旋也称高压，是中心比四周高的水平空气涡旋。反气旋的范围比气旋大得多，大的反气旋可以和最大的大陆或海洋相比。反气旋中心的气压值越高，反气旋的强度越强，反之越弱。地面反气旋的中心气压值一般为1020～1030hPa；冬季的寒潮冷高压，中心气压可达1080hPa以上。当反气旋中心的气压值随时间升高时，称反气旋加强；当反气旋中心气压随时间降低时，称反气旋减弱。在北半球，反气旋范围内的空气顺时针方向旋转，近地面层的反气旋中气流是辐散下沉，因此反气旋控制地区的天气以晴朗少云，风力渐稳为主。

（四）西风槽

西风槽是指活动在对流层中西风带上的短波槽，也叫高空低压槽。它一年四季都可出现，尤以春季最频繁。西风槽的波长大约在1000多千米，自西向东移动或自西南向东北移动，开口朝北。西风槽的东面（槽前）盛行暖湿的西南上升气流，因空气的上升运动，所以对应地面是冷、暖锋和气旋活动的地方，天气变化剧烈，多阴雨天气。西风槽的西面（槽后）盛行干冷的西北下沉气流，多晴冷天气。

三、农业灾害天气

（一）低温灾害

1. 寒潮

寒潮是指大范围的强冷空气活动引起的气温下降的天气过程。国家气象局制定的全国性的寒潮标准是凡一次冷空气入侵后，使长江中下游及以北地区，在48h内最低气温下降10℃以上，长江中下游地区最低气温下降达4℃以下，陆上有相当三个大行政区出现5～7级大风，沿海有三个海区出现7级以上大风，称为寒潮。如果48h内最低气温下降14℃以上，陆上有3～4个大行政区有5～7级大风，沿海所有海区出现7级以上大风，称为强寒潮。

寒潮对农业的危害主要是剧烈降温造成的霜冻、冰冻等冻害以及大风、大风雪、大风沙等灾害天气。

春末和秋初的寒潮天气引起霜冻，使农、林业生产受灾。冬季的强寒潮，如在我国西北及内蒙古出现的沙暴、雪暴天气，使畜牧业及农业遭到较大的灾害。我国南方的亚热带作物也可遭到冻害。

2. 霜冻

霜冻是指气温在大于0℃的暖湿季节里，土壤表面、植物表面温度在短时间内降到0℃或0℃以下，引起植物受冻害或死亡的现象，所以霜冻包含温度降低的程度和植物抗低温的能力，而霜仅指0℃以下的水汽凝固现象，两者概念是不同的。发生霜冻时可能有霜，也可能无霜（即所谓黑霜）；近地层空气温度可能小于0℃也可能大于0℃。但多数作物当温度降到0℃以下时，就要受害，所以现在一般把最低地面温度降到0℃就算出现霜冻。

霜冻按出现的季节可分为三类，即秋霜冻、春霜冻和冬季霜冻。秋霜冻又称早霜冻，秋季第一次霜冻称为本年度的初霜冻。春霜冻又称晚霜冻，春季最后一次霜冻称为上年度的终霜冻。

霜冻在我国主要出现于春、秋、冬三季，严重的霜冻往往是由于寒潮或冷空气入侵引起的。为了防止霜冻对农作物造成的危害，在生产上常常采取以下措施：人工施放烟幕、灌水法、覆盖法、露天加温法。此外，还有鼓风法、喷雾法以及风障、防护林等措施，对防御霜冻都用一定的作用。

3. 倒春寒

某些年份，春初没有明显的寒潮爆发，气温偏高（高于历年同期平均值），但到了春末，或因冷空气活动频繁，或因寒潮爆发，使气温明显偏低，而对作物造成损伤的一种冷害，称为倒春寒。故倒春寒是由前期的气温偏高和后期气温偏低两部分组成的，而灾害是后期低温造成的。

在北方，倒春寒前期气温偏高，促使冬小麦返青拔节，有些果树开始含苞，抗低温能力下降，故后期低温易造成大范围严重危害。

4. 低温冷害

在植物生长季节里，当温度下降到植物生育期间所需的生物学最低温度以下，而气温仍小于0℃，对植物生长发育造成危害，称为低温冷害或简称冷害。冷害与霜冻虽然都属低温冷害，但两者是有区别的：霜冻温度小于（或等于）0℃，即植物体内结冰引起的伤害；而冷害温度大于0℃，即在植物某些生育期内较长时间温度相对偏低对植物引起的伤害。

作物在营养生长期内遭受冷害，会使生育期延迟；作物在生殖生长期内遭到冷害，使植物生殖器官的生理活动受到破坏，均能导致减产；或因冷夏持续期过长，遭受冷害，形成严重减产。我国东北是受害最大、受影响最频繁的地区。

（二）连阴雨和洪涝灾害

1. 连阴雨天气

连阴雨天气是指连续5～7d以上的阴雨现象（有时降水暂时停止，保持阴天或短暂晴天）。降水强度一般是中雨，也可以是大雨和暴雨。

连阴雨天气一般是在大范围天气形势和水汽来源丰沛的条件下由稳定雨带所形成的。它主要出现于副热带高压西北侧的暖湿空气与西风带中的冷空气相交的地带。

2. 洪涝

由于长期阴雨和暴雨，短期的雨量过于集中，河流泛滥，山洪暴发或地表径流大，低洼地积水，植物被淹没或冲毁等现象称为洪涝。

形成洪涝的天气系统有华南静止锋、台风、锋面气旋等。

（三）干旱与干热风

1. 干旱天气

干旱天气是在高压长期控制下形成的天气。高压常占据很大地区，在我国各主要农业区都可发生。按干旱天气发生的时间，可分为春旱、夏旱和秋旱。

2. 干热风天气

在我国北方主要麦区，春末夏初，正当小麦灌浆乳熟阶段，常常遇到连续几天又干又热的西南风或偏东风，通常称为干热风。

按照干热风天气现象的不同，我国北方麦区的干热风主要有三种类型：即高温低湿型、雨后枯热型、旱风型。

高温低湿型由于气温高、天气旱、相对湿度低，地面吹偏南风或西南风，可使小麦炸芒、枯熟、秕粒，影响小麦产量。雨后枯热型的特点是雨后高温或猛晴，使小麦青枯或枯熟。旱风型是湿度低、气温高，风速3～4级以上，风向西北或西南。高温低湿型多发生在华北和黄淮地区；雨后枯热型多发生在华北和西北地区；旱风型则发生在苏北、皖北和新疆北部地区。

3. 干热风指标

关于干热风指标，多选用温、湿、风三要素的组合表示，而指标的取值主要是根据本地区干热风的类型来确定。如山东取日最高气温≥32℃、14h饱和差≥30hPa、风速≥2m/s为轻干热风日；日最高气温≥35℃、14h饱和差≥40hPa、风速≥3m/s为重干热风日。

4. 干热风的防御措施

干热风的防御措施可以概括为四个字，即“抗、躲、防、改”。抗即培育抗性品种；躲是调节播种期，使灌浆乳熟阶段正好躲过当地盛行干热风的时期；防是指灌溉、喷磷、喷石油助长剂；改是广植林带，改善农田小气候。

(四) 冰雹

冰雹是发展旺盛的积雨云中降落到地面的固体降水物，它通常以不透明的霜粒为核心，外包多层明暗相间的冰壳。直径一般为5～50mm，大的可达300mm以上。

在我国，冰雹天气多发生在4～7月午后14：00～17：00，降雹持续时间一般为几分钟到十几分钟，也有长达1h以上的。冰雹地区呈断断续续的带状，宽度一般为1～2km，但也有范围达几个省的。冰雹的地区分布，中纬度多于高纬度和低纬度地区，内陆多于沿海，山地多于平原。

形成冰雹必须具备以下两个条件。

(1) 强烈的、不均匀的上升气流，强盛的积雨云，云的上升气流速度>20m/s，时强时弱，使冰雹是多次上、下反复中逐渐增大。

(2) 充足的水气。水气越充足，经过上、下反复碰撞，冰雹越容易增大。

除上述的两个条件以外，冰雹的形成还要有外界的抬升作用。根据不同的抬升力，冰雹的形成有以下几种情况：热力抬升、锋面抬升、地形抬升。

冰雹可以防御。目前采用的人工消雹的方法有两种，第一种是催化剂法，第二种方法是爆炸法。

(五) 台风

台风是产生在热带洋面上强大而深厚的气旋。

1. 台风的标准

在热带海洋上常有强烈的热带气旋发生，当热带气旋发展的一定强度时，在西太平洋称为台风，在东北太平洋和大西洋称为飓风，在印度洋、孟加拉湾则称为热带风暴。1988年10月起，我国采用国际规定的热带气旋名称和等级，标准如下。

(1) 台风　中心附近物最大风速≥64海里/小时（最大风力≥12级）。

(2) 强热带风暴　中心附近物最大风速48～63海里[1]/小时（最大风力10～11级）。

(3) 热带风暴　中心附近物最大风速34～47海里/小时（最大风力8～9级）。

(4) 热带低压　中心附近物最大风速<34海里/小时（最大风力<8级）。

我国还对出现于北太平洋150°以西洋面上的台风，按每年出现的顺序编号，如9902号

[1] 1海里=1.852千米。

表示1999年第2号台风。

台风的生命史通常分为四个阶段：形成期，发展期，成熟期，衰亡期。

2. 台风路径

北太平洋西部台风的移动有以下三条路径：偏西路径、西北路径、转向路径。

复习思考题

1. 如何防御低温冷害？
2. 干旱与干热风有何区别？如何防御？
3. 如何防御洪涝、湿害？

任务三 农业小气候认知

学习重点

◆ 农田小气候的特征，农田小气候的改造。

◆ 设施农业小气候中的地膜覆盖小气候、塑料大棚小气候、日光温室小气候。

学习难点

◆ 农业气候资源的特点与合理利用。

◆ 常见农业技术措施的小气候效应。

◆ 二十四节气与主要农事活动。

在具有相同气候特点的地区，由于下垫面性质和构造不同，造成热量和水分收支不一样，形成近地面大气层中局部地区特殊的气候，称为小气候。由于下垫面的构造和性质不同，故而形成了各种各样的小气候，如农田小气候、森林小气候、水域小气候、坡地小气候等。

一、农田小气候

农田小气候是以农作物为下垫面的小气候，它是农田贴地气层和土层与农作物群体之间生物学和物理学两种过程相互作用的结果。

（一）农田小气候特征

1. 农田中的太阳辐射和光能分布

（1）植物对太阳辐射的吸收、反射和透射　太阳辐射到达农田植被表面后，一部分辐射能被植物叶面吸收，一部分被反射，还有一部分透过枝叶空隙或透过叶片到达下面各层或地面上。

（2）太阳辐射在植被中的分布　进入农田植被中的太阳辐射不论哪个时间光照度都是由株顶向下递减，在株顶附近递减较慢，植株中间迅速减弱，再往下又缓慢下来。

2. 农田中的温度分布

农田中的温度分布，除取决于农田辐射差额外，最主要的还取决于农田乱流的情况。

在暖季温带地区，作物层中的温度比裸地低，而冷季则较高。至于温度日较差，农田比裸地小，旱地比水田大，密植田比稀植田小。

3. 农田中的湿度分布

农田中湿度的分布和变化，除取决于温度和农田蒸发外，主要取决于乱流交换强度的变化。

农田中绝对湿度的分布，在作物幼小时和裸地一样，在生育盛期同温度的分布相似，即午间，靠近外活动面绝对湿度较大，清晨、傍晚或夜间，外活动面有大量的露或霜形成，绝对湿度比较小。

4. 农田中 CO_2 的分布

（1）农田中 CO_2 含量的日变化　白天，作物吸收 CO_2 使农田 CO_2 浓度降低，通常在午后达到最低；夜间，作物放出 CO_2，使农田 CO_2 浓度增高。这种变化在夏季最为突出。

（2）农田中 CO_2 的铅直分布　株间 CO_2 浓度常常是贴地层最大。夜间 CO_2 浓度随高度而降低，而白天 CO_2 浓度随高度增大。白天任何时候作物层内 CO_2 最低的部位，就是光合作用最盛行的层次。

（二）农田小气候的改造

1. 灌溉措施的热效应

（1）对农田辐射平衡的影响　一方面使反射率减小，吸收率增加；另一方面使地面温度降低，空气湿度增加，导致有效辐射减少，结果总是使辐射平衡增加。

（2）灌溉对土壤热特性的改变　灌溉后土壤含水量增加，从而增大了土壤热容量，使土温变化缓慢。

（3）灌溉对近地层湿、温度的影响　在高温阶段，灌溉地气温比未灌溉地低，在低温阶段，则灌溉地气温高于未灌溉地，所以灌溉有防冻保温的作用。

2. 种植行向的气象效应

种植行向的太阳辐射的热效应，高纬度地区比低纬度地区要显著得多。换句话说，高纬度地区种植作物时，要考虑种植行向问题。越冬期间，对热量要求比较突出的秋播作物，取南北向种植比东西向有利，而春播作物，特别是对光照要求比较突出的春播作物，取东西向比南北向有利。

二、设施农业小气候

目前生产上应用较多的保护措施有：地面覆盖、空间隔离（塑料大棚、温室等）、屏障（风障、防风网）。不同的设施，小气候效应也不同。

（一）地膜覆盖小气候

地膜覆盖可以有增温、保温作用，减少土壤水分蒸发，改善了土壤物理性状等。

（二）塑料大棚小气候

1. 大棚内的光照

（1）影响光照的因素　塑料大棚内的光照状况除受纬度、季节及天气条件影响外，还与大棚的结构、方位、塑料薄膜种类以及管理方法有关。

（2）大棚内各部位的光照条件　大棚内光照度的垂直分布特点是从棚顶向下逐渐减弱，近地面最弱，并且棚架越高，近地面处的光照度越弱。

2. 温度状况

（1）气温　大棚内的气温变化主要取决于天气、温度、棚的大小等因素。

（2）土温　在早春和晚秋时节，棚内土温均高于棚内露地，而在晚春—早秋期间，棚内土温则比露天地低 1～3℃，利用早春和晚秋棚内土温较高的特点，可以提早定植和延后栽培蔬菜。

3. 湿度

塑料薄膜的透气性差，相对湿度经常在80%～90%甚至更高，夜间因温度降低，相对湿度更大。为防止高温引起的各种病害发生，要及时放风，降低棚内湿度。此外，在棚内空气湿度大时，土壤的蒸发量减小，使土壤湿度增大，加之膜上的水珠落回地面，使地表潮湿泥泞，容易形成板结层，不利于作物根系生长，应及时中耕，疏松土壤。

（三）日光温室小气候

1. 温室结构对透光力的影响

温室内的光和辐射取决于室外自然光强和辐射以及温室的透光率，自然光强和辐射随季节、地理纬度和天气条件的变化而变化，至于透光能力则主要取决于塑料薄膜的种类和温室结构——构架材料、形式、方位、屋顶角，及薄膜上的水滴与尘埃等情况。

2. 温室内的光强

温室内的光强由于薄膜的反射和吸收、水滴和尘埃的损失、构架遮阴损失等，要比投射到温室表面的自然光强小，大约只占自然光强的54.7%。而室内光照强度的垂直分布，则有高处较强、向下逐渐减弱、近地面最弱的趋势。

3. 温室小气候的控制与调节

(1) 温室内光照的调节　建造温室时要选择受光多的方位及合理的屋顶角，设法减少支柱和框架的遮阴，选用优良的透明覆盖物。根据需要，可采用人工补充光照。

(2) 温室内温度、湿度的控制　在寒冷的冬季和夜晚，室内温度比较低，可采用增温、保温措施。在温室四周挖防寒沟；使用双层膜；临时人工加温；增施有机肥；地膜覆盖；加设小拱棚等。

复习思考题

1. 农业气候资源的特点有哪些？如何合理利用农业气候资源？
2. 小气候具有哪些特点？简要回答常见农业技术措施的小气候效应。
3. 列表说明二十四节气对应的主要农事活动。

任务四　大气与园林植物

学习重点

◆ 空气生态作用。
◆ 城市大气污染。
◆ 园林植物对空气的净化作用。

学习难点

◆ 大气污染对园林植物的危害。
◆ 园林植物的抗性。
◆ 园林植物的环境监测作用。

地球表面的大气圈能维持地球稳定的温度，减弱紫外线对生物的伤害。下部16km对流层中的水汽、粉尘等在热量的作用下，形成风、雨、霜、雪、露、雾和冰雹等，调节地球环境的水热平衡，影响生物的生长发育。

工业化发展造成城市大气污染，危害人类和所有生物的生命活动，而园林植物具有净化城市空气的重要作用。

一、空气的生态作用

1. 氧气的生态作用

(1) 动植物进行呼吸作用时吸收氧气，没有氧气动植物不能生存，植物在有氧条件下完成矿质养分循环。

(2) 空气中的氧气足以满足植物的需求。当土壤通气性能较差时，土壤中的氧气得不到补充，植物根系呼吸消耗 O_2，积累很多 CO_2，根系会发生无氧中毒，生长受阻、腐烂、枯死。

(3) 大气高空层中的臭氧层能吸收大量的紫外辐射，保护地球生物免受伤害，没有臭氧层的保护作用，地球上的生物将不能生存下去。

2. CO_2 的生态作用

CO_2 是植物光合作用的主要原料，光合作用将 CO_2 和 H_2O 合成碳水化合物，构成各种复杂的有机物质。

在植物干重中，碳 45%，氧 42%，氢 6.5%，氮 1.5%，灰分元素 5%。其中所有碳和部分氧皆来自 CO_2，所以 CO_2 对植物具有最重要的生态意义。如：大气中 CO_2 占 0.0353%，大多数 C_3 植物光合作用的最适 CO_2 为 0.1%，当 CO_2 为 0.06%时，植物生长量可提高 1/3 左右。所以设施园艺中，常增施二氧化碳气肥，提高植物的生产力。

CO_2 浓度随着光合作用的强弱而变化的规律如下。

(1) 日变化　中午光合作用最强，CO_2 浓度最低；晚上呼吸作用不断放出 CO_2，CO_2 浓度高；日出前 CO_2 浓度最高。

(2) 年变化　夏季植物生长旺盛，CO_2 浓度最低；冬季植物生长缓慢，CO_2 浓度最高；春秋季 CO_2 浓度居中。

3. 氮的生态作用

(1) 氮是构成生命物质（蛋白质、核酸等）的最基本成分。植物所需要的氮主要来自土壤中的硝态氮和铵态氮。

雷电将大气中的氮气合成为硝态氮和铵态氮，随降水进入土壤；固氮微生物可固定空气中的氮气为植物利用；除此之外动植物残体和排泄物的分解也补充了土壤中大量的氮素。

(2) 土壤中的氮素经常不足，当氮素严重亏缺时，植物生长不良，甚至叶黄枯死，所以在生产上常施氮肥进行补充。缺氮时植株小、下叶黄，缺氮叶自下而上变黄。

二、大气污染与园林植物

1. 城市大气污染

(1) 大气污染的定义　大气污染是指在空气的正常成分之外，增加了新成分，或原有成分大量增加，从而对人类健康和动植物生长产生危害。

(2) 大气污染的类型　大气污染可分为自然污染、人为污染。

人为污染主要是随着工业发展，有毒重金属进入大气，如铅、镉、铬、锌、钛、钡、砷和汞等。

SO_2 主要是燃烧煤炭以及燃烧石油产生的。NO_2 主要是工业生产和汽车等交通工具产生的。空气中的 SO_2 和 NO_2 与水汽结合，形成硫酸和硝酸，以降水的形式降落到地面，使雨水 pH 值小于 5.6 形成酸雨。全球许多地方发生酸雨使森林大面积死亡，酸雨除对植物、水体、土壤造成危害外，酸雨还有很大的腐蚀作用，腐蚀油漆、金属以及各类纺织品，大理石和石灰石也容易受二氧化硫和硫酸的侵蚀，许多历史古迹、艺术品和建筑物因大气污染而受到损坏。

城市空气污染程度除取决于污染物排放量之外，还与城市及其周围的气象、地理因素等有密切关系。

2. 大气污染对园林植物的危害

(1) 大气中的污染物主要通过气孔进入叶片并溶解在叶片细胞中，通过一系列的生物化学反应对植物产生毒害。

例如二氧化硫从气孔扩散至叶肉组织，进入细胞后和水反应，形成亚硫酸和亚硫酸根离子，从而对叶肉组织造成破坏，使叶片水分减少，叶绿素 a/b 值变小，糖类和氨基酸减少，叶片失绿，严重时叶片逐渐枯焦，慢慢死亡。二氧化硫浓度为 0.3μL/L 时植物受伤害；氯气及氯化氢毒性较大，空气中的最高允许浓度为 0.03μL/L；氟化氢属剧毒类的大气污染物，它的毒性比二氧化硫大 10～100 倍。

(2) 大气污染中的固体颗粒物落在植物叶片上时，堵塞气孔，妨碍光合作用、呼吸作用和蒸腾作用，危害植物。

3. 园林植物的抗性

(1) 植物的抗性　即植物在一定程度的大气污染环境中仍能进行正常生长发育。不同植物对大气污染物的抗性不同，这与植物叶片的结构、叶细胞生理生化特性有关。一般常绿阔叶植物的抗性比落叶阔叶植物强，落叶阔叶植物的抗性比针叶树强。

(2) 确定植物对大气污染物抗性的方法

① 野外调查法　在野外调查不同植物受伤害的程度，划出不同抗性等级。

② 定点对比栽培法　在污染源附近栽种植物，根据植物受害的程度确定抗性强弱。

③ 人工熏气法　把试验的植物置于熏气箱内，给熏气箱内通入有害气体，并控制在一定的浓度，根据植物的受害程度确定其抗性强弱。

(3) 植物抗性分级

① 抗性强的植物　长期在一定浓度有害气体环境中也基本不受伤害或受害轻微；在高浓度有害气体袭击后，叶片受害轻或者受害后恢复较快。

② 抗性中等的植物　能较长时间生活在一定浓度的有害气体环境中，植株表现慢性伤害症状（节间缩短、小枝丛生、叶片缩小、生长量下降等），受污染后恢复较慢。

③ 抗性弱的植物　不能长时间生活在一定浓度的有害气体环境中，受污染时，生长点干枯，叶片伤害症状明显，全株叶片受害普遍，长势衰弱，受害后生长难以恢复。

4. 园林植物的环境监测作用

在研究环境污染问题时，经常用理化仪器和生物方法测定环境中的污染物种类和浓度。生物方法主要是植物监测，利用一些对有毒气体特别敏感的植物来检测大气中有毒气体的种类与浓度。

(1) 监测植物（指示植物）　用来监测环境污染的植物。

(2) 植物监测法　指示植物法、植物调查法、地衣和苔藓监测法。

① 指示植物法　通过指示植物对污染的反映了解污染的现状和变化。

一般对大气污染区的指示植物生长发育情况进行调查，根据指示植物受伤害后所表现出的症状或对植物的生长指标或生理生化指标进行检测，推知大气污染的种类、强度和污染历史。

② 植物调查法　在污染区内调查植物生长、发育及分布状况等，初步查清大气污染与植物之同的相互关系。

主要观察污染区内现有园林植物的可见症状。轻度污染区敏感植物会表现出症状；中度污染区敏感植物症状明显，抗性中等植物也可能出现部分症状；严重污染区敏感植物受害严重，甚至死亡绝迹，中等抗性植物有明显症状，抗性较强的植物也会出现部分症状。

③ 地衣和苔藓监测法 地衣、苔藓对环境因子变化非常敏感。而且地衣、苔藓易于栽植，可将地衣、苔藓移栽在监测区域的不同位置或栽种在花盆内，置于各检测点，观察其生长状况，了解环境的污染情况和变化。

如大气中 SO_2 浓度为 0.015～0.105mg/m^3，一般地衣绝迹；SO_2 浓度超过 0.017mg/m^3，大多数苔藓植物不能生存。

三、园林植物对空气的净化作用

植物在进行正常生命活动的同时，以吸收同化、吸附阻滞等形式消纳大量的污染物质，从而达到净化空气的目的，植物对空气的净化功能主要表现为降尘、吸收有毒气体和放射性物质、减弱噪声、减少细菌、增加空气负离子、吸收二氧化碳、放出氧气等。

1. 降尘

树木有降低风速的作用。植物叶表面不平、多茸毛，树干凹凸不平、分泌黏性油脂及汁液，吸附大量飘尘。如 1ha 松林每年滞留灰尘 36.4t。

植物滞尘量与树冠大小、叶片疏密度、叶片形态结构、叶面粗糙程度等有关。一般，叶片宽大、平展、硬挺不易抖动、叶面粗糙的植物能吸滞大量的粉尘。

同一树种树木吸滞粉尘的能力与叶量成正相关关系，夏季叶量最多，吸尘力最强；冬季叶量少，吸尘力弱。

2. 吸收有毒气体

所有植物都能吸收一定量的有毒气体而不受害。植物通过吸收有毒气体，降低大气中有毒气体的浓度，从而达到净化大气的目的。

如在正常情况下树木中硫的含量为干重的 0.1%～0.3%，当空气存在二氧化硫污染时，树体中硫含量提高 5～10 倍。

氟、氟化物是毒性较大的污染物，在正常情况下树木中的氟含量为 0.5～25mg/cm^3，在氟污染区，树木叶片含氟量提高几百倍至几千倍。

植物种类不同吸毒能力有差异，植物吸收有毒气体的能力还与叶龄、生长季节、有毒气体的浓度、接触污染时间以及环境温度、湿度等有关。

植物净化有毒气体的能力与植物对有毒物的积累量成正相关，还与植物同化、转移毒气的能力相关。植物从污染区移至非污染区后，植物体内有毒物含量下降愈快，植物同化转移有毒气体的能力愈强。

3. 减少细菌

空气中散布着各种细菌，城市大气中存在杆菌 37 种、球菌 26 种、丝状菌 20 种、芽生菌 7 种等，其中有不少是对人体有害的病菌。

绿色植物可以减少空气中的细菌数量。一是植物有降尘作用，减少细菌载体，使大气中细菌数量减少；二是植物本身具有杀菌作用，许多植物能分泌出杀菌素，杀死细菌、真菌。

园林树木分泌杀菌素的类别如下。

① 广普类——如侧柏、柏木、圆柏等，1ha 松柏林每天能造出 30kg 杀菌素等，被称为“森林医院”。

② 芳香类——如桉树、肉桂、柠檬、茉莉、丁香、金银花等树木体内因含有芳香油而具有杀菌力。

③ 选择类——如稠李叶捣碎物 5～30s，最多 3～5min 可杀死苍蝇，柠檬、桉林中蚊子较少；夜香树具有驱虫作用。景天科植物的汁液能消灭流行性感冒一类的病毒，松柏可以杀死白喉、伤寒、痢疾等病原菌。

4. 减弱噪声

噪声是一种特殊的空气污染，它能影响人的睡眠和休息，损伤听觉，严重时引发多种疾病。

园林植物能明显地降低噪声，因为一方面声波投射到枝叶上被不规则反射而使声能减弱；另一方面声波造成枝叶微微振动而使声能消耗，从而减弱噪声。

树冠外缘凹凸程度和树叶的软硬、形状、大小、厚薄、叶面光滑程度都与减弱噪声的效果有关。

声音的共振频率与树枝的高度成正相关，较低树枝在300Hz处、上部树枝在1000Hz处最易激发共振，成片树林的宽度越宽减噪效果越强。

一般在防噪声林带配置时，应选用常绿灌木结合常绿乔木，总宽度10～15m，灌木绿篱宽度与高度不低于1m，树木带中心的高度大于10m，株间距以不影响树木生长成熟后树冠的展开为度，若不设常绿灌木绿篱，则应配置小乔木，使枝叶尽量靠近地面，以形成整体的绿墙。

5. 增加空气负离子

空气分子或原子在受外界包括自然的或人为的因素作用下，形成空气正、负离子。

陆地上平均负离子浓度为650个/cm^3，但是分布不均匀。城市居室为40～50个/cm^3，街道绿化地带为100～200个/cm^3，旷野郊区为700～1000个/cm^3，森林地区可达10000个/cm^3以上。

太阳光照射到植物枝叶上会发生光电效应，促进空气发生电离，加上园林绿地有减少尘埃的作用，使林区和绿地空气中负离子浓度大大提高。

空气负离子的作用如下。

(1) 空气负离子具有降尘作用，负离子与污染物相互作用使之聚集、沉降，或作为催化剂在化学过程中改变痕量气体的毒性，使空气得到很好的净化。

(2) 空气负离子具有抑菌、除菌作用，空气离子对多种细菌、病毒生长有抑制作用。

(3) 空气负离子还能与空气中的有机物发生氧化作用，清除其产生的异味，具有除臭作用。

(4) 空气负离子还能调节人体的生理功能，增强机体抵抗力，特别是对“不良建筑物综合征”或空调病有较强的预防和缓解作用。

6. 吸收CO_2，释放O_2

CO_2是光合作用的原料，但当浓度很高时，还会直接危及人类健康。当空气中的浓度达0.05%时，人的呼吸会感到不适，达到0.20%～0.60%时，对人体有害。

植物通过光合作用吸收CO_2、排出O_2，又通过呼吸作用吸收O_2、放出CO_2。植物在正常生长发育过程中，通过光合作用吸收的CO_2是呼吸放出CO_2的20倍，因此，植物有利于减少空气中CO_2含量，增加O_2含量。

7. 吸收放射性物质

植物不但可以阻隔放射性物质和辐射的传播，而且可以起过滤和吸收作用。在有辐射污染的厂矿或带有放射性污染的科研基地周围设置一定结构的绿化防护林带，选择一些抗辐射性强的树种，可以减少放射性污染。

落叶阔叶树比常绿针叶树吸收放射性物质的性能强。

四、风与园林植物

1. 城市的风

城市具有较大粗糙度的下垫面，摩擦系数增大，使城市风速一般比郊区农村降低20%～30%。

在城市内部，局部差异很大，有些地方风速极小，另一些地方风速很大。原因在于当风吹过鳞次栉比的建筑物时，因阻碍摩擦产生不同的升降气流、涡流和绕流等，致使风的局部变化更为复杂。其次，街道的走向、宽度及绿化情况，建筑物的高度及布局，使不同地点所获得的太阳辐射有明显差异，在局部地区形成热力环流，导致城市内部产生不同的风向和风速。

2. 风对园林植物的生态作用

风对植物的生态作用是多方面的，它既能直接影响植物（如风媒、风折等），又能影响环境中温度、湿度、大气污染的变化，从而间接影响植物生长发育。

（1）风对植物繁殖的影响　风可影响风媒植物的繁殖，有些种子靠风传播到远处，称为风播种子。无风时风媒植物不能授粉，风播种子不能传播他处。

（2）风对植物生长的影响

① 风对植物的蒸腾作用有极显著的影响，风速 0.2～3m/s 时，能使蒸腾作用加强 3 倍；蒸腾作用过大时，根系不能供应足够的水分供蒸腾所需，叶片气孔关闭，光合强度下降，植物生长减弱。

② 盛行一个方向的强风常使树冠畸形，因为向风面的芽常死亡，而背风面的芽受风力较小，成活较多，枝条生长相对较好。

③ 风能降低大气湿度，破坏正常水分平衡，常使树木生长不良、矮化。

（3）风对植物的机械损害

① 风对植物的机械损害指折断枝干、拔根等。其危害程度主要取决于风速、风的阵发性和植物的抗风性。

② 风速超过 10m/s，对树木产生强烈的破坏作用。风倒、风折给一些古树造成很大危害。

③ 各种树木对大风的抵抗力是不同的。

④ 同一种树扦插繁殖比播种繁殖根系浅，容易倒伏。

⑤ 稀植的树木和孤立木比密植树木易受风害。

3. 防风林带

（1）植物能减弱风力，降低风速。

（2）乔木防风的能力大于灌木，灌木又大于草本植物，阔叶树比针叶树防风效果好，常绿阔叶树又优于落叶阔叶树。

（3）防风林带宜采用深根性、材质坚韧、叶面积小、抗风力强的树种。

（4）防风林带的高度在透风系数以及其他特征相同的条件下，林带的防风距离与林带树高成正相关。

（5）防风林带宽度对防风效能有影响，但不是林带越宽越好。紧密结构的林带，防风效能随林带宽度减小而增强，但同时防风距离相应减小。

（6）林带的防风效能还与风向和林带夹角有关。

复习思考题

1. 园林植物对空气的净化作用有哪些？
2. 大气污染对园林植物的危害有哪些？
3. 园林植物的抗性有哪些？
4. 园林植物的环境监测作用有哪些？

参考文献

[1] 阎凌云.农业气象.北京：中国农业出版社，2005.
[2] 宋志伟.土壤肥料.北京：高等教育出版社，2009.
[3] 徐秀华.土壤肥料.北京：中国农业大学出版社，2007.
[4] 邹良栋.植物生长环境.北京：高等教育出版社，2004.
[5] 李振陆.植物生长环境.北京：中国农业出版社，2006.
[6] 黄建国.植物营养学.北京：中国林业出版社，2004.
[7] 吴国宜.植物生长与环境.北京：中国农业出版社，2001.
[8] 陆欣.土壤肥料学.北京：中国农业大学出版社，2001.
[9] 陈忠辉.植物与植物生理.北京：中国农业出版社，2001.
[10] 李小川.园林植物环境.北京：高等教育出版社，2001.
[11] 冷平生.园林生态学.北京：中国农业出版社，2005.
[12] 吴礼树.土壤肥料学.北京：中国农业出版社，2004.
[13] 宋志伟.普通生物学.北京：北京农业出版社，2006.
[14] 崔学明.农业气象学.北京：高等教育出版社，2006.
[15] 宋志伟，王志伟.植物生长环境.北京：中国农业大学出版社，2007.